华章 IT

HZBOOKS | Information Technology

U0231995

大数据
技术丛书

Big Data Analytics with Spark

A Practitioner's Guide to Using Spark for Large Scale Data Analysis

Spark大数据分析
核心概念、技术及实践

〔美〕 穆罕默德·古勒（Mohammed Guller） 著

赵斌 马景 陈冠诚 译

机械工业出版社
China Machine Press

图书在版编目（CIP）数据

Spark 大数据分析：核心概念、技术及实践 /（美）穆罕默德·古勒（Mohammed Guller）
著；赵斌，马景，陈冠诚译 . —北京：机械工业出版社，2017.5（2017.11 重印）
（大数据技术丛书）
书名原文：Big Data Analytics with Spark: A Practitioner's Guide to Using Spark for
　　　　　Large Scale Data Analysis

ISBN 978-7-111-56561-1

I. S… II.① 穆… ② 赵… ③ 马… ④ 陈… III. 数据处理软件 IV. TP274

中国版本图书馆 CIP 数据核字（2017）第 074151 号

Spark 大数据分析：核心概念、技术及实践

出版发行：机械工业出版社（北京市西城区百万庄大街 22 号　邮政编码：100037）
责任编辑：谢晓芳　　　　　　　　　　　　　　责任校对：殷　虹
印　　刷：三河市宏图印务有限公司　　　　　　版　　次：2017 年 11 月第 1 版第 2 次印刷
开　　本：186mm×240mm　1/16　　　　　　　印　　张：16.5
书　　号：ISBN 978-7-111-56561-1　　　　　　定　　价：69.00 元

凡购本书，如有缺页、倒页、脱页，由本社发行部调换
客服热线：（010）88379426　88361066　　　　投稿热线：（010）88379604
购书热线：（010）68326294　88379649　68995259　　读者信箱：hzit@hzbook.com

版权所有·侵权必究
封底无防伪标均为盗版
本书法律顾问：北京大成律师事务所　韩光 / 邹晓东

近几年来，大数据处理技术越来越受到大家的关注，各项新技术相继出现，Spark 就是其中的佼佼者。Spark 立足于内存计算，其基于 RDD 的计算模型可以兼顾 MapReduce 和迭代型计算。此外，它还可以拓展至流式计算、机器学习、图计算等领域。正是由于 Spark 通用、快速的特点，越来越多的公司采用 Spark 来搭建大数据计算平台，并在其上进行相应的开发。

本书是一本为 Spark 初学者准备的入门书。虽说是入门，但涵盖了 Spark 日常使用的方方面面。本书从基本的 Scala 语法讲起，进而介绍作为基石的 Spark Core。在此基础之上，再对 Spark 的各大组件 Streaming、SQL、MLlib、GraphX 进行了详细的介绍。最后，以 Spark 集群管理作为结尾。书中不仅给出了示例代码，还对 Spark 的核心概念和基本原理进行了较为全面的介绍，让读者不仅知其然且知其所以然。通过本书，读者可以快速上手 Spark，并且把 Spark 应用到实践中。

本书得以完成离不开各方的支持，感谢机械工业出版社各位编辑的大力支持和有益的建议。在翻译的过程中，来自家人和朋友的鼓励与支持也让我深受感动。

Spark 本身也在不断发展中，在本书翻译期间官方发布了 Spark 2.0，在提升性能的同时引入了若干重大更新。本人已尽量以注解的形式保证本书内容对 Spark 2.0 的可用性。然而，由于本人学识有限，Spark 涉及的知识面广，难免会有疏漏错误之处，恳请读者指正批评。

赵斌

前　言 *Preface*

本书是大数据和 Spark 方面的一本简明易懂的手册。它将助你学习如何用 Spark 来完成很多大数据分析任务。它覆盖了高效利用 Spark 所需要知道的一切内容。

购买本书的好处之一是：帮你高效学习 Spark，节省你大量时间。本书所覆盖的主题在互联网上都可以找到，网上有很多关于 Spark 的博客、PPT 和视频。事实上，Spark 的资料浩如烟海，你可能需要在网络上不同地方花费数月来阅读关于 Spark 的点滴和碎片知识。本书提供了一个更好的选择：内容组织精妙，并以易懂的形式表现出来。

本书的内容和材料的组织基于我在不同的大数据相关会议上所组织的 Spark 研讨会。与会者对于内容和流程方面的积极反馈激励我写了这本书。

书和研讨会的区别之一在于后者具有交互性。然而，组织过几次 Spark 研讨会后，我了解到了人们普遍存在的问题，我把这些内容也收录在本书中。如果阅读本书时有问题，我鼓励你们通过 LinkedIn 或 Twitter 联系我。任何问题都可以问，不存在什么"愚蠢的问题"。

本书没有覆盖 Spark 的每一个细节，而是包含了高效使用 Spark 所需要知道的重要主题。我的目标是帮你建立起坚实的基础。一旦基础牢固，就可以轻松学习一项新技术的所有细节。另外，我希望保持本书尽可能简单。如果读完本书后发现 Spark 看起来也挺简单的，那我的目的也就达到了。

本书中的任何主题都不要求有先验知识。本书会一步步介绍关键概念，每一节建立在前一节的基础上。同样，每一章都是下一章的基石。如果当下不需要，你可以略过后面一些章节中讲解的不同的 Spark 库。不过我还是鼓励你阅读所有章节。即使可能和你当前的项目不相关，那些部分也可能会给你新的灵感。

通过本书你会学到很多 Spark 及其相关技术的知识。然而，要充分利用本书，建议亲自运行书中所展示的例子：用代码示例做实验。当你写代码并执行时，很多事情就变得更加清晰。如果你一边阅读一边练习并用示例来实验，当读完本书时，你将成为一名基础扎实的 Spark 开发者。

在我开发 Spark 应用时，我发现了一个有用的资源——Spark 官方 API 文档，其访问地址为 http://spark.apache.org/docs/latest/api/scala。初学者可能觉得它难以理解，不过一旦你学习了基本概念后，会发现它很有用。

另一个有用的资源是 Spark 邮件列表。Spark 社区很活跃、有用。不仅 Spark 开发者会回答问题，有经验的 Spark 用户也会志愿帮助新人。无论你遇到什么问题，很有可能 Spark 邮件列表中有人已经解决过这个问题了。

而且，也可以联系我，我很乐意倾听，欢迎反馈、建议和提问。

——Mohammed Guller

LinkedIn: www.linkedin.com/in/mohammedguller

Twitter: @MohammedGuller

致　谢 *Acknowledgements*

许多人都直接地或间接地为本书作出了贡献。如果没有他们的支持、鼓励与帮助，我是无法完成本书的编写的。我想借此机会向他们表示感谢。

首先，也是最重要的，我想要感谢我的妻子 Tarannum 和我的三个可爱的孩子 Sarah、Soha、Sohail。写书是一项艰巨的任务。在从事全职工作的同时写书意味着我无法花费太多的时间在我的家人身上。上班时间我忙于工作，晚上和周末我则全身投入到本书的写作上。我对我家人给予的全方位的支持和鼓励表示感谢。有时候，Soha 和 Sohail 会提出一些有意思的想法让我陪他们一起玩，但是在大部分时候，他们还是让我在本应该陪他们玩耍的时候专注于写书。

接下来，感谢 Matei Zaharia、Reynold Xin、Michael Armbrust、Tathagata Das、Patrick Wendell、Joseph Bradley、Xiangrui Meng、Joseph Gonzalez、Ankur Dave 以及其他 Spark 开发者。他们不仅创造出了一项卓越的技术，还持续快速改进它。没有他们的发明，本书将不会存在。

当我在 Glassbeam 公司提议使用 Spark 来解决当时困扰我们的一些问题时，Spark 还是一项新技术且少有人了解。我想要感谢工程副总裁 Ashok Agarwal 和首席执行官 Puneet Pandit 允许我使用 Spark。如果没有来自将 Spark 内置于产品中和日常使用的一手经验，要写出一本有关 Spark 的书是相当困难的。

接下来，我想感谢技术审校者 Sundar Rajan Raman 和 Heping Liu。他们认真检查了本书内容的准确性并运行了书中的例子以确保它们能正常运行，还提出了不少有帮助的建议。

最后，我想感谢 Apress 参与本书出版的工作人员 Chris Nelson、Jill Balzano、Kim Burton-Weisman、Celestin John Suresh、Nikhil Chinnari、Dhaneesh Kumar 等。Jill Balzano 协调了与本书出版相关的所有工作。作为一个编辑，Chris Nelson 为本书作出了卓越的贡献。我十分感谢他的建议与编辑，有了他的参与，本书变得更完美了。文字编辑 Kim Burton-Weisman 认真阅读了本书的每一句话以保证书写正确，同时也改正了不少书写错误。很荣幸能与 Apress 团队一起工作。

——Mohammed Guller

Contents 目　　录

大数据技术一览

我们正处在大数据时代。数据不仅是任何组织的命脉,而且在指数级增长。今天所产生的数据比过去几年所产生的数据大好几个数量级。挑战在于如何从数据中获取商业价值。这就是大数据相关技术想要解决的问题。因此,大数据已成为过去几年最热门的技术趋势之一。一些非常活跃的开源项目都与大数据有关,而且这类项目的数量在迅速增长。聚焦在大数据方向的创业公司在近年来呈爆发式增长。很多知名公司在大数据技术方面投入了大笔资金。

尽管“大数据”这个词很火,但是它的定义是比较模糊的。人们从不同方面来定义“大数据”。一种定义与数据容量相关,另一种则与数据的丰富度有关。有些人把大数据定义为传统标准下“过于大”的数据,而另一些人则把大数据定义为捕捉了所描绘实体更多细节的数据。前者的例子之一就是超过数拍字节(PB)或太字节(TB)大小的数据集,如果这样的数据存储在传统的关系数据库(RDBMS)表中,将会有数十亿行。后者的一个例子是有极宽行的数据集,这样的数据存储在 RDBMS 中,将会有数千列。另一种流行的大数据定义是由 3 个 V(volume、velocity 和 variety,即容量、速度和多样性)所表征的数据。我刚才讨论了容量。速度指的是数据以极快的速率产生,多样性则指的是数据可以是非结构化、半结构化或多结构的。

标准的关系数据库无法轻易处理大数据。这些数据库的核心技术在数十年前所设计,当时极少有组织拥有拍字节级甚至太字节级的数据。现在对一些组织来说,每天产生数太字节的数据也很正常。数据的容量和产生速度都呈爆发式增长。因此,迫切需要新的技术:能快速处理和分析大规模数据。

其他推动大数据技术的因素包括:可扩展性、高可用性和低成本下的容错性。长期以

来，处理和分析大数据集的技术被广泛研究并以专有商业产品的形式被使用。例如，MPP
（大规模并行处理）数据库已经诞生有段时间了。MPP 数据库使用一种"无共享"架构，数
据在集群的各个节点进行存储和处理。每一个节点有自己的 CPU、内存和硬盘，节点之间
通过网络互联来通信。数据分割在集群的各个节点，而节点之间不存在竞争，所以每个节
点可以并行处理数据。这种数据库的例子包括 Teradata、Netezza、Greenplum、ParAccel 和
Vertica。Teradata 发明于 20 世纪 70 年代末，在 20 世纪 90 年代前，它就能够处理太字节级
别的数据了。但是，专有的 MPP 数据库非常昂贵，不是所有人能负担得起的。

本章介绍一些开源的大数据相关技术。本章涉及的技术看起来好像随意挑选的，实际
上它们由共同的主题而连接：它们和 Spark 一起使用，或者 Spark 可以取代其中一些技术。
当你开始使用 Spark 时，你可能会涉及这些技术。而且，熟悉这些技术会帮你更好地理解
Spark（这将在第 3 章介绍）。

1.1　Hadoop

Hadoop 是最早流行的开源大数据技术之一。这是一个可扩展、可容错的系统，用来处
理跨越集群（包含多台商用服务器）的大数据集。它利用跨集群的可用资源，为大规模数据
处理提供了一个简单的编程框架。Hadoop 受启发于 Google 发明的一个系统（用来给它的
搜索产品创建反向索引）。Jeffrey Dean 和 Sanjay Ghemawat 在 2004 年发表的论文中描述了
这个他们为 Google 而创造的系统。第一篇的标题为"MapReduce：大集群上简化的数据处
理"，参见 research.google.com/archive/mapreduce.html；第二篇的标题为" Google 文件系
统"，参见 research.google.com/archive/gfs.html。受启发于这些论文，Doug Cutting 和 Mike
Cafarella 开发了一个开源的实现，就是后来的 Hadoop。

很多组织都用 Hadoop 替换掉昂贵的商业产品来处理大数据集。一个原因就是成本。
Hadoop 是开源的，并可以运行在商用硬件的集群上。可以通过增加廉价的服务器来轻松
地扩展。Hadoop 提供了高可用性和容错性，所以你不需要购买昂贵的硬件。另外，它
对于特定类型的数据处理任务非常合适，比如对于大规模数据的批处理和 ETL（Extract、
transform、load，提取、转换、加载）。

Hadoop 基于几个重要的概念。第一，使用商用服务器集群来同时存储和处理大量数据
比使用高端的强劲服务器更便宜。换句话说，Hadoop 使用横向扩展（scale-out）架构，而
不是纵向扩展（scale-up）架构。

第二，以软件形式来实现容错比通过硬件实现更便宜。容错服务器很贵，而 Hadoop 不
依赖于容错服务器，它假设服务器会出错，并透明地处理服务器错误。应用开发者不需要
操心处理硬件错误，那些繁杂的细节可以交给 Hadoop 来处理。

第三，通过网络把代码从一台计算机转到另一台比通过相同的网络移动大数据集更有
效、更快速。举个例子，假设你有一个 100 台计算机组成的集群，每台计算机上有 1TB 的

数据。要处理这些数据，一个选择是：把数据转移到一台能够处理 100TB 数据的超级计算机。然而，转移 100TB 的数据将花费极长时间，即使是在高速网络上。另外，通过这种方式处理数据将需要非常昂贵的硬件。另一个选择是：把处理数据的代码转移到具有 100 个节点的集群中的每台计算机。这比第一种选择更快、更高效。而且，你不需要高端、昂贵的服务器。

第四，把核心数据处理逻辑和分布式计算逻辑分开的方式，使得编写一个分布式应用更加简单。开发一个利用计算机集群中资源的应用比开发一个运行在单台计算机上的应用更加困难。能写出运行在单台机器上的应用的开发者数量比能写分布式应用的开发者多好几个数量级。Hadoop 提供了一个框架，隐藏了编写分布式应用的复杂性，使得各个组织有更多可用的应用开发者。

尽管人们以一个单一产品来讨论 Hadoop，但是实际上它并不是一个单一产品。它由三个关键组件组成：集群管理器、分布式计算引擎和分布式文件系统（见图 1-1）。

2.0 版本以前，Hadoop 的架构一直是单一整体的，所有组件紧密耦合并绑定在一起。从 2.0 版本开始，Hadoop 应用了一个模块化的架构，可以混合 Hadoop 组件和非 Hadoop 技术。

图 1-1 中所示的三个概念组件具体实现为：HDFS、MapReduce 和 YARN（见图 1-2）。

图 1-1　Hadoop 关键概念组件

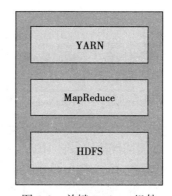

图 1-2　关键 Hadoop 组件

HDFS 和 MapReduce 在本章讨论，YARN 将在第 11 章介绍。

1.1.1　HDFS

正如其名，HDFS（Hadoop Distributed File System）是一个分布式文件系统，它在商用服务器集群中存储文件，用来存储和快速访问大文件与大数据集。这是一个可扩展、可容错的系统。

HDFS 是一个块结构的文件系统。正像 Linux 文件系统那样，HDFS 把文件分成固定大小的块，通常叫作分块或分片。默认的块大小为 128MB，但是可以配置。从这个块的大小可清楚地看到，HDFS 不是用来存储小文件的。如果可能，HDFS 会把一个文件的各个块分布在不同机器上。因此，应用可以并行文件级别的读和写操作，使得读写跨越不同计算机、分布在大量硬盘中的大 HDFS 文件比读写存储在单一硬盘上的大文件更迅速。

把一个文件分布到多台机器上会增加集群中某台机器宕机时文件不可用的风险。HDFS 通过复制每个文件块到多台机器来降低这个风险。默认的复制因子是 3。这样一来，即使一两台机器宕机，文件也照样可读。HDFS 基于通常机器可能宕机这个假设而设计，所以可以处理集群中一台或多台机器的宕机问题。

一个 HDFS 集群包含两种类型的节点：NameNode 和 DataNode（见图 1-3）。NameNode 管理文件系统的命名空间，存储一个文件的所有元数据。比如，它追踪文件名、权限和文件块位置。为了更快地访问元数据，NameNode 把所有元数据都存储在内存中。一个 DataNode 以文件块的形式存储实际的文件内容。

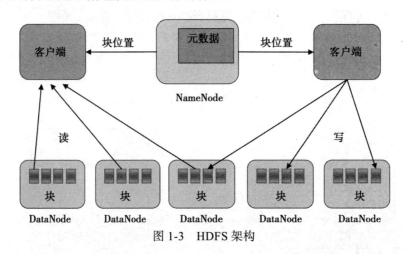

图 1-3　HDFS 架构

NameNode 周期性接收来自 HDFS 集群中 DataNode 的两种类型的消息，分别叫作心跳消息和块报告消息。DataNode 发送一个心跳消息来告知 NameNode 工作正常。块报告消息包含一个 DataNode 上所有数据块的列表。

当一个客户端应用想要读取一个文件时，它首先应该访问 NameNode。NameNode 以组成文件的所有文件块的位置来响应。块的位置标识了持有对应文件块数据的 DataNode。客户端紧接着直接向 DataNode 发送读请求，以获取每个文件块。NameNode 不参与从 DataNode 到客户端的实际数据传输过程。

同样地，当客户端应用想要写数据到 HDFS 文件时，它首先访问 NameNode 并要求它在 HDFS 命名空间中创建一个新的条目。NameNode 会检查同名文件是否已存在以及客户端是否有权限来创建新文件。接下来，客户端应用请求 NameNode 为文件的第一个块选择 DataNode。它会在所有持有块的复制节点之间创建一个管道，并把数据块发送到管道中的第一个 DataNode。第一个 DataNode 在本地存储数据块，然后把它转发给第二个 Data-

Node。第二个 DataNode 也本地存储相应数据块，并把它转发给第三个 DataNode。在所有委派的 DataNode 上都存储第一个文件块之后，客户端请求 NameNode 为第二个块来分配 DataNode。这个过程持续进行，直到所有文件块都已在 DataNode 上存储。最后，客户端告知 NameNode 文件写操作已完成。

1.1.2　MapReduce

MapReduce 是 Hadoop 提供的分布式计算引擎。HDFS 提供的是存储大数据集的分布式文件系统，MapReduce 则提供集群中并行处理大数据集的计算框架。它抽象了集群计算，提供了编写分布式数据处理应用的高级结构，使得没有编写分布式或并行应用的程序员也可以编写运行在商用计算机集群上的应用。

MapReduce 框架自动在集群中各计算机上调度应用的执行。它会处理负载均衡、节点宕机和复杂的节点内通信。它处理分布式计算的繁杂细节，使得程序员可以关注于数据处理的逻辑本身。

MapReduce 应用的基本组成块是两个函数：map 和 reduce，名称借鉴于函数式编程。MapReduce 中所有的数据处理作业都用这两个函数来表达。map 函数以键值对作为输入，输出中间产物键值对。MapReduce 框架对输入数据集中每一个键值对调用 map 函数。接下来，对 map 函数的输出进行排序，并根据值进行分组，作为输入传给 reduce 函数。reduce 函数聚合这些值，输出最终的聚合值。

第 3 章将介绍的 Spark 被视为 MapReduce 的继承者，相比 MapReduce，它有诸多优势。这将在第 3 章详细讨论。

1.1.3　Hive

Hive 是一个数据仓库软件，它提供了类 SQL 语言来处理和分析存储在 HDFS 或其他兼容 Hadoop 的存储系统（如 Cassandra 和 Amazon S3）中的数据。尽管 Hadoop 使得编写可利用集群中计算机资源的数据处理应用更加简单，但是能写出这样应用的程序员相对于了解 SQL 的人来说依然少得多。

SQL 是广泛使用的数据处理语言，是一种描述性语言。它看似简单，实则功能强大。SQL 比 Java 和其他用来编写 MapReduce 应用的编程语言更易学易用。Hive 把 SQL 的简洁性引入到 Hadoop 中，让更多人可用。

Hive 提供一种类 SQL 的查询语言，叫作 Hive 查询语言（HiveQL），来处理和分析存储在任何兼容 Hadoop 的存储系统中的数据。它提供了一种机制把对应结构映射到存储在 HDFS 中的数据上，并用 HiveQL 来查询。在底层，它会把 HiveQL 查询转换成 MapReduce 作业。它也支持 UDF（用户定义函数）和 UDAF（用户定义聚合函数），二者用来进行无法用 HiveQL 有效表达的复杂数据处理。

第 7 章讨论的 Spark SQL 被视为 Hive 的继承者。然而，Spark SQL 提供的不仅是 SQL

接口，它还做了更多工作。这将在第 7 章详细讲述。

1.2 数据序列化

数据有自己的生命周期，独立于创建或使用它的程序。大多数情况下，数据比创建它的应用存活得更久。一般来说，数据保存在硬盘上。有时，也会通过网络把数据从一个应用发送给另一个应用。

在硬盘上存储或通过网络发送的数据格式与数据在内存中的格式是不一样的。把内存中的数据转换为可在硬盘上存储或通过网络发送的过程叫作序列化，而把硬盘或网络中的数据读取到内存的过程叫作反序列化。

数据可以用多种不同的格式进行序列化，比如 CSV、XML、JSON 和各种二进制格式。每种格式各有优缺点。比如，像 CSV、XML 和 JSON 这样的文本格式对人类友好，但在存储空间或解析时间方面并不十分高效。另一方面，二进制格式更加紧凑，在解析上比文本格式更快，但可读性较差。

在数据集较小时，文本和二进制格式之间的序列化 / 反序列化时间和存储空间差异不是什么大问题。因此，人们通常首选文本格式来处理小数据集，因为它更容易管理。然而，对于大数据集，文本和二进制格式之间的序列化 / 反序列化时间和存储空间差异将是极大的。因此，首选二进制格式来存储大数据集。

本节讲述一些常用的用来序列化大数据的二进制格式。

1.2.1 Avro

Avro 提供了一个简洁的且独立于语言的二进制格式，用来数据序列化。它可用来存储数据到文件或通过网络发送数据。它支持多种数据结构，包括嵌套数据。

Avro 使用一种自描述的二进制格式。使用 Avro 序列化数据时，模式与数据同时存储。这样一来，稍后 Avro 文件可以被任何应用读取。另外，因为模式与数据同时存储，所以写数据时没有关于值的间接开销，使得序列化快速、紧实。使用 Avro 通过网络交换数据时，发送端和接收端在初始化连接握手时交换模式。Avro 模式使用 JSON 描述。

Avro 自动处理字段的添加和删除、前向和后向兼容性，这些都不需应用来负责。

1.2.2 Thrift

Thrift 是一个独立于语言的数据序列化框架，主要提供工具来完成不同编程语言所写的应用之间通过网络进行的数据交换序列化。它支持多种语言，包括：C++、Java、Python、PHP、Ruby、Erlang、Perl、Haskell、C#、Cocoa、JavaScript、Node.js、Smalltalk、OCaml、Delphi 和其他语言。

Thrift 提供一个代码生成工具和一组用于序列化数据并通过网络传输的库。它抽象了序列化数据和通过网络传输数据的机制。因此，它使得应用开发者可以集中精力于核心的应用逻辑，而不用担心如何序列化数据和可靠、有效地传输数据。

通过 Thrift，应用开发者在一个语言中立的接口定义文件中定义数据类型和服务接口。在接口定义文件中定义的服务由服务器端应用提供，并由客户端应用使用。Thrift 编译器编译这个文件，并生成开发者用来快速构建客户端和服务器端应用的代码。

基于 Thrift 的服务器和客户端可以在相同计算机或网络上的不同计算机上运行。同样地，服务器端和客户端应用可以使用同一种编程语言来开发，也可以用不同编程语言来开发。

1.2.3 Protocol Buffers

Protocol Buffers 是 Google 开发的开源数据序列化框架。类似于 Thrift 和 Avro，它也是语言中立的。Google 内部用 Protocol Buffers 作为主要的文件格式，也将其用来进行应用间的数据交换。

Protocol Buffers 与 Thrift 类似，前者提供一个编译器和一组库来帮助开发者序列化数据。开发者在一个文件中定义数据集的结构或模式，然后用 Protocol Buffers 编译器进行编译，由此生成可用来轻松读写数据的代码。

相对 Thrift 而言，Protocol Buffers 支持较少的编程语言。目前，它支持 C++、Java 和 Python。另外，不像 Thrift 那样同时提供数据序列化和构建远程服务的工具，Protocol Buffers 主要是一种数据序列化格式，可以用来定义远程服务，但并未限定到任何 RPC（远程过程调用）协议。

1.2.4 SequenceFile

SequenceFile 是一种用于存储键值对的二进制文件格式。它通常作为 Hadoop 的输入和输出文件格式。MapReduce 也用 SequenceFile 来存储 map 函数返回的临时输出。

SequenceFile 有三种不同的格式：未压缩格式、记录压缩格式和块压缩格式。在记录压缩格式的 SequenceFile 中，只有记录中的值才压缩；而在块压缩格式的 SequenceFile 中，键和值都压缩。

1.3 列存储

数据可以面向行或面向列的格式来存储。在面向行格式中，一行的所有列或字段存储在一起。这里的一行，可以是 CSV 文件中的一行，或者是数据库表中的一条记录。当数据以面向行格式保存时，第一行后面是第二行，接着是第三行，以此类推。面向行存储对于主要执行数据的 CRUD（创建、读取、更新、删除）操作的应用来说是完美的。这些应用一次操作数据中的一行。

然而，面向行存储对于分析类应用来说不够高效。这样的应用要对数据集的列进行操作。更重要的是，这些应用只读取和分析跨越多行的列的一个小子集。因此，读取所有列是对内存、CPU 周期和硬盘 I/O 的浪费，这是一个昂贵的操作。

面向行存储的另一个缺点是数据无法高效地压缩。一条记录可能由多种不同数据类型的列构成，一行的熵就会很高。压缩算法不适用于压缩多样化数据。因此，使用面向行格式存储在硬盘上的一个表格比用列存储格式所生成的文件更大。更大的文件不仅要耗费更多的硬盘空间，还会影响应用的性能，因为硬盘 I/O 与文件大小成正比，而硬盘 I/O 是一个昂贵的操作。

面向列存储系统以列的形式在硬盘上存储数据。列中的所有单元保存在一起，或者连续地保存。比如，当以列格式在硬盘上保存一个表格时，所有行的第一列首先保存，然后是所有行的第二列，接着是第三列，以此类推。列存储在分析类应用方面比面向行存储更加高效，使分析更加迅速，而所需硬盘空间更小。

下一节讨论 Hadoop 生态系统中 3 种常用的列存储文件格式。

1.3.1 RCFile

RCFile（列式记录文件）是一种构建于 HDFS 之上用来存储 Hive 表格的列存储格式。它实现了一种混合的列存储格式。RCFile 首先把表格分割成行组（row group），然后以列格式保存每一个行组。所有行组分布在整个集群上。

RCFile 使得我们可以同时利用列存储和 Hadoop MapReduce 的优势。因为行组分布在整个集群上，所以它们可以并行处理。一个节点上，行的列存储有助于高效的压缩和更快的分析。

1.3.2 ORC

ORC（Optimized Row Columnar）是另一种高效存储结构化数据的列存储文件格式。相对 RCFile，它有很多优势。比如，它保存行索引，使得查询中可以快速搜索一个指定行。因为它基于数据类型采用块模式的压缩，所以它能提供更好的压缩效果。另外，可以用 zlib 或 Snappy 在基于数据类型的列级别的压缩之上进行通用压缩。

和 RCFile 类似，ORC 文件格式把表格分割成可配置大小的条带（见图 1-4）。默认的条带大小为 250MB。一个条带类似于 RCFile 中的一个行组，但是每个条带不仅包含行数据，还包括索引数据和条带脚部。条带脚部含有流位置的目录。索引数据包括每一列的最小值和最大值以及行索引。ORC 文件格式在一个条带中为每 10000 行保存一个索引。在每个条带内部，ORC 文件格式使用特定数据类型的编码技术来压缩列，如：针对整型列的行程编码和针对字符串列的字典编码。还可以使用 zlib 或 Snappy 之类的通用压缩编解码器来进一步压缩列。

所有条带之后是文件脚部，其中包含文件中条带的列表、条带中的行数和各个列的数据类型，还包括每一列的统计数据，比如：数目、最小值、最大值和总数。文件脚部之后是附录（postscript）部分，其中包含压缩参数和压缩的脚部大小。

ORC 文件格式不仅高效存储数据，还有助于高效查询。应用在一次查询中可以只请求所需的列。同样地，应用可以使用谓词下推来跳跃读取整个行集。

1.3.3　Parquet

Parquet 是为 Hadoop 生态系统而设计的另一个列存储格式。它可以被任何数据处理框架所使用，包括 Hadoop MapReduce 和 Spark。它用来支持复杂的嵌套数据结构。另外，它不仅支持多种数据编码和压缩技术，还可以按列来指定压缩方案。

Parquet 实现了一个三层的层次结构来在文件中存储数据（见图 1-5）。首先，和 RCFile 和 ORC 类似，它在水平方向把表格分割为行组。行组分布在整个集群上，因此可以用任何集群计算框架来并行处理。

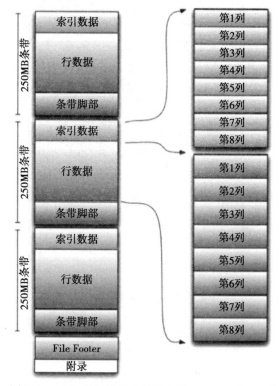

图 1-4　ORC 文件结构（图片来源：orc.apache.org）

其次，在每个行组内部，它把列分割为列块。Parquet 用术语"列块"来表示行组中一列的数据。一个列块在硬盘上连续存储。层次结构中的第三级是页面。Parquet 把列块分割为多个页面。一个页面是编码和压缩的最小单元。一个列块可以包含多个不同类型的交错页面。因此，一个 Parquet 文件由行组构成，行组中包含列块，而列块中包含一个或多个页面。

1.4　消息系统

数据通常从一个应用流向另一个。一个应用产生数据，而后被一个或多个其他应用使用。一般来讲，生成或发送数据的应用叫作生产者，接收数据的则叫作消费者。

有时候，产生数据的应用数量和使用数据的应用数量会出现不对称。比如，一个应用可以产生数据，而后被多个消费者使用。同样地，一个应用也可以使用来自多个生产者的数据。

有时候应用产生数据的速率和另一个应用使用数据的速率也会出现不对称。一个应用可能产生数据的速率快于消费者使用数据的速率。

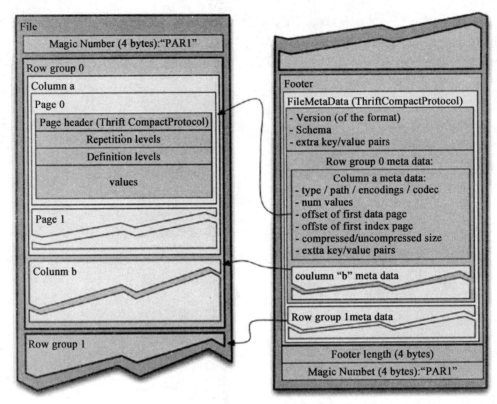

图 1-5　Parquet 文件结构（图片来源：parquet.apache.org）

　　从一个应用向另一个应用发送数据的简单方法就是把它们直接互连。然而，当生产者和消费者数量或数据生成速率和使用速率之间存在不对称时，这个方法就行不通了。另一个挑战是生产者和消费者之间的强耦合要求它们同时运行，或实现一个复杂的缓冲机制。因此，生产者和消费者之间直连无法扩展。

　　一个灵活且可扩展的解决方法是用一个消息代理或消息系统。应用无须直接互联，而是连接到消息代理或消息系统。这样的架构使在数据管道上添加生产者或消费者变得容易，也允许应用以不同速率来生成和使用数据。

　　本节讨论几个大数据应用广泛使用的消息系统。

1.4.1　Kafka

　　Kafka 是一个分布式的消息系统或消息代理。准确来讲，它是一个分布式的、分块的、重复的提交日志服务，可以用来作为发布－订阅式消息系统。

　　Kafka 的关键特性包括：高吞吐量、可扩展性和持久性。单个代理可以处理来自数以千计应用的每秒几百兆字节的读和写。可以通过向集群中增加更多节点来轻松扩容。关于持久性，它在硬盘上保存消息。

　　基于 Kafka 的架构中的关键实体包括：代理、生产者、消费者、主题和消息（见图 1-6）。Kafka 作为节点的集群来运行，每个节点叫作代理。通过 Kafka 发送的消息属于主题。把消息发布到 Kafka 主题的应用叫作生产者。消费者指的是订阅 Kafka 主题并处理消息的应用。

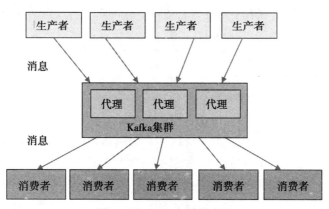

图 1-6　Kafka 中的消息流

　　Kafka 把一个主题分割为多个分块。每个分块是消息的一个有序而不可变的序列。新消息被追加到一个分块。给一个分块中的每一条消息指定一个唯一的连续标识符（叫作偏移量）。各个分块分布在 Kafka 集群的各个节点。另外，也复制它们以提供容错功能。主题的分割有助于扩展性和并行性。一个主题不需要限制于单台机器，它可以增长到任意大小。主题大小的增长可以通过向 Kafka 集群中添加更多节点来解决。

　　发布到 Kafka 集群的消息中，一个重要的属性是：它在一个可配置的周期内保留所有消息。即使消费者使用了一条消息，在所配置的间隔内消息依然可以获取它。更重要的是，Kafka 的性能对于数据大小实际上保持恒定。

　　Kafka 使用一个叫作消费者组的机制来同时支持队列和发布 – 订阅消息模型。把发布到一个主题的每条消息发送到每一个订阅的消费者组内的一个消费者。因此，如果订阅一个主题的所有消费者属于同一个消费者组，则 Kafka 作为一个队列消息系统而工作，每条消息只发送到一个消费者。另一方面，如果订阅一个主题的每一个消费者属于不同的消费者组，则 Kafka 作为一个发布 – 订阅消息系统而工作，把每条消息都广播到所有订阅某主题的消费者。

1.4.2　ZeroMQ

　　ZeroMQ 是一个轻量级的高性能消息库。它用来实现消息队列和构建可扩展的并发和分布式消息驱动的应用。它没有利用以代理为中心的架构，尽管根据需要也可以用它来构建一个消息代理。它支持大多数现代语言和操作系统。

　　ZeroMQ 的 API 仿效了标准的 UNIX Socket API。应用之间通过套接字互相通信。不像标准的套接字，它支持 N 对 N 连接。一个 ZeroMQ 套接字代表一个异步的消息队列。它用一个简单的框架在线缆上传输离散消息。消息长度可以是 0 字节到数吉字节。

ZeroMQ 不会对消息强加任何格式，而将消息当作二进制大对象 blob。可以通过序列化协议来结合它，比如用 Google 的 Protocol Buffers 来发送和接收复杂的对象。

ZeroMQ 在后台线程中异步实现 I/O。它会自动处理物理连接设置、重连、消息传送重试和连接清除。另外，如果接收者不可达，它会将消息排队。当队列满额时，可以将其配置为阻止发送者或丢弃消息。因此，ZeroMQ 提供了一个比标准套接字更高级的抽象来发送和接收消息，使创建消息分发应用更加简单，也使得应用间发送和接收消息的松耦合成为可能。

ZeroMQ 库支持多个传输协议来进行线程间、进程间和跨网络的消息传递。对于相同进程内线程间的消息传递，它支持一种不涉及任何 I/O 的基于内存的消息传递机制。对于运行在相同机器上的进程之间的消息传统，它使用 UNIX 域或 IPC 套接字。这种情况下，所有通信都在操作系统内核中发生，而不会使用任何网络协议。ZeroMQ 支持 TCP 协议来实现应用间通过网络进行通信。最后，它还支持 PGM 来多播消息。

ZeroMQ 可用来实现不同的消息传递模式，包括：请求 – 应答、Router-Dealer、客户端 – 服务器、发布 – 订阅和管道。比如，可以用 ZeroMQ 创建一个发布 – 订阅模式的消息传递系统来从多个发布者发送数据到多个订阅者（见图 1-7）。要实现这个模式，发布者应用会创建一个 ZMQ_PUB 类型的套接字。在这样的套接字上发送的消息以扇出（fan-out）的方式分布到所有已连接的订阅者。订阅者应用创建一个 ZMQ_SUB 类型的套接字来订阅来自发布者的数据，可以指定一个过滤器来获取想要的消息。同样地，也可以用 ZeroMQ 创建一个管道模式来分发数据到管道上排列的各个节点。应用创建 ZMQ_PUSH 类型的套接字来发送消息到下游应用，下游应用则需创建 ZMQ_PULL 类型的套接字。

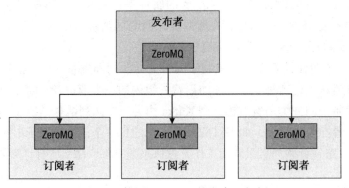

图 1-7　使用 ZeroMQ 的发布 – 订阅

1.5　NoSQL

NoSQL 这个术语用于非关系型的现代数据库。起初，NoSQL 指的是"不支持 SQL"，因为这些数据库不支持 SQL。而现在，它指的是"不止 SQL"，因为其中一些数据库支持 SQL 命令的一个子集。相对 RDBMS 数据库来说，NoSQL 数据库有不同的设计目标。一个关系数据库保证了 ACID（原子性、一致性、独立性和持久性）。而 NoSQL 数据库则权衡 ACID 对线性扩展性、性能、高可用性、灵活的模式和其他特性的兼容性。

本节讨论一些广泛使用的 NoSQL 数据库。

1.5.1　Cassandra

Cassandra 是一个分布式、可扩展、容错的 NoSQL 数据库，用于存储大数据集。它是一个分块的、可调节一致性的行存储。其关键特性是动态模式，每一行可以存储不同的列，而不像关系数据库那样每行有完全相同的列。另外，Cassandra 对写操作做了优化，所以插入操作是高性能的。

Cassandra 是一个无主的分布式架构。因此，它没有单点故障的问题。另外，它实现了各行在集群中的自动分布。读写数据的客户端应用可以连接 Cassandra 集群中的任意节点。

Cassandra 通过内部对数据复制的支持来提供高可用性。保存的副本数量可以配置，每个副本在集群中不同的节点上存储。如果复制因子是 3，即使一或两个节点宕机，整个集群依然可用。

Cassandra 中数据通过键空间（keyspace）、表、行和列形成的层级结构来建模。键空间在概念上类似于 RDBMS 中的数据库或模式。它是表的逻辑集合，代表一个命名空间，用来控制一组表的数据复制。表（也称为"列族"）在概念上类似于 RDBMS 中的表。一个列族由分块的行的集合构成。每一行由分块的键和一组列构成。特别要注意的是，尽管 Cassandra 中的键空间、表、行和列看起来分别和关系型数据库中的模式、表、行和列很类似，但是它们的实现和物理存储是不同的。

在 Cassandra 中查询模式驱动数据模型。Cassandra 中的一个列族或一个表基本上就是一个物化视图。不像关系数据库那样，Cassandra 不支持连接（join），这意味着相同的数据可能需要在多个列族中复制。

1.5.2　HBase

HBase 也是一个分布式、可扩展、容错的 NoSQL 数据存储，用于存储大数据集。它运行在 HDFS 之上。它和 Cassandra 有相似的特点，二者均受启发于 Bigtable（一个由 Google 发明的数据存储系统）。

Bigtable 是一个由 Google 创造的分布式存储系统，用来处理跨越上千台商用服务器中拍字节级别的结构化数据。它不支持关系数据模型；相反，它提供了一种简单的数据模型，赋予客户端应用对数据存储的动态控制权。

HBase 把数据存在表中。表由行组成，行由列族组成，列族由列组成。然而，HBase 中的表和列与关系数据库中的表和列有很大不同。一个 HBase 表本质上是一个稀疏的、分布式、持久化、多维且有序的 Map。

Map 是一个被大多数编程语言所支持的数据结构。这是一个用于存储键值对的容器。

对于通过键查找值来说，它是一种非常高效的数据结构。一般来说，键的顺序是未定义的，应用也不关心键的顺序：它提供一个键给 Map，然后获取这个键所对应的值。注意，不要把 Map 数据结构和 Hadoop MapReduce 中的 map 函数弄混了。map 函数是一个函数式编程语言的概念，用于转换数据。

Map 数据结构在不同的编程语言中有不同的名字。比如，在 PHP 中叫作关联数组，在 Python 中叫作字典，在 Ruby 中它称为哈希，而在 Java 和 Scala 中则为映射。

HBase 表是一个有序的多维或多层级的 Map。第一层键是行键，它使应用能快速从数以亿计的行中读取其中一行。第二层键是列族。第三层键是列名，也称为列标识符。第四层键是时间戳。行键、列族、列名和时间戳组合起来，就唯一标识了一个单元（cell），其中包含值。值是一个未解析的字节数组。

HBase 表中的行是稀疏的。不像关系数据库中的行，HBase 中的每一行不必须有同样的列。每一行有同样的列族集，但一行中的某些列族可能没有存储任何内容。一个空单元不占用任何存储空间。

1.6 分布式 SQL 查询引擎

如前所述，SQL 是最常用来查询和分析数据的语言之一。它易学且有群众基础（了解 SQL 的人远比了解编程语言如 Java 的人多）。基本上，Hive 就是因此而诞生。不过，Hive 依赖于 MapReduce，因为它把 HiveQL 查询转换成 MapReduce 的作业任务。

MapReduce 是一个强大的框架。然而，它用于处理批量数据，它有大吞吐量和高延迟。对于数据转换或者 ETL（提取、转换、加载）作业来说，它的表现非常棒，但在交互式查询或实时分析方面则不是一个完美的平台。Hive 继承了 MapReduce 的限制。这促进了使用不同架构的低延迟查询引擎的诞生。

本节讨论了几个没有使用 MapReduce 的开源且低延迟的分布式 SQL 查询引擎。Spark SQL 也可以作为分布式查询引擎，但此处暂不涉及，第 7 章会详细讨论。

1.6.1 Impala

Impala 是一个开源的数据分析软件。它提供了 SQL 接口来分析存储在 HDFS 和 HBase 中的大数据集，支持 HiveQL 以及 Hive 支持的类 SQL 语言，可用于批处理和实时查询。

Impala 没有使用 MapReduce。相反，它使用了一种专业的分布式查询引擎来避免高延迟。它的架构和商用数据库 MPP（大规模并行处理）类似。带来的好处就是：它提供了比 Hive 快一个数量级的响应时间。

1.6.2 Presto

Presto 也是一个用于分析大数据集的开源分布式 SQL 查询引擎。目前，它提供的 SQL

接口可以分析 HDFS、Cassandra 和关系数据库中的数据。它支持太字节和拍字节级数据的交互式分析查询。另外，它还支持组合多数据源进行查询。

Presto 在架构上与 Impala 类似，没有用 MapReduce 来分析 HDFS 数据，而是实现了MPP 架构。

1.6.3 Apache Drill

Apache Drill 是另一个用于分析存储在 HDFS 或 NoSQL 数据库中大数据集的开源分布式 SQL 查询引擎，其灵感来源于 Google 的 Dremel。它可以用来对拍字节级数据执行快速的交互式即席查询。和 Presto 与 Impala 类似，它实现了一个集群式的 MPP 架构。它支持ANSI SQL 和 JDBC/ODBC 接口，所以可以使用在任何支持 JDBC/ODBC 的 BI 或数据可视化应用中。

Apache Drill 的主要特性包括：动态模式发现，灵活的数据模型，去中心化的元数据和可扩展性。使用 Drill 查询数据集时，模式规范并不是必需的。它使用自描述的格式（如Avro、JSON、Parquet 和 NoSQL）所提供的信息来决定数据集的模式。它也能处理查询中模式的更改。

Drill 支持层级式的数据模型来查询复杂数据。它可以查询复杂的嵌套数据结构。比如，它可以用来查询存储在 JSON 或 Parquet 中的嵌套数据而不用"铺平"它们。

在 Drill 中，中心化的元数据也不是必需的。它通过数据源的存储插件获取元数据。因为不依赖中心化的元数据，所以 Drill 可以用来从多个数据源中立即查询数据，比如，Hive、HBase 和文件。因此，它可以用作一个数据可视化平台。

Dirll 兼容 Hive。可以在 Hive 环境中使用 Drill 来实现对现有 Hive 表的快速、交互式的即席查询。它支持 Hive 的元数据、UDF（用户定义的函数）和文件格式。

1.7 总结

近年来数据的指数级增长给许多大数据技术带来了机会。传统的专有产品要么无法处理大数据，要么代价太昂贵。这就为开源大数据技术打开了一扇门。仅仅在过去几年里，这个领域的快速创新已经催生出很多新产品。大数据领域如此之大，以至于可以写一本书专门来介绍各种各样的大数据技术。

本章仅讨论了几项与 Spark 相关的大数据技术，也介绍了 Hadoop 及其生态系统中的关键技术。Spark 也是这个生态系统中的一部分。

Spark 将在第 3 章介绍。第 2 章会先讨论 Scala，一种集函数式编程和面向对象编程于一体的编程语言。理解 Scala 非常重要，因为本书中所有示例代码都用 Scala 编写。另外，Spark 本身用 Scala 所写，但也支持其他语言，如 Java、Python 和 R。

Scala 编程

Scala 是当前热门的现代编程语言之一。它是编程语言界的凯迪拉克。它是一门强大且优美的语言。学会了它,对你的职业生涯大有裨益。

用不同的编程语言都可以编写大数据应用程序,比如 Java、Python、C++、Scala 等。Hadoop 本身就是用 Java 编写的。尽管大多数的 Hadoop 应用程序都是用 Java 编写的,但它也支持用其他语言来编写。类似地,Spark 是由 Scala 编写的,但是它也支持其他的语言,包括 Scala、Java、Python 和 R。

对于开发大数据应用程序而言,Scala 是一门很棒的语言。使用它有诸多好处。首先,开发者使用 Scala 能显著提高生产力。其次,它能帮助开发者减少 bug,写出健壮的代码。最后,Spark 就是用 Scala 编写的,因而对于开发 Spark 应用而言使用 Scala 是最自然的。

本章把 Scala 当作一门通用语言来进行介绍。本章的目的并不是让你成为 Scala 专家,而是让你有足够多的 Scala 知识从而能理解并使用 Scala 来编写 Spark 应用。本书的示例代码全部都由 Scala 编写,所以掌握 Scala,将更容易理解本书的内容。如果你已经学会了 Scala,那么你可以跳过这一章。

基于上述目的,本章只介绍 Scala 编程的基础知识。为了能更高效地使用 Scala,了解函数式编程是很重要的,所以本章将首先介绍函数式编程。最后,将介绍如何编写一个单独的 Scala 应用程序。

2.1 函数式编程

函数式编程是一种编程范式,它把函数作为代码的基本构成元素,避免使用命令式编程中的可变变量以及循环等控制结构。它把计算当作对数学函数的求值，函数的输出完全依赖于传递给函数的参数值。程序就是由这些函数构成的。总之，在函数式编程语言中函数是一等公民。

在这几年，函数式编程引起了大量的关注。甚至一些主流语言（比如 C++、Java 和 Python）都添加了对函数式编程的支持。它的流行主要有如下几个原因。

首先，使用函数式编程能极大地提升生产效率。相比于命令式编程，在解决同样的问题上，函数式编程只需要更少的代码。举例来说，在 Java 中一个用一百行代码实现的功能，用 Scala 来实现只需要 10 行或 20 行即可。函数式编程能带来 5～10 倍的生产效率提升。

其次，函数式编程更容易编写多并发或多线程的应用。随着多核、多 CPU 计算机的来临，编写多进程应用显得愈发重要。在当前提升单 CPU 晶体管数量已经越来越难的情况下，硬件产商开始采用增加 CPU 数量、增加内核数的方式来维持摩尔定律的有效性。现在多核计算机已经很普遍了。应用程序也需要利用多核带来的优势。相对于命令式编程语言，使用函数式编程语言更易于编写利用多核的应用程序。

再者，函数式编程能帮助你写出健壮的代码。它可以帮你避免一些常见的编程错误。而且一般来说，应用中 bug 的数量与代码和行数成正比。由于函数式编程相对于命令式编程通常代码行数更少，因此使用它将带来更少的 bug。

最后，使用函数式编程语言更容易写出便于阅读、理解的优雅代码。如果运用得当，用函数式编程语言写出来的代码看上去是很漂亮的，既不复杂也不混乱。你将从你的代码中得到巨大的快乐和满足。

本节将会介绍函数式编程中的几个重要概念。

2.1.1　函数

函数是一段可以执行的代码。通过函数，程序员可以将一个大型的程序分割成一些方便管理的代码片段。在函数式编程中，应用程序就是构建在函数之上的。

尽管很多编程语言都支持函数的感念，但是函数式编程语言把函数当成一等公民。而且，函数是可以随意组合的，并没有其他的副作用。

一等公民

函数式编程把函数当成一等公民。函数拥有和变量、值一样的地位。函数可以像变量一样使用。如果你把函数式编程中的函数和命令式编程语言（比如 C）中的函数对比，更容易理解这个概念。

命令式编程语言中变量和函数是区别对待的。举例来说，C 语言中是不允许在函数内部定义函数的，它也不允许把一个函数当成参数传给另外一个函数。

函数式编程允许把函数当成参数传递给另一个函数。函数也可以当成返回值从另一个函数中返回。函数可以在任何地方定义，包括在其他函数内部。它可以写成匿名函数字面量，然后像字符串字面量一样作为参数传递给另一个函数。

可组合

函数式编程中，函数是可以随意组合的。函数组合指的是可以把一些简单的函数组合在一起从而创建一个复杂的函数，它是一个数学概念也是一个计算机科学概念。比如，两个可组合的函数可以组合成一个新函数。考虑下面两个数学函数。

$$f(x)=x*2$$
$$g(x)=x+2$$

函数 f 以一个数字作为输入，将它的两倍作为输出。函数 g 以一个数字作为输入，将它的值加 2 作为输出。

如下所示，可以将 f 和 g 组合为一个新的函数。

$$h(x)=f(g(x))=f(x+2)=(x+2)*2$$

对于同样的输入，函数 h 的效果和先调用函数 g 处理输入，然后将函数 g 的输出作为参数调用函数 f 是一样的。

为了解决复杂的问题，可以将它分解成几个小问题，函数组合在这种方式下是很有用的。对于每个小问题可以写若干个函数，最后再把它们组合起来，从而解决这个复杂的问题。

无副作用

在函数式编程中函数并没有什么副作用。函数的返回值完全依赖于传递给它的参数。函数的行为并不会随着时间的改变而改变。对于给定的参数值，无论调用这个函数多少次，始终返回同样的结果。换句话说，函数是无状态的，它既不依赖也不会改变任何全局变量的值。

函数的无副作用性有如下几个好处。首先，它们可以按任意顺序组合在一起。其次，便于理解代码。最后，使用这样的函数便于编写多线程的应用程序。

简单

函数式编程中的函数是很简单的。一个函数由几行代码构成，并且只做一件事。一个简单的函数是便于理解的。函数也保证了代码的健壮性以及高质量。

可组合的简单函数很适合用来实现复杂的算法，并且不容易出错。函数式编程鼓励人们不断把问题分解成若干个子问题，直到一个子问题能够用一个简单函数去解决为止。然后，把这些简单函数组合起来就能得到解决这个复杂问题的函数了。

2.1.2　不可变数据结构

函数式编程强调使用不可变数据结构。纯函数方式程序并不会使用任何可变数据结构或变量。换句话说，数据从不会在原地修改，这与命令式编程语言（比如 C/C++、Java 和

Python）相比是不同的。没有函数式编程背景的人很难想象没有可变变量的程序是什么样子的。实际上，使用不可变数据结构写代码并非难事。

使用不可变数据结构具有如下好处。首先，它能减少 bug。使用不可变数据结构编写的代码便于理解。另外，函数式编程语言的编译器会强制使用不可变的数据结构。因而，很多 bug 在编译期间就能捕获。

其次，使用不可变数据结构便于编写多线程应用程序。编写一个能充分利用多核的应用程序并不容易。竞争条件和数据损坏在多线程应用程序中是常见的问题。使用不可变数据结构有助于避免这些问题。

2.1.3　一切皆表达式

在函数式编程中，每一个语句都是一个表达式，都会有返回值。比如 Scala 中的 if-else 控制结构就是一个有返回值的表达式。这与可以在 if-else 中写多个语句的命令式编程语言显著不同。

这一特性有助于不用可变变量编写应用程序。

2.2　Scala 基础

Scala 是一门支持面向对象编程和函数式编程的混合语言。它支持函数式编程的概念，比如不可变数据结构，把函数视为一等公民。在面向对象方面，它也支持类、对象、特质、封装、继承、多态和其他面向对象的概念。

Scala 是一门静态类型语言。Scala 应用程序是由 Scala 编译器编译的。Scala 是类型安全的，Scala 编译器在编译期间会强制检查类型安全性。这有助于减少应用程序中的 bug。

最后，Scala 是一门基于 JVM 的语言。Scala 编译器会将 Scala 应用程序编译成 Java 字节码，Java 字节码运行在 JVM 上。从字节码的层面来看，Scala 应用程序和 Java 应用程序没有区别。

因为 Scala 是基于 JVM 的，所以它能和 Java 无缝互操作。在 Java 应用程序中可以使用 Scala 开发的库。更重要的是，Scala 应用程序可以使用任何 Java 库，而无须任何包装器或胶水代码。Scala 应用程序可以直接受益于近二十年来人们用 Java 开发出来的各种现有的库。

尽管 Scala 是一门混合了面向对象编程和函数式编程的语言，但是它还是侧重于函数式编程。这一点使它成为一门强大的语言。相比于把 Scala 当成面向对象语言使用而言，把 Scala 当成函数式编程语言来用更能让你受益匪浅。

本书无法覆盖 Scala 的方方面面。想要说明白 Scala 的每个细节需要一本更厚的书才行。本书只介绍编写 Spark 应用程序所需的基础知识。假设你有一定的编程经验，故本书不会介绍编程的基础知识。

Scala 是一门强大的语言。伴随着强大性而来的是它的复杂性。有些人想要立刻学会 Scala 的所有语言特性，因而被吓坏了。然而，你并不需要知道它的每个细节，就能高效地使用它。只要你学会了本章所涵盖的基础知识，你就能开始高效地开发 Scala 应用程序了。

2.2.1 起步

学习一门语言的最好方式就是使用它。如果你能运行一下附带的示例代码，你将更好地理解本章的内容。

可以用任何的文本编辑器编写 Scala 代码，用 scalac 编译它，用 Scala 执行。或者也可以使用由 Typesafe 提供的基于浏览器的 IDE。当然，也可以使用基于 Eclipse 的 Scala IDE、Intellij IDEA 或 NetBeans IDE。可以从 www.scala-lang.org/download 下载 Scala 二进制文件、Typesafe Activator 和上述各种 IDE。

学习 Scala 最快捷的途径就是使用 Scala 解释器，它提供了一个交互式的 shell 用于编写代码。它是一个 REPL（读取、求值、输出、循环）工具。当你在 Scala shell 中输入一个表达式时，它会对其求值，将结果输出到控制台上，然后等待你输入下一个表达式。安装交互式 Scala shell 就像下载 Scala 二进制文件然后解压它一样简单。Scala shell 的名字是 scala。它位于 bin 目录下，只须在终端输入 Scala 就能启动它。

```
$ cd /path/to/scala-binaries
$ bin/scala
```

现在，你应当看到如图 2-1 所示的 Scala shell 提示符。

```
Welcome to Scala version 2.11.7 (Java HotSpot(TM) 64-Bit Server VM, Java 1.7.0_67).
Type in expressions to have them evaluated.
Type :help for more information.

scala>
```

图 2-1　Scala shell 提示符

现在，可以输入任何 Scala 表达式。下面是一个例子。

```
scala> println("hello world")
```

在你按下回车键之后，Scala 解释器就会执行代码，然后将结果输出在控制台上。可以用 Scala shell 执行本章的示例代码。

让我们开始学习 Scala 吧。

2.2.2 基础类型

和其他的编程语言类似，Scala 提供一些基础类型和作用在它们之上的操作。Scala 中的基础类型清单如表 2-1 所示。

表 2-1　Scala 中的基础变量类型

变 量 类 型	描　　述	变 量 类 型	描　　述
Byte	8 位有符号整数	Double	32 位双精度浮点数
Short	16 位有符号整数	Char	16 位无符号
Int	32 位有符号整数	Unicode	字符
Long	64 位有符号整数	String	字符串
Float	32 位单精度浮点数	Boolean	true 或 false

需要注意的是，Scala 并没有基本类型。Scala 的每一个基础类型都是一个类。当把一个 Scala 应用程序编译成 Java 字节码的时候，编译器会自动把 Scala 基础类型转变成 Java 基本类型，这样有助于提高应用程序的性能。

2.2.3　变量

Scala 有两种类型的变量：可变和不可变的。不过，尽量不要使用可变变量。纯函数式程序是不会使用可变变量的。然而，有时使用可变变量会使代码更简单。因此，Scala 也支持可变变量。当然，使用它的时候要小心。

可变变量使用关键字 var 声明，不可变变量使用关键字 val 声明。

val 与命令式编程语言（如 C/C++ 和 Java）中的变量类似。它可以在创建之后重新赋值。创建、修改可变变量的语法如下。

```
var x = 10
x = 20
```

val 在初始化之后就不可以重新赋值了。创建 val 的语法如下。

```
val y = 10
```

上面的代码在添加了下面这行语句之后会发生什么呢？

```
y = 20
```

编译器会报错。

需要着重指出的是，Scala 编译器提供了种种便利。首先，以分号作为语句结尾是可选的。其次，有必要的话，编译器会进行类型推断。Scala 是一门静态类型的语言，所以一切都是有类型的。然而，在 Scala 编译器能自动推导出类型的情况下，开发者不需要为它声明类型。使用 Scala 编程会使得代码更简短精炼。

下面两个语句是等价的。

```
val y: Int = 10;
val y = 10
```

2.2.4　函数

如前所述，函数是一段可执行的代码，这段代码最终返回一个值。它和数学中函数的概念类似，读取输入，然后返回一个输出。

Scala 把函数当成一等公民。函数可以当成变量使用。它可以作为输入传递给其他函数。它也可以定义成匿名函数字面量，就像字符串字面量一样。它可以作为变量的值。它也可以在其他函数的函数体内定义。它还可以作为其他函数的返回值返回。

Scala 中用关键字 def 来定义函数。函数定义以函数名开头，紧跟着是以逗号作为分隔符的输入参数列表，每个参数后面跟着它们各自的类型，参数列表放在一对圆括号中。在右圆括号后面是一个冒号、函数返回值类型、等号和函数体。函数体可以被大括号包裹，没有亦可。下面是一个例子。

```
def add(firstInput: Int, secondInput: Int): Int = {
  val sum = firstInput + secondInput
  return sum
}
```

在上面的例子中，函数名是 add。它有两个都是 Int 类型的参数，返回一个 Int 类型的返回值。这个函数只是将两个参数相加，而后将累加和作为返回值返回。

这个函数可以简化成下面这样。

```
def add(firstInput: Int, secondInput: Int) = firstInput + secondInput
```

这个简化版的函数和之前的是一样的。返回值的类型省略了，因为编译器可以根据代码推导出来。然而，还是不推荐省略返回值类型。

简化版中大括号同样也省略了。只有当函数体中有不止一条语句时，才需要大括号。

关键字 return 也省略了，因为它是可选的。在 Scala 中，所有语句都是表达式，表达式总是会返回一个值。因此，简化版函数的返回值就是函数体中最后一个语句作为表达式所返回的值。

上面的代码片段只是一个例子，说明了使用 Scala 可以写出简洁的代码，提高代码的可读性和可维护性。

Scala 支持多种类型的函数，这一点在下面进行介绍。

方法
方法是指类的成员函数。它的定义和使用方法和函数类似，唯一的区别是它可以访问类里面所有的成员。

局部函数
在其他函数中或在方法中定义的函数称为局部函数。它仅可使用输入参数和包含它的函数内的变量。它只在包含其定义的函数内可见。这一实用的特性使得你可以在函数内聚合多条语句，而不会污染整个应用程序的命名空间。

高阶方法
把函数作为输入参数的方法被称为高阶方法。类似的，高阶函数指的是把函数作为参数的函数。高阶方法和高阶函数有助于减少重复代码，从而使得代码更简洁。

下面是一个高阶函数的例子。

```scala
def encode(n: Int, f: (Int) => Long): Long = {
  val x = n * 10
  f(x)
}
```

encode 函数接受两个参数，返回一个 Long 类型的值。第一个参数是 Int 类型的。第二个参数是一个函数 f，它接受一个 Int 类型的参数，返回一个 Long 类型的值。encode 函数首先将第一个参数乘以 10，然后将结果作为参数调用函数 f。

在介绍 Scala 集合的时候我们会看到更多的高阶函数。

函数字面量

函数字面量是指源代码中的匿名函数。在应用程序中，可以像字符串字面量一样使用它。它可以作为高阶方法或高阶函数的参数，也可以赋值给变量。

函数字面量的定义由处于圆括号中的输入函数列表、右箭头和函数体构成。包裹函数体的大括号是可选的。下面是一个函数字面量的例子。

```scala
(x: Int) => {
              x + 100
            }
```

如果函数体只由一条语句构成，那么大括号是可以省略的。上面定义的函数字面量的简化版如下所示。

```scala
(x: Int) => x + 100
```

之前定义的高阶函数 encode 可以被当成函数字面量使用，如下所示。

```scala
val code = encode(10, (x: Int) => x + 100)
```

闭包

在函数对象的函数体中，只能使用参数和函数字面量中定义的局部变量。然而，Scala 中函数字面量却可以使用其所处作用域中的变量。闭包就是这种可以使用了非参数非局部变量的函数字面量。有时候人们把闭包和函数字面量当成同一术语，但是从技术上说，它们是不一样的。

下面是一个闭包的例子。

```scala
def encodeWithSeed(num: Int, seed: Int): Long = {
  def encode(x: Int, func: (Int) => Int): Long = {
    val y = x + 1000
    func(y)
  }
  val result = encode(num, (n: Int) => (n * seed))
  result
}
```

在上面的代码中，局部函数 encode 的第二个参数是个函数。这个函数字面量使用了两个变量 n 和 seed。n 是函数的参数，而 seed 却不是。在这个作为函数 encode 参数的函数字面量中，seed 是从其所处的作用域获得的，并用在函数体中。

2.2.5 类

类是面向对象编程中的概念。它是一种高层的编程抽象。简单地说，它是一种将数据和操作结合在一起的代码组织方式。在概念上，它用属性和行为来表示一个实体。

Scala 中的类和其他面向对象编程语言中的类似。它由字段和方法构成。字段就是一个变量，用于存储数据。方法就是一段可执行的代码，是在类中定义的函数。方法可以访问类中的所有字段。

类就是一个在运行期间创建对象的模板。对象就是一个类实例。类在源代码中定义，而对象只存在于运行期间。Scala 使用关键字 class 来定义一个类。类的定义以类名开头，紧跟着参数列表，参数列表以逗号作为分隔符，然后是处于大括号中的字段和方法。

下面是一个例子。

```scala
class Car(mk: String, ml: String, cr: String) {
  val make = mk
  val model = ml
  var color = cr
  def repaint(newColor: String) = {
    color = newColor
  }
}
```

类实例使用关键字 new 创建。

```scala
val mustang = new Car("Ford", "Mustang", "Red")
val corvette = new Car("GM", "Corvette", "Black")
```

类通常用作可变数据结构。对象都有一个随时变化的状态。因此，类中的字段一般都是可变变量。

因为 Scala 运行在 JVM 之上，所以你不必显式删除对象。Java 的垃圾回收器会自动删除那些不再使用的对象。

2.2.6 单例

在面向对象编程中一个常见的设计模式就是单例，它是指那些只可以实例化一次的类。Scala 使用关键字 object 来定义单例对象。

```scala
object DatabaseConnection {
  def open(name: String): Int = {
    ...
  }
  def read (streamId: Int): Array[Byte] = {
    ...
  }
  def close (): Unit = {
```

```
    ...
  }
}
```

2.2.7 样本类

样本类是指使用 case 修饰符的类，下面是一个例子。

```
case class Message(from: String, to: String, content: String)
```

对于样本类，Scala 提供了一些语法上的便利。首先，样本类会添加与类名一致的工厂方法。因此，不必使用 new 关键字就可以创建一个样本类的类实例。举例来说，下面的这段代码就是合法的。

```
val request = Message("harry", "sam", "fight")
```

其次，样本类参数列表中的所有参数隐式获得 val 前缀。换句话说，Scala 把上面定义的样本类 Message 当成如下定义。

```
class Message(val from: String, val to: String, val content: String)
```

val 前缀把类参数转变成了不可变的类字段。故可以从外部访问它们。

最后，Scala 为样本类添加了方法 toString、hashCode、equals、copy。这些方法使得样本类便于使用。

在创建不可变对象时样本类相当有用，而且样本类还支持模式匹配。模式匹配将在下面进行介绍。

2.2.8 模式匹配

模式匹配是 Scala 中的概念，它看上去类似于其他语言的 switch 语句。然而，它却是一个比 switch 语句要强大得多的工具。它就像瑞士军刀一样能解决各种各样的问题。

模式匹配的一个简单用法就是替代多层的 if-else 语句。如果代码中有多于两个分支的 if-else 语句，它就难以阅读了。在这种场景下，使用模式匹配能提高代码的可读性。

作为一个例子，考虑这样一个简单的函数，它以表示颜色的字符串作为参数，如果是红色返回 1，如果是蓝色返回 2，如果是绿色返回 3，如果是黄色返回 4，如果是其他颜色返回 0。

```
def colorToNumber(color: String): Int = {
  val num = color match {
          case "Red" => 1
          case "Blue" => 2
          case "Green" => 3
          case "Yellow" => 4
          case _ => 0
        }
  num
}
```

Scala 使用关键字 match 来替代关键字 switch。每一个可能的选项前面都跟着关键字 case。如果有一个选项匹配，那么该选项右箭头右边的代码将会执行。下划线表示默认选项。如果任何选项都不匹配，那么默认选项对应的代码就会执行。

上面的例子虽然简单，但是它说明模式匹配的几个特性。首先，一旦有一个选项匹配，那么该选项对应的代码就会执行。不同于 switch 语句，每一个选项对应的代码中不需要有 break 语句。匹配选项之后的其他选项对应代码并不会被执行。

其次，每一个选项对应的代码都是表达式，表达式返回一个值。因此，模式匹配语句本身就是一个返回一个值的表达式。下面的代码说明了这一点。

```
def f(x: Int, y: Int, operator: String): Double = {
  operator match {
    case "+" => x + y
    case "-" => x - y
    case "*" => x * y
    case "/" => x / y.toDouble
  }
}

val sum = f(10,20, "+")
val product = f(10, 20, "*")
```

2.2.9 操作符

Scala 为基础类型提供了丰富的操作符。然而，Scala 没有内置操作符。在 Scala 中，每一个基础类型都是一个类，每一个操作符都是一个方法。使用操作符等价于调用方法。考虑下面的例子。

```
val x = 10
val y = 20
val z = x + y
```

+ 并不是 Scala 的内置操作符。它是定义在 Int 类中的一个方法。上面代码中的最后一条语句等价于如下代码。

```
val z = x.+(y)
```

Scala 允许以操作符的方式来调用方法。

2.2.10 特质

特质是类继承关系中的接口。它的这种抽象机制有助于开发者写出模块化、可复用、可扩展的代码。

从概念上说，一个接口可以定义多个方法。Java 中的接口只有函数签名，没有实现。继承这个接口的类必须实现这些接口方法。

Scala 的特质类似于 Java 中的接口。然后，不同于 Java 中的接口，Scala 特质可以有方法的实现。而且它还可以有字段。这样，继承类就可以复用这些字段和特质中实现的方法了。

特质看上去像是抽象类，它们都有字段和方法。区别在于一个类只能继承一个抽象类，但是可以继承多个特质。

下面是一个特质的例子。

```
trait Shape {
    def area(): Int
}
class Square(length: Int) extends Shape {
    def area = length * length
}
class Rectangle(length: Int, width: Int) extends Shape {
    def area = length * width
}
val square = new Square(10)
val area = square.area
```

2.2.11 元组

元组是一个容器，用于存放两个或多个不同类型的元素。它是不可变的。它自从创建之后就不能修改了。它的语法简单，如下所示。

```
val twoElements = ("10", true)
val threeElements = ("10", "harry", true)
```

当你想要把一些不相关的元素聚合在一起时，元组就派上用场了。当所有元素都是同一类型时，可以使用集合，比如数组或列表。当元素是不同类型但是之间有联系时，可以使用类，把它们当成类字段来存储。但是在某些场景下使用类没有必要。比如你想要有一个有多个返回值的函数，此时元组比类更合适。

元组的下标从 1 开始。下面这个例子展示怎么访问元组中的元素。

```
val first = threeElements._1
val second = threeElements._2
val third = threeElements._3
```

2.2.12 Option 类型

Option 是一种数据类型，用来表示值是可选的，即要么无值要么有值。它要么是样本类 Some 的实例，要么是单例对象 None 的实例。Some 类的实例可以存储任何类型的数据，用来表示有值。None 对象表示无值。

Option 类型可以在函数或方法中作为值返回。返回 Some(x) 表示有值，x 是真正的返回值。返回 None 表示无值。从函数返回的 Option 类型对象可以用于模式匹配中。

下面的例子说明了这些用法。

```
def colorCode(color: String): Option[Int] = {
  color match {
    case "red" => Some(1)
    case "blue" => Some(2)
    case "green" => Some(3)
```

```
    case _ => None
  }
}
val code = colorCode("orange")
code match {
  case Some(c) => println("code for orange is: " + c)
  case None => println("code not defined for orange")
}
```

使用 Option 类型有助于避免空指针异常。在很多语言中，null 用于表示无值。以 C/C++/Java 中一个返回整数的函数为例，如果对于给定的参数没有合法的整数可以返回，函数可能返回 null。调用者如果没有检查返回值是否为 null，而直接使用，就可以能导致程序崩溃。在 Scala 中，由于有了严格类型检查和 Option 类型，这样的错误得以避免。

2.2.13 集合

集合是一种容器类的数据结构，可以容纳零个或多个元素。它是一种抽象的数据结构。它支持声明式编程。它有方便使用的接口，使用这些接口就不必手动遍历所有元素了。

Scala 有丰富的集合类，集合类包含各种类型。所有的集合类都有同样的接口。因此只要你熟悉了其中的一种集合，对于其他的集合类型你也能熟练使用。

Scala 的集合类可以分为三类：序列、集合、map。本节将介绍 Scala 最常用的集合类。

序列

序列表示有先后次序的元素集合。由于元素是有次序的，因此可以根据位置来访问集合中的元素。举例来说，可以访问序列中第 n 个元素。

数组

数组是一个有索引的元素序列。数组中的所有元素都是相同类型的。它是可变的数据结构。可以修改数组中的元素，但是你不能在它创建之后增加元素。它是定长的。

Scala 数组类似其他语言中的数组。访问其中的任意一个元素都占用固定的时间。数组的索引从 0 开始。要访问元素或修改元素，可以通过索引值达成，索引值位于括号内。下面是一个例子。

```
val arr = Array(10, 20, 30, 40)
arr(0) = 50
val first = arr(0)
```

关于数组的基本操作如下：

❑ 通过索引值访问元素
❑ 通过索引值修改元素

列表

列表是一个线性的元素序列，其中存放一堆相同类型的元素。它是一种递归的结构，而不像数组（扁平的数据结构）。和数组不同，它是不可变的，创建后即不可修改。列表是

Scala 和其他函数式语言中最常使用的一种数据结构。

尽管可以根据索引来访问列表中的元素，但这并不高效。访问时间和元素在列表中的的位置成正比。

下面的代码展示了几种创建列表的方式。

```scala
val xs = List(10,20,30,40)
val ys = (1 to 100).toList
val zs = someArray.toList
```

关于列表的基本操作如下：

❏ 访问第一个元素。为此，List 类提供了一个叫作 head 的方法。
❏ 访问第一个元素之后的所有元素。为此，List 类提供了一个叫作 tail 的方法。
❏ 判断列表是否为空。为此，List 类提供了一个叫作 isEmpty 的方法，当列表为空时，它返回 true。

向量

向量是一个结合了列表和数组各自特性的类。它拥有数组和列表各自的性能优点。根据索引访问元素占用固定的时间，线性访问元素也占用固定的时间。向量支持快速修改和访问任意位置的元素。

下面是一个例子。

```scala
val v1 = Vector(0, 10, 20, 30, 40)
val v2 = v1 :+ 50
val v3 = v2 :+ 60
val v4 = v3(4)
val v5 = v3(5)
```

集合

集合是一个无序的集合，其中的每一个元素都不同。它没有重复的元素，而且，也没法通过索引来访问元素，因为它没有索引。

下面是一个例子。

```scala
val fruits = Set("apple", "orange", "pear", "banana")
```

集合支持两种基本操作。

❏ contains：如果当前集合包含这个元素，则返回 true。元素作为参数传递进来。
❏ isEmpty：如果当前集合为空，则返回 true。

map

map 是一个键 – 值对集合。在其他语言中，它也叫作字典、关联数组或 hash map。它是一个高效的数据结构，适合根据键找对应的值。千万不要把它和 Hadoop MapReduce 中的 map 混淆了。Hadoop MapReduce 中的 map 指在集合上的一种操作。

下面这段代码展示了如何创建并使用 map。

```
val capitals = Map("USA" -> "Washington D.C.", "UK" -> "London", "India" -> "New Delhi")
val indiaCapital = capitals("India")
```

Scala 还有其他集合类，这里就不一一介绍了。然而，只要掌握了以上内容，这些就足以高效地使用 Scala 了。

集合类上的高阶方法

Scala 集合的强大之处就在于这些高阶方法。这些高阶方法把函数当成参数。需要注意的是，这些高阶方法并没有改变集合。

本节将介绍一些常用的高阶方法。例子中使用的是 List 集合，但是所有的 Scala 集合类都支持这些高阶方法。

map

map 方法的参数是一个函数，它将这个函数作用于集合中的每一个元素，返回由其返回值所组成的集合。这个返回的集合中的元素个数和调用 map 的集合元素个数一致。然而，返回集合中的元素类型有可能不一样。

下面是一个例子。

```
val xs = List(1, 2, 3, 4)
val ys = xs.map((x: Int) => x * 10.0)
```

在上面的例子中，需要注意的是，xs 的类型是 List[Int]，而 ys 的类型是 List[Double]。

如果一个函数只有一个参数，那么包裹参数列表的圆括号可以用大括号代替。下面的两条语句是等价的。

```
val ys = xs.map((x: Int) => x * 10.0)
val ys = xs.map{(x: Int) => x * 10.0}
```

就像之前说的一样，Scala 允许以操作符的方式调用任何方法。为了进一步提高了代码的可读性。上面的代码可以改写成如下这样。

```
val ys = xs map {(x: Int) => x * 10.0}
```

Scala 会根据集合中元素类型对函数字面量中的参数进行类型推导，故可以省略参数类型。下面的两条语句是等价的。

```
val ys = xs map {(x: Int) => x * 10.0}
val ys = xs map {x => x * 10.0}
```

如果函数字面量的参数只在函数体内使用一次，那么右箭头及其左边部分都可以省略。可以只写函数字面量的主体。下面的两条语句是等价的。

```
val ys = xs map {x => x * 10.0}
val ys = xs map {_ * 10.0}
```

下划线表示集合中的元素，它作为参数传递给 map 中的函数字面量。上面的代码可以解读为将 xs 中的每个元素乘以 10。

总之，下面分别是详细版和简化版的代码。

```
val ys = xs.map((x: Int) => x * 10.0)
val ys = xs map {_ * 10.0}
```

如你所见，使用 Scala 能很方便地写出易读的简洁代码。

flatMap

Scala 集合的 flatMap 方法类似于 map，它的参数是一个函数，它把这个函数作用于集合中的每一个元素，返回另外一个集合。这个函数作用于原集合中的一个元素之后会返回一个集合。这样，最后就会得到一个元素都是集合的集合。使用 map 方法，就是这样的结果。但是使用 flatMap 会得到一个扁平化的集合。

下面是一个使用 flatMap 的例子。

```
val line = "Scala is fun"
val SingleSpace = " "
val words = line.split(SingleSpace)
val arrayOfChars = words flatMap {_.toList}
```

toList 方法将创建一个列表，里面包含原有集合的所有元素。这个方法能将字符串、数组、集合或其他集合类型转变成一个列表。

filter

filter 方法将谓词函数作用于集合中的每个元素，返回另一个集合，其中只包含计算结果为真的元素。谓词函数指的是返回一个布尔值的函数。它要么返回 true，要么返回 false。

```
val xs = (1 to 100).toList
val even = xs filter {_ %2 == 0}
```

foreach

foreach 方法的参数是一个函数，它把这个函数作用于集合中的每一个元素，但是不返回任何东西。它和 map 类似，唯一的区别在于 map 返回一个集合，而 foreach 不返回任何东西。由于它的无返回值特性它很少使用。

```
val words = "Scala is fun".split(" ")
words.foreach(println)
```

reduce

reduce 方法返回一个值。顾名思义，它将一个集合整合成一个值。它的参数是一个函数，这个函数有两个参数，并返回一个值。从本质上说，这个函数是一个二元操作符，并且满足结合律和交换律。

下面是一些例子。

```
val xs = List(2, 4, 6, 8, 10)
val sum  = xs reduce {(x,y) => x + y}
val product  = xs reduce {(x,y) => x * y}
val max = xs reduce {(x,y) => if (x > y) x else y}
val min = xs reduce {(x,y) => if (x < y) x else y}
```

下面是一个找出句子中最长单词的例子。

```
Val words = "Scala is fun" split(" ")
val longestWord = words reduce {(w1, w2) => if(w1.length > w2.length) w1 else w2}
```

需要注意的是，Hadoop MapReduce 中的 map/reduce 和我们上面说的 map/reduce 是相似的。事实上，Haddoop MapReduce 借用了函数式编程中的这些概念。

2.3   一个单独的 Scala 应用程序

到目前为止，你看到不少 Scala 代码片段。在这一节，我们将会编写一个完整的 Scala 应用程序，你可以编译它，运行它。

一个单独的 Scala 应用程序需要一个具有 main 方法的单例对象。这个 main 方法以一个 Array[String] 类型的参数作为输入。它并不返回任何值。它是这个 Scala 应用程序的入口。这个有 main 方法的单例可以随意起名。

下面展示的是一个输出 Hello World! 的 Scala 应用程序。

```
object HelloWorld {
    def main(args: Array[String]): Unit = {
      println("Hello World!")
    }
}
```

你可以把上面的代码写到文件中，编译并运行它。Scala 源代码文件以 .Scala 作为后缀名。但这不是必需的。不过建议以代码中的类名或单例名作为文件名。比如，上面的代码文件应该叫作 HelloWorld.scala。

2.4   总结

Scala 是一门运行在 JVM 之上的静态类型语言，它用来开发多线程和分布式的应用程序。它结合了面向对象编程和函数式编程各自的优点。而且，它可以和 Java 无缝集成在一起。可以在 Scala 中使用 Java 的库，反之亦然。

使用 Scala 不仅能让开发者显著提高生产力和代码质量，还可以开发出健壮的多线程和分布式应用程序。

Spark 本身是用 Scala 编写的。它只是众多使用 Scala 编写的流行的分布式系统中的一个代表。

第 3 章 *Chapter 3*

Spark Core

Spark 是大数据领域最活跃的开源项目，甚至比 Hadoop 还要热门。如第 1 章所述，它被认为是 Hadoop 的继任者。Spark 的使用率大幅增长。很多组织正在用 Spark 取代 Hadoop。

从概念上看，Spark 类似于 Hadoop，它们都用于处理大数据。它们都能用商用硬件以很低的成本处理大数据。然而，相比于 Hadoop，Spark 有很多的优势，这些将在本章进行介绍。

本章主要介绍 Spark Core，这也是 Spark 生态系统的基础。我们首先概述 Spark Core，然后介绍 Spark 的总体架构和应用程序运行时的情况。Spark Core 的编程接口也会一并介绍。

3.1 概述

Spark 是一个基于内存的用于处理、分析大数据的集群计算框架。它提供了一套简单的编程接口，从而使得应用程序开发者方便使用集群节点的 CPU、内存、存储资源来处理大数据。

3.1.1 主要特点

Spark 的主要特点如下：
- ❏ 使用方便
- ❏ 快速
- ❏ 通用

❏ 可扩展
❏ 容错

使用方便

Spark 提供了比 MapReduce 更简单的编程模型。使用 Spark 开发分布式的数据处理应用程序比用 MapReduce 简单多了。

Spark 针对开发大数据应用程序提供了丰富的 API。它提供了 80 多个用于处理数据的操作符。而且，Spark 提供了比 Hadoop MapReduce 更易读的 API。相比之下，Hadoop MapReduce 只有两个操作符，map 和 reduce。Hadoop 要求任何问题都必须能够分解为一系列的 map 作业和 reduce 作业。然而，有些算法却难以只用 map 和 reduce 来描述。相比于 Hadoop MapReduce，使用 Spark 提供的操作符来处理复杂的数据显得更加简单。

而且，使用 Spark 可以写出比用 Hadoop MapReduce 更简洁的代码。用 Hadoop Map-Reduce 需要写大量的模块代码。同样的数据处理算法，用 Hadoop MapReduce 实现需要 50 行，而用 Spark 只需要 10 不到。有了丰富易读的 API，消除了模块代码，开发者的生产力大幅提升。相对于使用 Hadoop，使用 Spark 开发者的生产力会有 5～10 倍的提升。

快速

Spark 要比 Hadoop 快上若干个数量级。如果数据都加载在内存中，它能快上数百倍，哪怕数据无法完全载入内存，Spark 也能快上数十倍。

尤其是在处理大数据集的时候，速度显得至关重要。如果一个处理数据的作业要花费数天或小时，那么它将拖慢决策的速度，从而降低数据的价值。反之，如果同样的处理能提速十倍乃至百倍，它将会创造更多的机会。它甚至可能开创出前所未有的新数据驱动应用程序。

Spark 比 Hadoop 快的原因有两方面。一方面，它可以使用基于内存的集群计算。另一方面，它实现了更先进的执行引擎。

得益于基于内存的集群计算，Spark 的性能有了数量级的提升。相比于从硬盘读取数据，采用从内存读取数据的方式，获得的顺序读取吞吐量要大 100 倍。换句话说，从内存读取数据要比从硬盘快 100 倍。当应用程序只读取和处理少量数据时，内存和硬盘之间读取速度的差距并不太明显。然而，一旦数据量达到太字节级别，I/O 延迟（数据从硬盘载入内存所花费的时间）就会显著影响作业执行时间。

Spark 允许应用程序利用内存缓存数据。这能减少磁盘 I/O。一个基于 MapReduce 的数据处理流水线可能包含多个作业。每个作业都需要从硬盘载入数据，处理它，而后再写入硬盘中。而且，一个使用 MapReduce 实现的复杂数据处理应用程序可能需要反复从硬盘读取数据，写入数据。由于 Spark 允许利用内存缓存数据，因此使用 Spark 实现的同样的应用程序只需要从硬盘读取数据一次即可。一旦数据缓存在内存中，接下来的每一个操作都可以直接操作缓存的数据。就像前面说的一样，Spark 可以减少 I/O 延迟，这样就能显著减少作业总的执行时间。

需要注意的是，Spark 不会自动将输入数据缓存在内存中。一个普遍的误解是，一旦无法把输入数据完全载入内存，那么 Spark 将无法使用。这并不正确。Spark 可以在集群上处理太字节级的数据，哪怕集群的总内存只有仅仅 100GB。在数据处理流水线上何时缓存和缓存哪部分数据完全由应用程序决定。实际上，如果数据处理应用程序只使用一次数据，那么它完全不需要缓存数据。

Spark 比 Hadoop MapReduce 快的第二个原因是它拥有更先进的作业执行引擎。Spark 和 Hadoop 一样都将一个作业转化为由若干个阶段构成的有向无环图（DAG）。如果你不熟悉图论，这里简单介绍下。图是一个由顶点构成的集合，这些顶点由边相连。有向图指的是那些边有方向的图。无环图指的是不存在环路的图。DAG 指的就是不存在环路的有向图。换句话说，在 DAG 中不存在一条起点和终点都是同一个顶点的通路。第 11 章将对图进行更详细的介绍。

Hadoop MapReduce 对任意一个作业都会创建由 map 和 Reduce 两个阶段构成的有向无环图。如果一个复杂的数据处理算法用 MapReduce 实现，可能需要划分成多个作业，而后按顺序执行。这种设计导致 Hadoop MapReduce 无法做任何的优化。

与之相反，Spark 并没有迫使开发者在实现数据处理算法的时候将其划分成多个作业。Spark 中的 DAG 可以包含任意个阶段。一个简单的作业可能只有一个阶段，而一个复杂的作业可能会有多个阶段。这使得 Spark 可以做些 Hadoop 无法实现的优化。Spark 可以一次执行一个包含多阶段的复杂作业。因为它拥有所有阶段的信息，所以可以进行优化。举例来说，它可以减少磁盘 I/O 和数据 shuffle 操作的时间。数据的 shuffle 操作通常会涉及网络间的数据传输，并且会增加应用程序的执行时间。

通用

Spark 为各种类型的数据处理作业提供一个统一的集成平台。它可以用于批处理、交互分析、流处理、机器学习和图计算。相比之比，Hadoop MapReduce 只适合批处理。因此一个使用 Hadoop MapReduce 的开发者为了能做流处理和图计算只能使用其他的框架。

对于不同类型的数据处理作业使用不同的框架，带来了很多问题。首先，开发者不得不学习各种框架，每种框架的接口都不相同。这降低了开发者的生产力。其次，每种框架都相对独立。因此，数据也必须复制多份，存放在不同的地方。类似地，代码也必须重复多份，存放在多个地方。比如，你想使用 Hadoop MapReduce 处理历史数据，同时使用 Storm（一个流处理框架）处理流式数据，二者采用同样的算法，那么你不得不维护两份相同的代码，一份是 Hadoop MapReduce 的，一份是 Storm 的。最后，同时使用多个框架带来了运维上的麻烦。你得为每一个框架创建并维护一个单独的集群。要知道维护多个集群可比维护一个困难多了。

Spark 自带了一系列的库，用于批处理、交互分析、流处理、机器学习和图计算。使用 Spark，可以使用单一框架来创建一个包含多个不同类型任务的数据处理流水线。从而，再也没有必要为了多个不同类型的数据处理任务而学习不同框架或者部署单独的集群了。使用 Spark 有助于降低运维的困难度，减少代码和数据的重复。

有意思的是，越来越多流行的应用和库开始集成到 Spark 中或添加了对 Spark 的支持，而它们一开始是使用 Hadoop 作为其执行引擎的。比如 Apache Mahout（一个构建于 Hadoop 之上的机器学习库）正在集成到 Spark 中。到了 2014 年 4 月，Mahout 的开发者已经放弃了 Hadoop 并且不再添加新的基于 MapReduce 的机器学习算法了。

同样地，Hive（见第 1 章）的开发者也正在开发一个运行在 Spark 上的版本。Pig（一个可以用脚本语言来创建数据处理流水线的数据分析平台）同样支持 Spark 作为它的执行引擎。Cascading（一个用于开发 Hadoop 数据应用程序的应用开发平台）也添加了对 Spark 的支持。

可拓展

Spark 是可扩展的。Spark 集群的数据处理能力可以通过增加更多集群节点的方式得以提升。你可以从一个小集群开始，随着数据量的增加，逐渐增加更多的计算能力。这相当经济。

而且，Spark 的这个特性对于应用程序来说是透明的。当你往 Spark 集群增加节点的时候无须改动任何代码。

容错

Spark 是可容错的。一个由数百个节点构成的集群中，每个节点在任何一天故障的可能性都很高。硬盘损坏或其他硬件问题都有可能导致节点不可用。Spark 能自动处理集群中的节点故障。一个节点故障可能会导致性能下降但不会导致应用无法运行。

既然 Spark 能自动处理节点故障，应用程序的开发者就不必在应用中处理这样的异常情况了，这简化了应用程序的代码。

3.1.2　理想的应用程序

就像前面讨论的那样，Spark 是一个通用框架，它用于各种大数据应用中。然而，对于一个理想的大数据应用程序而言，速度是相当重要的。使用迭代数据处理算法的应用和交互分析都是这样的典型应用。

迭代算法

迭代算法是指那些在同样数据上迭代多次的数据处理算法。使用这类算法的应用包括机器学习和图处理应用。这些应用都在同样的数据上迭代数十次乃至数百次算法。对于这类应用，Spark 是理想的选择。

Spark 内存计算的特性使得在 Spark 上面执行这些迭代算法比较快。由于 Spark 允许应用在内存中缓存数据，因此一个迭代算法哪怕需要迭代 100 次，也只需要在第一次迭代的时候从硬盘读取数据，接下来的迭代都从内存中读取。而从内存中读取数据比从硬盘要快 100 倍，所以在 Spark 上运行这些应用能快上一个数量级。

交互分析

交互式数据分析涉及交互式地探索数据。举例来说，对于一个巨型数据集，在触发一个可能需要花费数小时的长时间运行的批处理作业之前，先进行汇总分析是很有用的。类似地，一个商业分析师可能想要使用 BI 或数据可视化工具来进行交互分析。在这种场景下，用户会在同一个数据集上执行多个查询。Spark 就提供了这样一个用于大数据交互分析的理想平台。

Spark 适用于交互分析的理由还是它的内存计算特性。应用程序可以缓存数据，从而使得数据能够在内存中进行交互分析。第一个查询请求从硬盘读取数据，但是接下来的一连串请求都从内存中读取缓存数据。查询内存中的数据要比硬盘中的数据快上一个数量级。当数据缓存在内存中的时候，一个查询请求可能只需要花费数秒，而在硬盘中则需要不止一个小时。

3.2 总体架构

一个 Spark 应用包括 5 个重要部分：驱动程序、集群管理员、worker、执行者、任务（见图 3-1）。

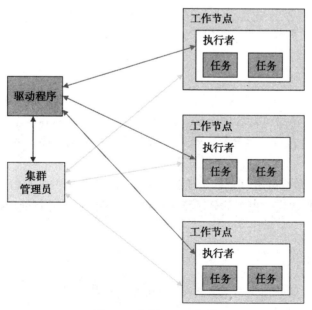

图 3-1 高层 Spark 架构

3.2.1 worker

worker 为 Spark 应用提供 CPU、内存和存储资源。worker 把 Spark 应用当成分布式进程在集群节点上执行。

3.2.2　集群管理员

Spark 使用集群管理员来获得执行作业所需要的集群资源。顾名思义，集群管理员管理集群中 worker 节点的计算资源。它能跨应用从底层调度集群资源。它可以让多个应用分享集群资源并且运行在同一个 worker 节点上。

Spark 目前支持三种集群管理员：单独模式、Mesos 模式、YARN 模式。Mesos 模式和YARN 模式都允许在同一个 worker 节点上同时运行 Spark 应用和 Hadoop 应用。第 10 章将详细介绍集群管理员。

3.2.3　驱动程序

驱动程序是一个把 Spark 当成库使用的应用。它提供数据处理的代码，Spark 将在worker 节点上执行这些代码。一个驱动程序可以在 Spark 集群上启动一个或多个作业。

3.2.4　执行者

执行者是一个 JVM 进程，对于一个应用由 Spark 在每一个 worker 上创建。它可以多线程的方式并发执行应用代码。它也可以把数据缓存在内存或硬盘中。

执行者的生命周期和创建它的应用一样。一旦 Spark 应用结束，那么为它创建的执行者也将寿终正寝。

3.2.5　任务

任务是 Spark 发送给执行者的最小工作单元。它运行在 worker 节点上执行者的一个线程中。每一个任务都执行一些计算，然后将结果返回给驱动程序，或者分区以用于 shuffle操作。

Spark 为每一个数据分区创建一个任务。一个执行者可以并发执行一个或多个任务。任务数量由分区的数量决定。更多的分区意味着将有更多的任务并行处理数据。

3.3　应用运行

本节主要描述数据处理代码是怎么在 Spark 集群中执行的。

3.3.1　术语

先来看看几个术语的定义。
- ❑ shuffle 操作。shuffle 操作是指在集群节点上对数据进行重新分配。这是一个耗时操作，因为它涉及在网络间传输数据。需要注意的是，shuffle 操作不是对数据进行随机重新分配，它按照某些标准将数据分成不同的集合。每一个集合就是一个新的分区。

❏ 作业。作业是一系列计算的集合，Spark 执行这些计算并将结果返回给驱动程序。作业本质上就是在 Spark 集群上运行数据处理算法。一个应用程序可以发起多个作业。本章稍后将会介绍作业是怎么执行的。

❏ 阶段。一个阶段由若干个任务构成。Spark 将一个作业分解为一个由若干个阶段构成的 DAG，每一个阶段依赖于其他阶段。举个例子，把一个作业分解为阶段 0 和阶段 1 两个阶段。只有当阶段 0 完成之后，才可以开始阶段 1。Spark 利用 shuffle 边界将任务分成不同的阶段。不要求 shuffle 操作的任务属于同一阶段。只有在开始一个新阶段时，任务才需要输入数据是经过 shuffle 操作的。

3.3.2 应用运行过程

有了上面的这些定义，我们就可以描述一个 Spark 应用在集群节点上并行处理数据的过程。当一个 Spark 应用开始运行的时候，Spark 会连接集群管理员，获取在 worker 节点上的执行者资源。就像前面所说的，Spark 应用把一个数据处理算法当成一个作业提交。Spark 将这个作业分解成由若干个阶段构成的 DAG。然后，Spark 在执行者上调度这些阶段的运行，调度操作由集群管理员提供的底层调度器实现。执行者并行地运行 Spark 提交的任务。

每一个 Spark 应用都有一组其自己的位于 worker 节点上的执行者。这样的设计有诸多好处。首先，不同应用中的任务由于运行在不同 JVM 之上，使得它们之间互相隔离。一个应用程序中的错误任务并不会让其他应用崩溃。其次，调度任务变得轻而易举。Spark 一次只需要调度归属于同一应用的任务。它不用处理这样一种复杂情况，其中调度的多个任务属于多个并发执行的不同应用。

然而，这种设计也有不足之处。由于不同应用在不同的 JVM 进程中运行，因此它们之间就不太方便共享数据。即使它们可能在同一个 worker 节点上运行，它们也只能通过读写磁盘的方式共享数据。就像前面所说的，读写磁盘是耗时的操作。因此，应用间通过磁盘共享数据，将会遇到性能问题。

3.4 数据源

Spark 本质上是一个使用集群节点进行大数据集处理的计算框架。与数据库不同，它并没有存储系统，但是它可以搭配外部存储系统使用。Spark 一般都配合能存储大量数据的分布式存储系统使用。

Spark 支持多种数据源。Spark 应用程序可以使用的数据来源包括 HDFS、HBase、Cassandra、Amazon S3，或者其他支持 Hadoop 的数据源。任何 Hadoop 支持的数据源都可以被 Spark Core 使用。Spark 上的库 Spark SQL 还支持更多数据源。第 7 章将会介绍 Spark-

SQL。

兼容支持 Hadoop 的数据源是相当重要的。许多组织都已经在 Hadoop 上面投入了大量的精力。在 HDFS 或其他支持 Hadoop 的数据存储系统上都存储着大量的数据。使用 Spark 并不需要将这些数据迁移到其他存储系统。而且，将 Hadoop MapReduce 替换成 Spark 并不需要另起炉灶，这是比较轻松的。如果现有的 Hadoop 集群正在执行 MapReduce 作业，也可以同时在上面运行 Spark 应用。可以把现有的 MapReduce 作业转化成 Spark 作业。或者，也可以保留现有的 MapReduce 应用程序，不做更改，使用 Spark 运行新的应用程序。

由于 Spark Core 原生支持 Hadoop 兼容的存储系统，因此额外的数据源都能很方便地添加进来。比如，人们已经为 Spark 编写好了各种数据源的连接器，包括 Cassandra、MongoDB、CouchDB 和其他流行的数据源。

Spark 也支持本地文件系统。Spark 应用程序可以读写本地文件系统上的数据。如果数据可以从本地文件读取并在单机上处理，那么没必要使用 Spark。尽管如此，Spark 的这个特性使得它便于开发应用和调试，并且易学。

3.5　API

应用可以通过使用 Spark 提供的库获得 Spark 集群计算的能力。这些库都是用 Scala 编写的。但是 Spark 提供了各种语言的 API。在本书编写之际，Spark API 提供了如下语言的支持：Scala、Java、Python 和 R。可以使用上面的任何语言来开发 Spark 应用。也有其他语言（比如 Clojure）的非官方支持。

Spark API 主要由两个抽象部件 SparkContext 和弹性分布式数据集（RDD）构成。应用程序通过这两个部件和 Spark 进行交互。应用程序可以连接到 Spark 集群并使用相关资源。接下来会介绍这两个抽象部件，然后详细介绍 RDD。

3.5.1　SparkContext

SparkContext 是一个在 Spark 库中定义的类。它是 Spark 库的入口点。它表示与 Spark 集群的一个连接。使用 Spark API 创建的其他一些重要对象都依赖于它。

每个 Spark 应用程序都必须创建一个 SparkContext 类实例。目前，每个 Spark 应用程序只能拥有一个激活的 SparkContext 类实例。如果要创建一个新的实例，那么在此之前必须让当前激活的类实例失活。

SparkContext 有多个构造函数。最简单的一个不需要任何参数。一个 SparkContext 类实例可以用如下代码创建。

```
val sc = new SparkContext()
```

在这种情况下，SparkContext 的配置信息都从系统属性中获取，比如 Spark master 的地址、应用名称等。也可以创建一个 SparkConf 类实例，然后把它作为 SparkContext 的参数从而设定配置信息。SparkConf 是 Spark 库中定义的一个类。通过这种方式可以像下面这样设置各种 Spark 配置信息。

```
val config = new SparkConf().setMaster("spark://host:port").setAppName("big app")
val sc = new SparkContext(config)
```

SparkConf 为设置诸如 Spark master 这样的常用配置信息都提供了对应的显式方法。此外，它还提供了一个通用的方法用于设置配置信息，它使用键 - 值对进行设置。SparkContext 和 SparkConf 可以使用的参数将在第 4 章进行详细介绍。

在本章接下来的例子中会继续使用上面创建的变量 sc。

3.5.2　RDD

弹性分布式数据集（RDD）表示一个关于分区数据元素的集合，可以在其上进行并行操作。它是 Spark 的主要数据抽象概念。它是 Spark 库中定义的一个抽象类。

从概念上看，除了可以用于表示分布式数据集和支持惰性操作的特性外，RDD 类似于 Spark 的集合。惰性操作将在本章稍后部分详细介绍。

下面分别简要描述 RDD 的特点。

不可变性

RDD 是一种不可变的数据结构。一旦创建，它将不可以在原地修改。基本上，一个修改 RDD 的操作都会返回一个新的 RDD。

分片

RDD 表示的是一组数据的分区。这些分区分布在多个集群节点上。然而，当 Spark 在单个节点运行时，所有的分区数据都会在当前节点上。

Spark 存储 RDD 的分区和数据集物理分区之间关系的映射关系。RDD 是各个分布式数据源之中数据的一个抽象，它通常表示分布在多个集群节点上的分区数据。比如 HDFS 将数据分片或分块分散存储在集群中。默认情况下，一个 RDD 分区对应一个 HDFS 文件分片。其他的分布式数据源（比如 Cassandra）同样也将数据分片分散存储在集群多个节点上。然而，一个 RDD 对应多个 Cassandra 分片。

容错性

RDD 为可容错的。RDD 代表了分散在集群中多个节点的数据，但是任何一个节点都有可能出故障。诚如之前所说的，一个节点出故障的可能性和集群节点数量成正比。集群越大，在任何一个节点它出故障的可能性就越高。

RDD 会自动处理节点出故障的情况。当一个节点出故障时，该节点上存储的数据将无法被访问。此时，Spark 会在其他节点上重建丢失的 RDD 分区数据。Spark 存储每一个 RDD 的血统信息。通过这些血统信息，Spark 可以恢复 RDD 的部分信息，当节点出故障的时候，它甚至可以恢复整个 RDD。

接口

需要着重指出的是，RDD 是一个处理数据的接口。在 Spark 库中它定义为一个抽象类。RDD 为多种数据源提供了一个处理数据的统一接口，包括 HDFS、HBase、Cassandra 等。这个接口同样可以用于处理存储于多个节点内存中的数据。

Spark 为不同数据源提供了各自具体的实现类，比如 HadoopRDD、ParallelCollection-RDD、JdbcRDD 和 CassandraRDD。它们都支持基础的 RDD 接口。

强类型

RDD 类有一个参数用于表示类型，这使得 RDD 可以表示不同类型的数据。RDD 可以表示同一类型数据的分布式集合，包括 Integer、Long、Float、String 或者应用开发者自己定义的类型。而且，一个应用总会使用某种类型的 RDD，包括 Integer、Long、Float、Double、String 或自定义类型。

驻留在内存中

之前已经提及了 Spark 的内存集群计算特性。RDD 类提供一套支持内存计算的 API。Spark 允许 RDD 在内存中缓存或长期驻留。就像之前所说的，对一个缓存在内存中的 RDD 进行操作比操作没缓存的 RDD 要快很多。

3.5.3 创建 RDD

由于 RDD 是一个抽象类，因此无法直接创建一个 RDD 的类实例。SparkContext 类提供了一个工厂方法用来创建 RDD 实现类的类实例。RDD 也可以通过由其他 RDD 执行转换操作得到。就像之前所说的，RDD 是不可变的。任何一个对 RDD 的修改操作都将返回一个代表修改后数据的新 RDD。

本节总结了几种创建 RDD 的常见方法。在下面的示例代码中，sc 是一个 SparkContext 的类实例。之前的章节已经介绍了怎么创建它。

parallelize

这个方法用于从本地 Scala 集合创建 RDD 实例。它会对 Scala 集合中的数据重新分区、重新分布，然后返回一个代表这些数据的 RDD。这个方法很少用在生产上，但是使用它有助于学习 Spark。

```
val xs = (1 to 10000).toList
val rdd = sc.parallelize(xs)
```

textFile

textFile 方法用于从文本文件创建 RDD 实例。它可以从多种来源读取数据，包括单个文件、本地同一目录下的多个文件、HDFS、Amazon S3，或其他 Hadoop 支持的存储系统。

这个方法返回一个 RDD，这个 RDD 代表的数据集每个元素都是一个字符串，每一个字符串代表输入文件中的一行。

```
val rdd = sc.textFile("hdfs://namenode:9000/path/to/file-or-directory")
```

上面的代码表示从存储于 HDFS 上的一个文件或者目录创建 RDD 实例。

textFile 方法也可以读取压缩文件中的数据。而且，它的参数中可以存在通配符，用于从一个目录中读取多个文件。下面是一个例子。

```
val rdd = sc.textFile("hdfs://namenode:9000/path/to/directory/*.gz")
```

textFile 的第二个参数是一个可选参数，它用于指定分区的个数。默认情况下，Spark 为每一个文件分块创建一个分区。可以设置成一个更大的数字从而提高并行化程度，但是设置成一个小于文件分块数的数字是不可以的。

wholeTextFiles

这个方法读取目录下的所有文本文件，然后返回一个由键值型 RDD。返回 RDD 中的每一个键值对对应一个文件。键为文件路径，对应的值为该文件的内容。这个方法可以从多种来源读取数据，包括本地文件系统、HDFS、Amazon S3，或者其他 Hadoop 支持的存储系统。

```
val rdd = sc.wholeTextFiles("path/to/my-data/*.txt")
```

sequenceFile

sequenceFile 方法从 SequenceFile 文件中获取键值对数据，这些 SequenceFile 文件可以存储于本地文件系统、HDFS 或者其他 Hadoop 支持的存储系统。这个方法返回一个键值对型 RDD 实例。当使用这个方法的时候，不仅需要提供文件名，还需要提供文件中数据键和值各自的类型。

```
val rdd = sc.sequenceFile[String, String]("some-file")
```

3.5.4　RDD 操作

Spark 应用使用 RDD 类或其继承类中定义的方法来处理数据。这些方法也称为操作。既然 Scala 中可以把一个方法当成操作符使用，那么 RDD 中的方法有时也称为操作符。

Spark 的美好之处就在于同样一个 RDD 方法既可以处理几字节的数据也可以处理 PB 级的数据。而且 Spark 应用可以使用同样的方法去处理数据，无论它是存储于本地还是存储于一个分布式存储系统。这样的灵活性使得开发者可以在单机上开发、调试、测试 Spark 应用，然后不用改动任何代码就可以将它部署到一个大集群上。

RDD 操作可以归为两类：转换和行动。转换将会创建一个新的 RDD 实例。行动则会将结果返回给驱动程序。

转换

转换指的是在原 RDD 实例上进行计算，而后创建一个新的 RDD 实例。本节将介绍一些常见的转换操作。

从概念上看，RDD 转换操作的类似于 Scala 集合上的方法。主要的区别在于 Scala 集合方法操作的数据是在单机内存中的，而 RDD 的转换操作可以处理分布在集群各个节点上的数据。另外一个重要的区别是，RDD 转换操作是惰性的，而 Scala 集合方法不是。本章余下部分会详细介绍这些内容。

map

map 方法是一个高阶方法，它把一个函数作为它的参数，并把这个函数作用在原 RDD 的每个元素上，从而创建一个新 RDD 实例。这个作为参数的函数拥有一个参数并返回一个值。

```
val lines = sc.textFile("...")
val lengths = lines map { l => l.length}
```

filter

filter 方法是一个高阶方法，它把一个布尔函数作为它的参数，并把这个函数作用在原 RDD 的每个元素上，从而创建一个新 RDD 实例。一个布尔函数只有一个参数作为输入，返回 true 或 false。filter 方法返回一个新的 RDD 实例，这个 RDD 实例代表的数据集由布尔函数返回 true 的元素构成。因此，新 RDD 实例代表的数据集是原 RDD 的子集。

```
val lines = sc.textFile("...")
val longLines = lines filter { l => l.length > 80}
```

flatMap

flatMap 方法是一个高阶方法，它把一个函数作为它的参数，这个函数处理原 RDD 中每个元素返回一个序列。扁平化这个序列的集合得到一个数据集，flatMap 方法返回的 RDD 就代表这个数据集。

```
val lines = sc.textFile("...")
val words = lines flatMap { l => l.split(" ")}
```

mapPartitions

mapPartitions 是一个高阶方法，它使你可以以分区的粒度来处理数据。相比于一次处理一个元素，mapPartitions 一次处理处理一个分区，每个分区被当成一个迭代器。mapPartitions 方法的函数参数把迭代器作为输入，返回另外一个迭代器作为输出。mapPartitions 将自定义函数参数作用于每一个分区上，从而返回一个新 RDD 实例。

```
val lines = sc.textFile("...")
val lengths = lines mapPartitions { iter => iter.map { l => l.length}}
```

union

union 方法把一个 RDD 实例作为输入，返回一个新 RDD 实例，这个新 RDD 实例的数据集是原 RDD 和输入 RDD 的合集。

```
val linesFile1 = sc.textFile("...")
val linesFile2 = sc.textFile("...")
val linesFromBothFiles = linesFile1.union(linesFile2)
```

intersection

intersection 方法把一个 RDD 实例作为输入，返回一个新 RDD 实例，这个新 RDD 实例代表的数据集是原 RDD 和输入 RDD 的交集。

```
val linesFile1 = sc.textFile("...")
val linesFile2 = sc.textFile("...")
val linesPresentInBothFiles = linesFile1.intersection(linesFile2)
```

这是另外一个例子。

```
val mammals = sc.parallelize(List("Lion", "Dolphin", "Whale"))
val aquatics =sc.parallelize(List("Shark", "Dolphin", "Whale"))
val aquaticMammals = mammals.intersection(aquatics)
```

subtract

subtract 方法把一个 RDD 实例作为输入，返回一个新 RDD 实例，这个新 RDD 实例代表的数据集由那些存在于原 RDD 实例中但不在输入 RDD 实例中的元素构成。

```
val linesFile1 = sc.textFile("...")
val linesFile2 = sc.textFile("...")
val linesInFile1Only = linesFile1.subtract(linesFile2)
```

这是另外一个例子。

```
val mammals = sc.parallelize(List("Lion", "Dolphin", "Whale"))
val aquatics =sc.parallelize(List("Shark", "Dolphin", "Whale"))
val fishes = aquatics.subtract(mammals)
```

distinct

RDD 实例上的 distinct 方法返回一个新 RDD 实例，这个新 RDD 实例的数据集由原 RDD 的数据集去重后得到。

```
val numbers = sc.parallelize(List(1, 2, 3, 4, 3, 2, 1))
val uniqueNumbers = numbers.distinct
```

cartesian

cartesian 方法把一个 RDD 实例作为输入，返回一个新 RDD 实例，这个新 RDD 实例的数据集由原 RDD 和输入 RDD 的所有元素的笛卡儿积构成。返回的 RDD 实例的每一个元素都是一个有序二元组，每一个有序二元组的第一个元素来自原 RDD，第二个元素来自输入 RDD。元素的个数等于原 RDD 的元素个数乘以输入 RDD 的元素个数。

这个方法类似于 SQL 中的 join 操作。

```
val numbers = sc.parallelize(List(1, 2, 3, 4))
val alphabets = sc.parallelize(List("a", "b", "c", "d"))
val cartesianProduct = numbers.cartesian(alphabets)
```

zip

zip 方法把一个 RDD 实例作为输入，返回一个新 RDD 实例，这个新 RDD 实例的每一个元素是一个二元组，二元组的第一个元素来自原 RDD，第二个元素来自输入 RDD。和 cartesian 方法不同的是，zip 方法返回的 RDD 的元素个数于原 RDD 的元素个数。原 RDD

的元素个数和输入 RDD 的相同。进一步地说，原 RDD 和输入 RDD 不仅有相同的分区数，每个分区还有相同的元素个数。

```
val numbers = sc.parallelize(List(1, 2, 3, 4))
val alphabets = sc.parallelize(List("a", "b", "c", "d"))
val zippedPairs = numbers.zip(alphabets)
```

zipWithIndex

zipWithIndex 方法返回一个新 RDD 实例，这个新 RDD 实例的每个元素都是由原 RDD 元素及其下标构成的二元组。

```
val alphabets = sc.parallelize(List("a", "b", "c", "d"))
val alphabetsWithIndex = alphabets.zip
```

groupBy

groupBy 是一个高阶方法，它将原 RDD 中的元素按照用户定义的标准分组从而组成一个 RDD。它把一个函数作为它的参数，这个函数为原 RDD 中的每一个元素生成一个键。groupBy 把这个函数作用在原 RDD 的每一个元素上，然后返回一个由二元组构成的新 RDD 实例，每个二元组的第一个元素是函数生成的键，第二个元素是对应这个键的所有原 RDD 元素的集合。其中，键和原 RDD 元素的对应关系由那个作为参数的函数决定。

需要注意的是，groupBy 是一个费时操作，因为它可能需要对数据做 shuffle 操作。

假设有一个 CSV 文件，文件的内容为公司客户的姓名、年龄、性别和邮编。下面的示例代码演示了按照邮编将客户分组。

```
case class Customer(name: String, age: Int, gender: String, zip: String)
val lines = sc.textFile("...")
val customers = lines map { l => {
                val a = l.split(",")
                Customer(a(0), a(1).toInt, a(2), a(3))
              }
            }
val groupByZip = customers.groupBy { c => c.zip}
```

keyBy

keyBy 方法与 groupBy 方法相类似。它是一个高阶方法，把一个函数作为参数，这个函数为原 RDD 中的每一个元素生成一个键。keyBy 方法把这个函数作用在原 RDD 的每一个元素上，然后返回一个由二元组构成的新 RDD 实例，每个二元组的第一个元素是函数生成的键，第二个元素是对应这个键的原 RDD 元素。其中，键和原 RDD 元素的对应关系由那个作为参数的函数决定。返回的 RDD 实例的元素个数和原 RDD 的相同。

groupBy 和 KeyBy 的区别在于返回 RDD 实例的元素上。虽然都是二元组，但是 groupBy 返回的二元组中的第二个元素是一个集合，而 keyBy 的是单个值。

```
case class Person(name: String, age: Int, gender: String, zip: String)
val lines = sc.textFile("...")
val people = lines map { l => {
                val a = l.split(",")
                Person(a(0), a(1).toInt, a(2), a(3))
```

```
                    }
                }
val keyedByZip = people.keyBy { p => p.zip}
```

sortBy

sortBy 是一个高阶方法，它将原 RDD 中的元素进行排序后组成一个新的 RDD 实例返回。它拥有两个参数。第一个参数是一个函数，这个函数将为原 RDD 的每一个元素生成一个键。第二个参数用来指明是升序还是降序排列。

```
val numbers = sc.parallelize(List(3,2, 4, 1, 5))
val sorted = numbers.sortBy(x => x, true)
```

下面是另一个示例。

```
case class Person(name: String, age: Int, gender: String, zip: String)
val lines = sc.textFile("...")
val people = lines map { l => {
                val a = l.split(",")
                Person(a(0), a(1).toInt, a(2), a(3))
            }
        }
val sortedByAge = people.sortBy( p => p.age, true)
```

pipe

pipe 方法可以让你创建子进程来运行一段外部程序，然后捕获它的输出作为字符串，用这些字符串构成 RDD 实例返回。

randomSplit

randomSplit 方法将原 RDD 分解成一个 RDD 数组。它的参数是分解的权重。

```
val numbers = sc.parallelize((1 to 100).toList)
val splits = numbers.randomSplit(Array(0.6, 0.2, 0.2))
```

coalesce

coalesce 方法用于减少 RDD 的分区数量。它把分区数作为参数，返回分区数等于这个参数的 RDD 实例。[⊖]

```
val numbers = sc.parallelize((1 to 100).toList)
val numbersWithOnePartition = numbers.coalesce(1)
```

使用 coalesce 方法时需要小心，因为减少了 RDD 的分区数也就意味着降低了 Spark 的并行能力。它通常用于合并小分区。举例来说，在执行 filter 操作之后，RDD 可能会有很多小分区。在这种情况下，减少分区数能提升性能。

repartition

repartition 方法把一个整数作为参数，返回分区数等于这个参数的 RDD 实例。它有助于提高 Spark 的并行能力。它会重新分布数据，因此它是一个耗时操作。

coalesce 和 repartition 方法看起来一样，但是前者用于减少 RDD 中的分区，后者用于

　⊖　coalesce 方法有第二个参数，当设置成 true 的时候可以用来增大分区数。——译者注

增加 RDD 中的分区。

```
val numbers = sc.parallelize((1 to 100).toList)
val numbersWithOnePartition = numbers.repartition(4)
```

sample

sample 方法返回原 RDD 数据集的一个抽样子集。它拥有三个参数。第一个参数指定是有放回抽样还是无放回抽样。第二个参数指定抽样比例。第三个参数是可选的，指定抽样的随机数种子。

```
val numbers = sc.parallelize((1 to 100).toList)
val sampleNumbers = numbers.sample(true, 0.2)
```

键值对型 RDD 的转换

除了上面介绍的 RDD 转换之外，针对键值对型 RDD 还支持其他的一些转换。下面将介绍只能作用于键值对型 RDD 的常用转换操作。

keys

keys 方法返回只由原 RDD 中的键构成的 RDD。

```
val kvRdd = sc.parallelize(List(("a", 1), ("b", 2), ("c", 3)))
val keysRdd = kvRdd.keys
```

values

values 方法返回只由原 RDD 中的值构成的 RDD。

```
val kvRdd = sc.parallelize(List(("a", 1), ("b", 2), ("c", 3)))
val valuesRdd = kvRdd.values
```

mapValues

mapValues 是一个高阶方法，它把一个函数作为它的参数，并把这个函数作用在原 RDD 的每个值上。它返回一个由键值对构成的 RDD。它和 map 方法类似，不同点在于它把作为参数的函数作用在原 RDD 的值上，所以原 RDD 的键都没有变。返回的 RDD 和原 RDD 拥有相同的键。

```
val kvRdd = sc.parallelize(List(("a", 1), ("b", 2), ("c", 3)))
val valuesDoubled = kvRdd mapValues { x => 2*x}
```

join

join 方法把一个键值对型 RDD 作为参数输入，而后在原 RDD 和输入 RDD 上做内连接操作。它返回一个由二元组构成的 RDD。二元组的第一个元素是原 RDD 和输入 RDD 都有的键，第二个元素是一个元组，这个元组由原 RDD 和输入 RDD 中键对应的值构成。

```
val pairRdd1 = sc.parallelize(List(("a", 1), ("b",2), ("c",3)))
val pairRdd2 = sc.parallelize(List(("b", "second"), ("c","third"), ("d","fourth")))
val joinRdd = pairRdd1.join(pairRdd2)
```

leftOuterJoin

leftOuterJoin 方法把一个键值对型 RDD 作为参数输入，而后在原 RDD 和输入 RDD 之间做左连接操作。它返回一个由键值对构成的 RDD。键值对的第一个元素是原 RDD 中的键，第二个元素是一个元组，这个元组由原 RDD 中键对应的值和输入 RDD 中的可选值构成。可选值用 Option 类型表示。

```
val pairRdd1 = sc.parallelize(List(("a", 1), ("b",2), ("c",3)))
val pairRdd2 = sc.parallelize(List(("b", "second"), ("c","third"), ("d","fourth")))
val leftOuterJoinRdd = pairRdd1.leftOuterJoin(pairRdd2)
```

rightOuterJoin

rightOuterJoin 方法把一个键值对型 RDD 作为参数输入，而后在原 RDD 和输入 RDD 之间做右连接操作。它返回一个由键值对构成的 RDD。键值对的第一个元素是输入 RDD 中的键，第二个元素是一个元组，这个元组由原 RDD 中的可选值和输入 RDD 中键对应的值构成。可选值用 Option 类型表示。

```
val pairRdd1 = sc.parallelize(List(("a", 1), ("b",2), ("c",3)))
val pairRdd2 = sc.parallelize(List(("b", "second"), ("c","third"), ("d","fourth")))
val rightOuterJoinRdd = pairRdd1.rightOuterJoin(pairRdd2)
```

fullOuterJoin

fullOuterJoin 方法把一个键值对型 RDD 作为参数输入，而后在原 RDD 和输入 RDD 之间做全连接操作。它返回一个由键值对构成的 RDD。

```
val pairRdd1 = sc.parallelize(List(("a", 1), ("b",2), ("c",3)))
val pairRdd2 = sc.parallelize(List(("b", "second"), ("c","third"), ("d","fourth")))
val fullOuterJoinRdd = pairRdd1.fullOuterJoin(pairRdd2)
```

sampleByKey

sampleByKey 通过在键上抽样返回原 RDD 的一个子集。它把对每个键的抽样比例作为输入参数，返回原 RDD 的一个抽样。

```
val pairRdd = sc.parallelize(List(("a", 1), ("b",2), ("a", 11),("b",22),("a", 111), ("b",222)))
val sampleRdd = pairRdd.sampleByKey(true, Map("a"-> 0.1, "b"->0.2))
```

subtractByKey

subtractByKey 方法把一个键值对型 RDD 作为输入参数，返回一个键值对 RDD，这个键值对 RDD 的键都是只存在原 RDD 中但是不存在于输入 RDD 中。

```
val pairRdd1 = sc.parallelize(List(("a", 1), ("b",2), ("c",3)))
val pairRdd2 = sc.parallelize(List(("b", "second"), ("c","third"), ("d","fourth")))
val resultRdd = pairRdd1.subtractByKey(pairRdd2)
```

groupByKey

groupByKey 方法返回一个由二元组构成的 RDD，二元组的第一个元素是原 RDD 的键，第二个元素是一个集合，集合由该键对应的所有值构成。它类似于上面介绍过的 groupBy 方法。二者的区别在于 groupBy 是一个高阶方法，它的参数是一个函数，这个函数为原 RDD 的每一个元素生成一个键。groupByKey 方法作用于 RDD 的每一个键值对上，故不需要一个生成键的函数作为输入参数。

```
val pairRdd = sc.parallelize(List(("a", 1), ("b",2), ("c",3), ("a", 11), ("b",22), ("a",111)))
val groupedRdd = pairRdd.groupByKey()
```

应当尽量避免使用 groupByKey。它是一个耗时操作，因为它可能会对数据进行 shuffle 操作。在大多数情况下，都有不使用 groupByKey 的更好的替代方案。

reduceByKey

reduceByKey 是一个高阶方法，它把一个满足结合律的二元操作符当作输入参数。它把这个操作符作用于有相同键的值上。

一个二元操作符把两个值当作输入参数，返回一个值。一个满足结合律的二元操作符返回同样的结果，但是它不关心操作数的分组情况。

reduceByKey 方法可以用于对同一键对应的值进行汇总操作。比如它可以用于对同一键对应的值进行求和，求乘积，求最小值，求最大值。

```
val pairRdd = sc.parallelize(List(("a", 1), ("b",2), ("c",3), ("a", 11), ("b",22), ("a",111)))
val sumByKeyRdd = pairRdd.reduceByKey((x,y) => x+y)
val minByKeyRdd = pairRdd.reduceByKey((x,y) => if (x < y) x else y)
```

对于基于键的汇总操作、合并操作，reduceByKey 比 groupByKey 更合适。

操作

操作指的是那些返回值给驱动程序的 RDD 方法。本节介绍一些 RDD 中常用的操作。

collect

collect 方法返回一个数组，这个数组由原 RDD 中的元素构成。在使用这个方法的时候需要小心，因为它把在 worker 节点的数据移给了驱动程序。如果操作一个有大数据集的 RDD，它有可能会导致驱动程序崩溃。

```
val rdd = sc.parallelize((1 to 10000).toList)
val filteredRdd = rdd filter { x => (x % 1000) == 0 }
val filterResult = filteredRdd.collect
```

count

count 方法返回原 RDD 中元素的个数。

```
val rdd = sc.parallelize((1 to 10000).toList)
val total = rdd.count
```

countByValue

countByValue 方法返回原 RDD 中每个元素的个数。它返回是一个 map 类实例，其中，键为元素的值，值为该元素的个数。

```
val rdd = sc.parallelize(List(1, 2, 3, 4, 1, 2, 3, 1, 2, 1))
val counts = rdd.countByValue
```

first

first 方法返回原 RDD 中的第一个元素。

```
val rdd = sc.parallelize(List(10, 5, 3, 1))
val firstElement = rdd.first
```

max

max 方法返回 RDD 中最大的元素。

```
val rdd = sc.parallelize(List(2, 5, 3, 1))
val maxElement = rdd.max
```

min

min 方法返回 RDD 中最小的元素。

```
val rdd = sc.parallelize(List(2, 5, 3, 1))
val minElement = rdd.min
```

take

take 方法的输入参数为一个整数 N，它返回一个由原 RDD 中前 N 个元素构成的 RDD。

```
val rdd = sc.parallelize(List(2, 5, 3, 1, 50, 100))
val first3 = rdd.take(3)
```

takeOrdered

takeOrdered 方法的输入参数为一个整数 N，它返回一个由原 RDD 中前 N 小的元素构成的 RDD。

```
val rdd = sc.parallelize(List(2, 5, 3, 1, 50, 100))
val smallest3 = rdd.takeOrdered(3)
```

top

top 方法的输入参数为一个整数 N，它返回一个由原 RDD 中前 N 大的元素构成的 RDD。

```
val rdd = sc.parallelize(List(2, 5, 3, 1, 50, 100))
val largest3 = rdd.top(3)
```

fold

fold 是一个高阶方法，用于对原 RDD 的元素做汇总操作，汇总的时候使用一个自定义的初值和一个满足结合律的二元操作符。它首先在每一个 RDD 的分区中进行汇总，然后再汇总这些结果。

初值的取值取决于 RDD 中的元素类型和汇总操作的目的。比如，给定一个元素为整数的 RDD，为了计算这个 RDD 中所有元素的和，初值取为 0。相反，给定一个元素为整数的 RDD，为了计算这个 RDD 中所有元素的乘积，初值则应取为 1。

```
val numbersRdd = sc.parallelize(List(2, 5, 3, 1))
val sum = numbersRdd.fold(0) ((partialSum, x) => partialSum + x)
val product = numbersRdd.fold(1) ((partialProduct, x) => partialProduct * x)
```

reduce

reduce 是一个高阶方法，用于对原 RDD 的元素做汇总操作，汇总的时候使用一个满足结合律和交换律的二元操作符。它类似于 fold 方法，然而，它并不需要初值。

```
val numbersRdd = sc.parallelize(List(2, 5, 3, 1))
val sum = numbersRdd.reduce ((x, y) => x + y)
val product = numbersRdd.reduce((x, y) => x * y)
```

键值对型 RDD 上的操作

键值对 RDD 上有一些额外的操作，我们在下面进行介绍。

countByKey

countByKey 方法用于统计原 RDD 每个键的个数。它返回一个 map 类实例，其中，键为原 RDD 中的键，值为个数。

```
val pairRdd = sc.parallelize(List(("a", 1), ("b", 2), ("c", 3), ("a", 11), ("b", 22), ("a", 1)))
val countOfEachKey = pairRdd.countByKey
```

lookup

lookup 方法的输入参数为一个键，返回一个序列，这个序列的元素为原 RDD 中这个键对应的值。

```
val pairRdd = sc.parallelize(List(("a", 1), ("b", 2), ("c", 3), ("a", 11), ("b", 22), ("a", 1)))
val values = pairRdd.lookup("a")
```

数值型 RDD 上的操作

如果 RDD 的元素类型为 Integer、Long、Float 或 Double，则这样的 RDD 为数值型 RDD。这类 RDD 还有一些对于统计分析十分有用的额外操作，下面将介绍一些常用的行动。

mean

mean 方法返回原 RDD 中元素的平均值。

```
val numbersRdd = sc.parallelize(List(2, 5, 3, 1))
val mean = numbersRdd.mean
```

stdev

stdev 方法返回原 RDD 中元素的标准差。

```
val numbersRdd = sc.parallelize(List(2, 5, 3, 1))
val stdev = numbersRdd.stdev
```

sum

sum 方法返回原 RDD 中所有元素的和。

```
val numbersRdd = sc.parallelize(List(2, 5, 3, 1))
val sum = numbersRdd.sum
```

variance

variance 方法返回原 RDD 中元素的方差。

```
val numbersRdd = sc.parallelize(List(2, 5, 3, 1))
val variance = numbersRdd.variance
```

3.5.5 保存 RDD

一般来说，数据处理完毕后，结果会保存在硬盘上。Spark 允许开发者将 RDD 保存在任何 Hadoop 支持的存储系统中。保存在硬盘上的 RDD 可以被其他 Spark 应用或 Hadoop 应用使用。

本节介绍将 RDD 保存成文件的常用方法。

saveAsTextFile

saveAsTextFile 方法将原 RDD 中的元素保存在指定目录中，这个目录位于任何 Hadoop 支持的存储系统中。每一个 RDD 中的元素都用字符串表示并另存为文本中的一行。

```
val numbersRdd = sc.parallelize((1 to 10000).toList)
val filteredRdd = numbersRdd filter { x => x % 1000 == 0}
filteredRdd.saveAsTextFile("numbers-as-text")
```

saveAsObjectFile

saveAsObjectFile 方法将原 RDD 中的元素序列化成 Java 对象，存储在指定目录中。

```
val numbersRdd = sc.parallelize((1 to 10000).toList)
val filteredRdd = numbersRdd filter { x => x % 1000 == 0}
filteredRdd.saveAsObjectFile("numbers-as-object")
```

saveAsSequenceFile

saveAsSequenceFile 方法将键值对型 RDD 以 SequenceFile 的格式保存。键值对型 RDD 也可以以文本的格式保存，只须使用 saveAsTextFile 方法即可。

```
val pairs = (1 to 10000).toList map {x => (x, x*2)}
val pairsRdd = sc.parallelize(pairs)
val filteredPairsRdd = pairsRdd filter { case (x, y) => x % 1000 ==0 }
filteredPairsRdd.saveAsSequenceFile("pairs-as-sequence")
filteredPairsRdd.saveAsTextFile("pairs-as-text")
```

需要注意的是，上面的方法都把一个目录的名字作为输入参数，然后在这个目录为每个 RDD 分区创建一个文件。这种设计不仅高效而且可容错。因为每一个分区被存成一个文件，所以 Spark 在保存 RDD 的时候可以启动多个任务，并行执行，将数据写入文件系统中。这样也保证了写入数据的过程是可容错的。一旦有一个将分区写入文件的任务失败了，Spark 可以再启动一个任务，重写刚才失败任务创建的文件。

3.6　惰性操作

RDD 的创建和转换方法都是惰性操作。当应用调用一个返回 RDD 的方法的时候，Spark 并不会立即执行运算。比如，当你使用 SparkContext 的 textFile 方法从 HDFS 中读取文件时，Spark 并不会马上从硬盘中读取文件。类似地，RDD 转换操作（它会返回新 RDD）也是惰性的。Spark 会记录作用于 RDD 上的转换操作。

让我们考虑如下示例代码。

```
val lines = sc.textFile("...")
val errorLines = lines filter { l => l.contains("ERROR")}
val warningLines = lines filter { l => l.contains("WARN")}
```

上面三行代码看起来很快就会执行完，哪怕 textFile 方法读取的是一个包含了 10TB 数据的文件。这其中的原因是当你调用 textFile 方法时，它并没有真正读取文件。类似地，filter 方法也没有立即遍历原 RDD 中的每一个元素。

Spark 仅仅记录了这个 RDD 是怎么创建的，在它上面做转换操作会创建怎样的子 RDD 等信息。Spark 为每一个 RDD 维护其各自的血统信息。在需要的时候，Spark 利用这些信息创建 RDD 或重建 RDD。

如果 RDD 的创建和转换都是惰性操作，那么 Spark 什么时候才真正读取数据和做转换操作的计算呢？下面将会解答这个问题。

触发计算的操作

当 Spark 应用调用操作方法或者保存 RDD 至存储系统的时候，RDD 的转换计算才真正执行。保存 RDD 至存储系统也被视为一种操作，尽管它并没有向驱动程序返回值。

当 Spark 应用调用 RDD 的操作方法或者保存 RDD 的时候，它触发了 Spark 中的连锁反应。当调用操作方法的时候，Spark 会尝试创建作为调用者的 RDD。如果这个 RDD 是从文件中创建的，那么 Spark 会在 worker 节点上读取文件至内存中。如果这个 RDD 是通过其他 RDD 的转换得到的子 RDD，Spark 会尝试创建其父 RDD。这个过程会一直持续下去，直到 Spark 找到根 RDD。然后 Spark 就会真正执行这些生成 RDD 所必需的转换计算，从而生成作为调用者的 RDD。最后，执行操作方法所需的计算，将生成的结果返回给驱动程序。

惰性转换使得 Spark 可以高效地执行 RDD 计算。直到 Spark 应用需要操作结果时才进行计算，Spark 可以利用这一点优化 RDD 的操作。这使得操作流水线化，而且还避免了在网络间不必要的数据传输。

3.7   缓存

除了将数据驻留在内存中以外，缓存在 RDD 中也扮演了另外一个重要的角色。就像之前所说的，创建 RDD 有两种方式，从存储系统中读取数据或者应用其他现存 RDD 的转换操作。默认情况下，当一个 RDD 的操作方法被调用时，Spark 会根据它的父 RDD 来创建这个 RDD，这有可能导致父 RDD 的创建。如此往复，这个过程一直持续到 Spark 找到根 RDD，而后 Spark 通过从过存储系统读取数据的方式创建根 RDD。操作方法被调用一次，上面说的过程就会执行一遍。每次调用操作方法，Spark 都会遍历这个调用者 RDD 的血统树，执行所有的转换操作来创建它。

考虑下面的例子。

```
val logs = sc.textFile("path/to/log-files")
val errorLogs = logs filter { l => l.contains("ERROR")}
val warningLogs = logs filter { l => l.contains("WARN")}
val errorCount = errorLogs.count
val warningCount =  warningLogs.count
```

尽管上面的代码只调用了一次 textFile 方法，但是日志文件会被从硬盘中读取两次。这是因为调用了两次操作方法 count。在调用 errorLogs.count 时，日志文件第一次被读取，调

用 warningLogs.count 时，日志文件被再次读取。这只是个简单的例子，现实世界中的应用
会有更多的各种转换和操作。

如果一个 RDD 缓存了，Spark 会执行到目前为止的所有转换操作并为这个 RDD 创建一
个检查点。具体来说，这只会在第一次在一个缓存的 RDD 上调用某操作的时候发生。类似
于转换方法，缓存方法也是惰性的。

如果一个应用缓存了 RDD，Spark 并不是立即执行计算并把它存储在内存中。Spark 只
有在第一次在缓存的 RDD 上调用某操作的时候才会将 RDD 物化在内存中。而且这第一次
操作并不会从中受益，后续的操作才会从缓存中受益。因为它们不需要再执行从存储系统
中读取数据开始的一系列操作。它们通常都运行得快多了。还有，那些只使用一次数据的
应用使用缓存也不会有任何好处。只有那些需要对同样数据做多次迭代的应用才能从缓存
中受益。

如果一个应用把 RDD 缓存在内存中，Spark 实际上是把它存储在每个 worker 节点上执
行者的内存中了。每个执行者把它所计算的 RDD 分区缓存在内存中。

3.7.1 RDD 的缓存方法

RDD 类提供了两种缓存方法：cache 和 persist。

cache

cache 方法把 RDD 存储在集群中执行者的内存中。它实际上是将 RDD 物化在内存中。
下面的例子展示了怎么利用缓存优化上面的例子。

```
val logs = sc.textFile("path/to/log-files")
val errorsAndWarnings = logs filter { l => l.contains("ERROR") || l.contains("WARN")}
errorsAndWarnings.cache()
val errorLogs = errorsAndWarnings filter { l => l.contains("ERROR")}
val warningLogs = errorsAndWarnings filter { l => l.contains("WARN")}
val errorCount = errorLogs.count
val warningCount =  warningLogs.count
```

persist

persist 是一个通用版的 cache 方法。它把 RDD 存储在内存中或者硬盘上或者二者皆
有。它的输入参数是存储等级，这是一个可选参数。如果调用 persist 方法而没有提供参数，
那么它的行为类似于 cache 方法。

```
val lines = sc.textFile("...")
lines.persist()
```

persist 方法支持下列常见的存储选项。

❑ MEMORY_ONLY：当一个应用把 MEMORY_ONLY 作为参数调用 persist 方法时，
Spark 会将 RDD 分区采用反序列化 Java 对象的方式存储在 worker 节点的内存中。如
果一个 RDD 分区无法完全载入 worker 节点的内存中，那么它将在需要时才计算。

```
val lines = sc.textFile("...")
lines.persist(MEMORY_ONLY)
```

- ❑ DISK_ONLY：如果把 DISK_ONLY 作为参数调用 persist 方法，Spark 会物化 RDD 分区，把它们存储在每一个 worker 节点的本地文件系统中。这个参数可以用于缓存中间的 RDD，这样接下来的一系列操作就没必要从根 RDD 开始计算了。
- ❑ MEMORY_AND_DISK：这种情况下，Spark 会尽可能地把 RDD 分区存储在内存中，如果有剩余，就把剩余的分区存储在硬盘上。
- ❑ MEMORY_ONLY_SER：这种情况下，Spark 会采用序列化 Java 对象的方式将 RDD 分区存储在内存中。一个序列化的 Java 对象会消耗更少的内存，但是读取是 CPU 密集型的操作。这个参数是在内存消耗和 CPU 使用之间做的一个妥协。
- ❑ MEMORY_AND_DISK_SER：Spark 会尽可能地以序列化 Java 对象的方式将 RDD 分区存储在内存中。如果有剩余，则剩余的分区会存储在硬盘上。

3.7.2　RDD 缓存是可容错的

在分布式环境中可容错性是相当重要的。之前我们就已经知道了当节点出故障的时候 Spark 是怎么自动把计算作业转移到其他节点的。Spark 的 RDD 机制同样也是可容错的。

即使一个缓存 RDD 的节点出故障了，Spark 应用也不会崩溃。Spark 会在另外节点上自动重新创建、缓存出故障的节点中存储的分区。Spark 利用 RDD 的血统信息来重新计算丢失的缓存分区。

3.7.3　缓存内存管理

Spark 采用 LRU 算法来自动管理缓存占用的内存。只有在必要时，Spark 才会从缓存占用的内存中移除老的 RDD 分区。而且，RDD 还提供了名为 unpersist 的方法。应用可以调用这个方法来从缓存占用的内存中手动移除 RDD 分区。

3.8　Spark 作业

RDD 上的转换、操作和缓存方法构成了 Spark 应用的基础。从本质上说，RDD 描述了 Spark 编程模型。既然我们介绍过了编程模型，那么接下来我们介绍在 Spark 应用中这些是怎么结合在一起的。

作业指的是 Spark 将要执行的一些计算，它们将操作的结果返回给驱动程序。一个应用可以发起一个或多个作业。通过调用 RDD 的操作方法可以发起一个作业。也就是说，一个操作方法会触发一个作业。如果一个操作是从未缓存的 RDD 或未缓存 RDD 的后代 RDD 发起的，Spark 将会从存储系统中读取数据，从此开始作业。如果一个操作是从缓存过的 RDD 或者缓存过的 RDD 的后代 RDD 发起的，那么 Spark 就会从那个缓存过的 RDD 开始作业。接下来，Spark 会按照操作方法的要求执行必要的转换操作来创建 RDD。最后，执行操作所需的计算，一旦结果出来后，便将它返回给驱动程序。

当一个应用调用 RDD 的操作方法时，Spark 会创建由若干个阶段构成的 DAG。Spark 根据 shuffle 边界来将不同任务划分成不同的阶段。不需要 shuffle 操作的任务被划分到同一个阶段。那些输入数据是已经做过 shuffle 操作的任务将开始一个新的阶段。

一个阶段可以由一个或者多个任务构成。Spark 把任务提交给执行者，执行者将并行执行任务。在节点间调度任务的依据是数据分布情况。如果一个节点在处理任务时失效了，Spark 会把这个任务提交给其他节点。

3.9　共享变量

Spark 使用的架构是无共享的。数据分布在集群的各个节点上，每个节点都有自己的 CPU、内存和存储资源。没有全局的内存空间用于任务间共享。驱动程序和任务之间通过消息共享数据。

举例来说，如果一个 RDD 操作的函数参数是驱动程序中变量的引用，Spark 会将这个变量的副本以及任务一起发送给执行者。每个任务都有一份变量的副本并把它当成只读变量使用。任何对这个变量的更新都只存在任务的内部，改动并不会回传给驱动程序。而且 Spark 会把这个变量在每一个阶段的开始发送给 worker 节点。

对于一些应用而言，这种默认行为是低效的。在一个实际的使用场景中，驱动程序在作业的任务间共享了一个巨大的查找表。而这个作业由多个阶段构成。默认情况下，Spark 会自动将这个变量及其相关任务发送给每个执行者。然而，Spark 会在每个阶段做这件事。如果这个查找表存储了 100MB 的数据，并且这个作业涉及 10 个阶段，那么 Spark 就会给每个 worker 节点发送 10 次 100MB 的相同数据。

另外一个使用场景是在每个运行在不同节点上的任务中需要更新全局变量。默认情况下，任务中对变量的更新是不会回传给驱动程序的。

Spark 通过共享变量的概念来满足这些使用场景的需求。

3.9.1　广播变量

广播变量的使用使得 Spark 应用可以有效地在驱动程序和执行作业的任务之间共享数据。Spark 只会给 worker 节点发送一次广播变量，并且将它反序列化成只读变量存储在执行者的内存中。而且，Spark 采用一种更高效的算法来发布广播变量。

注意，如果一个作业由多个阶段构成，且阶段中的任务使用同一个驱动程序的变量，那么使用广播变量是十分有用的。如果你不想在开始执行每个任务之前反序列化变量，使用广播变量也是有益的。默认情况下，Spark 会将传输过来的变量以序列化的形式缓存在执行者的内存中，在开始执行任务之前再反序列化它。

SparkContext 类提供了一个叫作 broadcast 的方法用于创建广播变量。它把一个待广播的变量作为参数，返回一个 Broadcast 类实例。一个任务必须使用 Broadcast 对象的 value

方法才可以获取广播变量的值。

考虑这样一个应用，它根据电商交易信息生成交易详情。在现实世界的应用中会有一张顾客表、一张商品表和一张交易表。为了简化起见，我们直接用一些简单的数据结构来代替这些表作为输入数据。

```
case class Transaction(id: Long, custId: Int, itemId: Int)
case class TransactionDetail(id: Long, custName: String, itemName: String)

val customerMap = Map(1 -> "Tom", 2 -> "Harry")
val itemMap = Map(1 -> "Razor", 2 -> "Blade")

val transactions = sc.parallelize(List(Transaction(1, 1, 1), Transaction(2, 1, 2)))

val bcCustomerMap = sc.broadcast(customerMap)
val bcItemMap = sc.broadcast(itemMap)

val transactionDetails = transactions.map{t => TransactionDetail(
                            t.id, bcCustomerMap.value(t.custId), bcItemMap.value(t.itemId))}
transactionDetails.collect
```

使用广播变量使得我们可以高效地实现顾客数据、商品数据和交易数据之间的连接。我们可以通过使用 RDD API 来实现连接操作，但是这会在网络间对顾客数据、商品数据和交易数据做 shuffle 操作。使用广播变量，我们使得 Spark 只将顾客数据和商品数据发送给每个节点一次，并且用简单的 map 操作来代替耗时的 join 操作。

3.9.2　累加器

累加器是只增变量，它可以被运行在不同节点上的任务更改并且被驱动程序读取。它可以用于计数器和聚合操作。Spark 提供了数值类型的累加器，也支持创建自定义类型的累加器。

SparkContext 类提供了一个叫作 accumulator 的方法用于创建累加器变量。它有两个参数。第一个参数是累加器的初值，第二个是在 Spark UI 中显示的名字，这是一个可选参数。它返回一个 Accumulator 类实例。这个类实例为操作累加器变量提供操作符。任务只能采用 add 方法或者 += 操作符来增加累加器变量的值。只有驱动程序可以通过 value 方法来获取累加器的值。

考虑这样一个应用，它需要从顾客表中过滤出不合法的顾客并计数。在现实世界的应用中，我们会从硬盘中读取数据并将过滤后的数据写入到硬盘中的另外一个文件。为简化起见，我们跳过读写硬盘的部分。

```
case class Customer(id: Long, name: String)
val customers = sc.parallelize(List(
                    Customer(1, "Tom"),
                    Customer(2, "Harry"),
                    Customer(-1, "Paul")))
val badIds = sc.accumulator(0, "Bad id accumulator")
val validCustomers = customers.filter(c => if (c.id < 0) {
                                        badIds += 1
                                        false
```

```
                    } else true
              )
val validCustomerIds = validCustomers.count
val invalidCustomerIds = badIds.value
```

　　在使用累加器的时候需要注意，转换操作期间对累加器的更新无法保证恰好只有一次。如果一个任务或一个阶段重复执行，每一个任务的更新操作就会多次执行。

　　而且，对累加器的更新操作并不是在 RDD 的操作方法被调用时才执行的。RDD 的转换操作是惰性的，转换操作中对累加器的更新并不会立即执行。因此，如果驱动程序在操作方法被调用之前就使用累加器的值，那么它将得到一个错误的值。

3.10　总结

　　Spark 是一个快速、可扩展、可容错且基于内存的集群计算框架。一个 Spark 应用可以比 Hadoop 应用快上 100 倍。

　　Spark 不但快速而且它能很方便地使用 mapReduce。通过不同语言（包括 Java、Python、Scala 和 R）的易读的 API，它可以方便地开发分布式大数据应用。使用 Spark 开发者的生产力可以有 5~10 倍的提升。

　　而且 Spark 为各种数据处理任务提供了统一的平台。它是一个通用的框架，可以被各种大数据应用使用。对于迭代式数据分析或者使用迭代算法的应用而言，它是一个理想的平台。

　　Spark 的编程模型基于一个叫作 RDD 的抽象概念。从概念上看，RDD 类似于 Scala 中的集合。它表示的数据就是一组分区的集合，这些分区分布在集群的节点上。它还为处理数据提供一些函数式的方法。

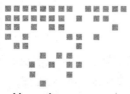

Chapter 4 第 4 章

使用 Spark shell 进行交互式数据分析

Spark 爆发性流行开来的原因之一就在于其可用性。Spark 不仅为各种语言提供了可读性强的 API，它还能让你快速上手。它自带一个叫作 Spark shell 的命令行工具，你可以使用它交互式地用 Scala 编写 Spark 应用。Spark shell 类似于第 2 章介绍的 Scala shell。实际上，它正是基于 Scala shell 的。

Spark shell 不仅为交互式数据分析，同时它还为便于学习 Spark 提供了一个绝佳的环境。你可以在一分钟之内就将它安装在本地开发设备上，然后就开始用 Spark 做实验了。

本章旨在让你实践第 3 章介绍的各种概念。让我们开始通过使用 Spark shell 来熟悉 Spark 编程接口。

 注意 Scala shell 和 Spark shell 都是命令行的 REPL 工具。使用 REPL 可以进行交互式的编程。它可以让你输入一个表达式，然后立即对表达式求值。它读取一个表达式，对其求值，将结果输出在终端上，然后等待下一个输入的表达式。

4.1 起步

开始使用 Spark 是很简单的。只要下载、解压、运行三步，你就可以开始编写 Spark 代码了。

4.1.1 下载

Spark shell 集成在 Spark 中。可以在下面的站点下载 Spark。

```
http://spark.apache.org/downloads.html
```

下载站点为各个版本的 Hadoop 和各个发行版的 Hadoop 都提供了预先打包好的 Spark
二进制文件。也可以下载 Spark 源代码，而后在设备上构建自己的定制版本。最简单快速
的方法就是直接下载预先打包好的 Spark 二进制文件。出于学习的目的，你可以下载任意
Hadoop 版本的 Spark。需要注意的是，使用 Spark 并不需要安装 Hadoop。

4.1.2　解压

在下载完 Spark 二进制文件之后，将其解压到本地。在 bin 目录下可以找到 Spark
shell。比如，如果把 Spark 二进制文件解压到目录 SPARK_HOME 下，那么 Spark shell 就
会在目录 SPARK_HOME/bin 下。本章将用 SPARK_HOME 指代 Spark 的主目录，即你把
Spark 二进制文件解压到的目录。

Spark 可以在 Linux、Mac OS 和 Windows 上运行。在上面任意操作系统中运行 Spark
的唯一条件就是需要安装 Java。Java 应当安装在系统路径下，或者 JAVA_HOME 这个环境
变量用于表示 Java 的安装路径。

Spark shell 有些啰嗦，它会输出很多信息，这有助于你理解 Spark 的内部。可以通过把
日志等级从 INFO 改成 WARN 来减少输出的信息，这需要修改 SPARK_HOME/conf 目录下
的文件 log4j. properties。具体步骤如下。

1. 将 SPARK_HOME/conf 下的文件 log4j.properties.template 重命名为 log4j.properties。
2. 用任意文本编辑器打开文件 log4j.properties 并找到这一行：

```
log4j.rootCategory=INFO, console
```

3. 将这一行中的 INFO 改成 WARN。修改完成后，这一行变为：

```
log4j.rootCategory=WARN, console
```

4. 保存该文件。

4.1.3　运行

在 Linux 或 Mac 上可以在终端启动 Spark shell。对于 Windows，推荐在 Window
PowerShell 上启动 Spark shell。可以用下面一系列命令来启动 Spark shell。

```
cd $SPARK_HOME
./bin/spark-shell
```

如果一切顺利，你将在屏幕上看到如下输出。

Spark shell 会创建一个名为 sc 的 SparkContext 类实例。一旦你看到 Scala 提示
符，就表示 Spark shell 已经准备就绪，将会对你输入的任何表达式进行求值操作。因为
Spark shell 是基于 Scala shell 的，所以你可以在 Scala> 提示符后面输入任何 Scala 表
达式。

```
Spark assembly has been built with Hive, including Datanucleus jars on classpath
Welcome to

        ____              __
       / __/__  ___ _____/ /__
      _\ \/ _ \/ _ `/ __/  '_/
     /___/ .__/\_,_/_/ /_/\_\   version 1.2.0
        /_/

Using Scala version 2.10.4 (Java HotSpot(TM) 64-Bit Server VM, Java 1.7.0_67)
Type in expressions to have them evaluated.
Type :help for more information.
15/02/28 10:26:21 WARN Utils: Your hostname, ubuntu resolves to a loopback address: 127.0.1.1; using 192.168.127.150 instead (on interface eth0)
15/02/28 10:26:22 WARN Utils: Set SPARK_LOCAL_IP if you need to bind to another address
15/02/28 10:26:30 WARN NativeCodeLoader: Unable to load native-hadoop library for your platform... using builtin-java classes where applicable
Spark context available as sc.

scala>
```

图 4-1　Spark shell 欢迎界面

4.2　REPL 命令

在 Spark shell 中除了可以输入 Scala 表达式外，还可以输入 REPL 命令。它们并不是代码，而是用于控制 REPL 环境的命令。REPL 命令都以冒号开头。下面简单介绍几个常用的命令。

❑ :help

输入：help 可以列出当前 Spark shell 支持的所有命令。

❑ :quit

输入：quit 将退出 Spark shell。

❑ :paste

输入：paste 将进入粘贴模式。在粘贴模式中可以输入或者粘贴多行代码。当需要粘贴多行代码时，粘贴模式就显得特别有用。完成操作之后按 Ctrl+D 组合键表示结束。一旦按 Ctrl+D 组合键，Spark shell 就会对输入的多行代码块进行求值。

4.3　把 Spark shell 当成 Scala shell 使用

让我们在 Spark shell 中输入一些简单的 Scala 表达式试试看。

```
scala> 2+2
res0: Int = 4
```

第一行是输入的表达式。当按回车键之后，Spark shell 就会对输入的表达式进行求值，并将结果输出到终端上。第二行就是 Spark shell 输出的结果。它把结果保存在一个名为 res0 的 Int 变量中。可以像下面这样把结果保存在一个自定义变量中。

```
scala> val sum = 2 + 2
sum: Int = 4
```

在这种情况下，Scala 会对等号右边的表达式进行求值，将结果保存在变量 sum 中。然后，输出变量 sum 的类型和值。需要注意的是，Scala 会根据输入的表达式来推断变量 sum

的类型。

　　直到现在你都还没有写过任何的 Spark 程序。你只是把 Spark shell 当成 Scala shell 来用。在我们开始在 Spark shell 中用 Scala 编写数据处理代码之前，这也有助于复习 Scala 知识。

4.4　数值分析

　　让我们先回顾第 3 章介绍过的几个概念。RDD 是 Spark 中用于表示和处理数据的一个主要抽象概念。Spark 应用可以使用 RDD 类中定义的方法处理或分析数据。RDD 可以从一个 Scala 集合或者一个数据源中创建。创建 RDD 还需要有一个 SparkContext 类实例。就像本章之前所说的，Spark shell 会自动创建一个 SparkContext 类实例，并保存在变量 sc 中以供使用。

　　这一节将使用 Spark shell 对一个表示数值集合的 RDD 进行分析。我们从一个 Scala 集合创建这个 RDD。在实际的应用中，你可能永远都不会从一个 Scala 集合创建 RDD，但这便于学习 Spark。SparkContext 类中的 parallelize 方法通常用于学习 Spark。RDD 的接口也同样如此（不管 RDD 是从 Scala 集合、HDFS 的文件还是 Hadoop 支持的存储系统创建的）。

　　首先，让我们创建一个从 1 到 1000 的列表。

```
scala> val xs = (1 to 1000).toList
xs: List[Int] = List(1, 2, 3, 4, 5, 6, 7, 8, 9, 10, 11, 12, 13, 14, 15, 16, 17, 18, 19, 20,...
```

　　第一行 scala> 提示符之后的代码是输入的。第二行是 Spark shell 输出的运行结果。如果表达式的结果是一个很大的集合，那么 Spark shell 之后输出开头的几个元素。

　　其次，我们用 SparkContext 的 parallelize 方法来从刚才创建的列表创建 RDD。

```
scala> val xsRdd = sc.parallelize(xs)
xsRdd: org.apache.spark.rdd.RDD[Int] = ParallelCollectionRDD[52] at parallelize at
<console>:19
```

　　现在我们从刚才创建的 RDD 中过滤出是偶数的元素。

```
scala> val evenRdd = xsRdd.filter{ _ % 2 == 0}
evenRdd: org.apache.spark.rdd.RDD[Int] = FilteredRDD[53] at filter at <console>:21
```

　　注意，RDD 类的 filter 方法是一个转换操作。它是一个惰性操作，所以 Spark 并没有立即执行作为 filter 方法参数的匿名函数。

　　RDD 上一个常见的行动就是 count。它返回 RDD 中元素的个数。如上一章所述，操作会立即触发转换的执行。

```
scala> val count = evenRdd.count
count: Long = 500
```

　　让我们用行动 first 来检查 evenObj 中的第一个元素。

```
scala> val first = evenRdd.first
first: Int = 2
```

然后，让我们检查 evenRDD 中的前 5 个元素。

```
scala> val first5 = evenRdd.take(5)
first5: Array[Int] = Array(2, 4, 6, 8, 10)
```

可以看到使用 Spark shell 来入门或实验 Spark API 都是很方便的。

4.5　日志分析

现在，让我们使用 Spark shell 来分析文件中的数据。我们将对应用生成的事件日志文件进行分析。为学习起见，我们将使用只有一个节点的伪集群（即一台笔记本电脑）。为简化起见，我们将使用本地文件系统上的文件作为数据源。这是一个方便上手的环境。在本节中我们所编写的代码同样可以在一个有上百个节点和分布式数据源的集群上运行，就像在伪集群上一样。这正是 Spark API 的强大之处。一个 Spark 应用不需要任何的代码改动就可以处理任何量级的数据，不管是单机上的千字节级的数据还是大集群上的拍字节级数据。

为简化起见，本节中我们分析一个假的日志文件。这个事件日志文件是一个文本文件，每一行有多列，每一列以空格隔开。第一列表示事件发生的时间，用递增的数字表示，而不是时间戳。真实的日志文件一般第一列也是时间。第二列表示事件的严重等级，它是 DEBUG、INFO、WARN、ERROR 中的任意一个。第三列表示的是生成日志的模块名字或组件名字。最后一列表示事件的描述信息。这是日志文件的典型格式，但是实际上还是有很多变化。比如，有的开发者会有不同列的顺序。有的开发会记录事件发生时执行应用代码的线程的相关信息。

使用 Spark 分析数据集的第一步就是从数据源创建 RDD。类似于从 Scala 集合中创建 RDD，从数据源创建 RDD 需要一个 SparkContext 类实例。

假设这个假的事件日志文件存储在 data 目录下。可以通过相对路径来读取这个文件。

```
scala> val rawLogs = sc.textFile("data/app.log")
rawLogs: org.apache.spark.rdd.RDD[String] = data/app.log MappedRDD[55] at textFile at <console>:17
```

请务必确认文件路径是正确的并且文件确实存在。如果你的目录结构和这里的不一样或者你从其他目录启动 Spark shell，请对代码做必要的更改。

第二行是 Spark shell 输出的，它表示 Spark 已经创建了一个有字符串构成的 RDD。事件日志文件中的每一行都被当作一个字符串存储在 RDDrawLogs 中。

注意，Spark 此时并没有真正读取文件 app.log 文件。textFile 方法是一个惰性操作。Spark 只是记录了怎么创建 RDDrawLogs。它只有在下面两种情况下才会真正读取文件。第一，RDD rawLogs 的操作方法被调用。第二，从 rawLogs 上直接或间接创建新 RDD。这也意味着即使你为 textFile 方法输入的是一个错误的路径或文件名，Spark 也不会立即抛出异常。

如果你想要分析存储在 HDFS 上面的事件日志文件，你需要将 HDFS 的路径以 URI 的方式表示，并以此来创建 RDD。

```
scala> val rawLogs = sc.textFile("hdfs://...")
```

textFile 方法的第二个参数是一个可选参数，它用来指定返回的 RDD 最小分区数。就像第 3 章中介绍过的，RDD 表示一个关于元素的分区的集合。对于一个 HDFS 文件，Spark 为每一个 HDFS 文件块创建一个分区。也可以设置成更大的分区数。一个作业内的并行能力取决于 RDD 的分区数，更大的分区数能提高并行能力。

让我们把日志文件中的每一行都转化成小写字母，这样我们就不要操心输入文件中单词的大小写问题了。也可以去除每一行的前导空格和尾随空格。我们使用 map 方法来做这些事情。

```
scala> val logs = rawLogs.map {line => line.trim.toLowerCase()}
logs: org.apache.spark.rdd.RDD[String] = MappedRDD[56] at map at <console>:19
```

因为后续会多次用到事件日志数据，所以先缓存 RDD logs。

```
scala> logs.persist()
res18: logs.type = MappedRDD[56] at map at <console>:19
```

注意，当你调用 persist 方法的时候，Spark 并不会立即将 RDD 物化或缓存在内存中。实际上，它甚至都没有从磁盘读取文件。只有在你第一次调用操作方法的时候，这一切才会发生。

让我们调用 RDD logs 的操作方法 count 来触发这一切的发生。

```
scala> val totalCount = logs.count()
totalCount: Long = 103
```

如果提供给 textFile 方法的文件路径是错误的，你将会看到异常抛出，这是因为 Spark 找不到文件。

让我们从日志中过滤出严重等级是 error 的日志。

```
scala> val errorLogs = logs.filter{ line  =>
                            val words = line.split(" ")
                            val logLevel = words(1)
                            logLevel == "error"
                        }
errorLogs: org.apache.spark.rdd.RDD[String] = FilteredRDD[57] at filter at <console>:21
```

我们首先把一行分解成一个由单词组成的数组。因为日志的第二列表示的是事件的严重等级，所以我们读取数组的第二个元素，并检查它是否为 error。RDD 的 filter 方法只保留那些让匿名函数返回值为 true 的元素。

上面代码的简化版如下。

```
scala> val errorLogs = logs.filter{_.split(" ")(1) == " error"}
errorLogs: org.apache.spark.rdd.RDD[String] = FilteredRDD[4] at filter at <console>:16
```

因为日志文件是由我们自己创建的，所以我们清楚地知道每一列之间的分隔符是空格。如果你不确定每一列之间的分隔符是单个空格、多个空格还是制表符，你可以用使用正则表达式来将一行分割成多列。

```scala
scala> val errorLogs = logs.filter{_.split("\\s+")(1) == "error"}
errorLogs: org.apache.spark.rdd.RDD[String] = FilteredRDD[5] at filter at <console>:16
```

现在统计严重等级为 error 的日志条数。

```scala
scala> val errorCount = errorLogs.count()
errorCount: Long = 26
```

在解决问题时，如果你想看一下第 1 条 error 日志，可以调用操作方法 first 来查看。

```scala
scala> val firstError = errorLogs.first()
firstError: String = 4 error module1 this is an error log
```

如果你想查看前 3 条 error 日志，可以调用操作方法 take 来查看。

```scala
scala> val first3Errors = errorLogs.take(3)
first3Errors: Array[String] = Array(4 error module1 this is an error log, 8 error module2
this is an error log, 12 error module3 this is an error log)
```

假设出于某种原因，你想找出日志文件中日志最长的那一行。可以先把 RDD logs 转换成另外一个包含每一行日志长度的 RDD，然后在这个 RDD 上面调用操作方法 reduce 来求最大值。

```scala
scala> val lengths = logs.map{line => line.size}
lengths: org.apache.spark.rdd.RDD[Int] = MappedRDD[6] at map at <console>:16

scala> val maxLen = lengths.reduce{ (a, b) => if (a > b) a else b }
maxLen: Int = 117
```

如果你想找出包含最多单词的日志，可以使用下面的代码实现。

```scala
scala> val wordCounts = logs map {line => line.split("""\s+""").size}
wordCounts: org.apache.spark.rdd.RDD[Int] = MappedRDD[7] at map at <console>:16

scala> val maxWords = wordCounts reduce{ (a, b) => if (a > b) a else b }
maxWords: Int = 20
```

这段代码先把 RDD logs 转换成另外一个包含每一行单词个数的 RDD。为了计算每一行的单词个数，我们先每一行都分解成一个由单词构成的数组，然后计算数组长度。接下来的操作和上面找出最长日志的例子是一样，调用 reduce 方法从包含单词个数的 RDD 中求最大值。

如果你想将 error 日志保存成文件以便其他应用进一步处理，可以调用 saveAsTextFile 方法。

```scala
scala> errorLogs.saveAsTextFile("data/error_logs")
```

注意，saveAsTextFile 方法的参数是目录名称。对于 RDD 的每一个分区，Spark 都会在这个目录下创建一个文件。

到目前为止，我们用的都是单行表达式。让我们尝试编写由多行构成的函数。我们将编写一个函数，这个函数以一条日志作为参数，返回这条日志的严重等级。尽管在 Spark shell 中可以写多行的代码块，但是这并不方便。可以先在任何文本编辑器中编写函数，然后在复制、粘贴到 Spark shell 中。为了复制、粘贴多行代码块到 Spark shell 中，需要使用 paste 命令。

```
scala> :paste
// Entering paste mode (ctrl-D to finish)

def severity(log: String): String = {
    val columns = log.split("\\s+", 3)
    columns(1)
  }

// Exiting paste mode, now interpreting.

severity: (log: String)String
```

severity 函数将一条事件日志分成三部分，返回第二部分（表示严重等级）。注意，Scala 数组的下标从 0 开始。

现在我们可以利用这个函数来统计各个严重等级对应的日志条数。

```
scala> val pairs = logs.map { log => (severity(log), 1)}
pairs: org.apache.spark.rdd.RDD[(String, Int)] = MappedRDD[3] at map at <console>:18

scala> val countBySeverityRdd = pairs.reduceByKey{(x,y) => x + y}
countBySeverityRdd: org.apache.spark.rdd.RDD[(String, Int)] = MapPartitionsRDD[6] at reduceByKey at <console>:25
```

上面的代码首先把 RDD logs 转换成一个键值对型 RDD，其中键为严重等级，值为 1。然后我们调用 reduceByKey 方法来统计具有相同键的元素个数。注意，reduceByKey 方法返回一个键值对型 RDD。这个 RDD 对于每个唯一的严重等级都只有一条记录。可以使用 collect 方法来查看这个 RDD 的所有元素。

```
scala> val countBySeverity= countBySeverityRdd.collect()
countBySeverity: Array[(String, Int)] = Array((warn,25), (info,27), (error,26), (debug,25))
```

也可以将它保存在磁盘上。

```
scala> countBySeverityRdd.saveAsTextFile("data/log-counts-text")
```

就像之前所说的，saveAsTextFile 方法的参数是目录名称。对于 RDD 的每一个分区，Spark 都会在这个目录下创建一个文件。

因为 countBySeverityRDD 是一个键值对型 RDD，所以也可以将它保存成 SequenceFile 的格式。

```
scala> countBySeverityRdd.saveAsSequenceFile("data/log-counts-seq")
```

一个稍微简化的版本如下。

```
scala> val countBySeverityMap = pairs.countByKey()
```

这个例子中使用 countByKey 方法代替 reduceByKey 方法。reduceByKey 方法是一个通用方法，它不仅可以用来统计个数，还可以针对每个键对应值执行加和、乘积或其他自定义的聚合方法。实际上，countByKey 内部就是使用 reduceByKey 和 collect 实现的。

4.6 总结

Spark shell 是一个命令行工具，用于交互式地编写 Spark 代码。它易于上手，便于学习 Spark。对于使用 Spark 进行推倒性的交互数据分析而言，它是一个强大的工具。

在本章中，我们通过两个不同的任务实践了上一章介绍的概念。在第一个任务中，我们从一个 Scala 集合创建 RDD 并使用 Spark 对它进行分析。在第二个任务中，我们使用 Spark 分析事件日志文件。

下一章将介绍如何开发一个完整的 Spark 应用。你将学会如何在一个集群上编写、编译、部署一个 Spark 应用。

第 5 章 *Chapter 5*

编写 Spark 应用

本章将介绍如何用 Scala 编写一个处理数据的 Spark 应用。第 2 章已经介绍了 Scala 的基础知识，这些知识就已足够你上手编写 Spark 应用了。

用 Scala 编写 Spark 应用和编写 Scala 应用程序并没有显著的区别。Spark 应用本质上就是一个把 Spark 当成库使用的 Scala 应用程序。第 3 章已经介绍了 Spark 提供的 API。可以使用这些 API 来编写简单的数据处理程序。本章旨在介绍如果编写、编译、运行一个 Spark 应用，因此数据的处理逻辑会比较简单。

5.1 Spark 中的 Hello World

学习一门新语言时按惯例都会编写"Hello World!"程序。而大数据应用中的"Hello World!"应用就是统计单词个数的应用。它将统计文档中每个单词出现的次数。

让我们用 Spark 编写这个大数据"Hello World!"应用。我们把它称为 WordCount。可以用任何文本编辑器、Scala IDE 或 IntelliJ IDEA 来编写这段代码。

```
mport org.apache.spark.SparkContext
mport org.apache.spark.SparkContext._

bject WordCount {
 def main(args: Array[String]): Unit = {
   val inputPath = args(0)
   val outputPath = args(1)
   val sc = new SparkContext()
   val lines = sc.textFile(inputPath)
   val wordCounts = lines.flatMap {line => line.split(" ")}
                        .map(word => (word, 1))
```

```
                          .reduceByKey(_ + _)
      wordCounts.saveAsTextFile(outputPath)
    }
  }
```

WordCount 是一个把 Spark 当成库使用的 Scala 应用。它有两个输入参数。第一个参数是输入数据集的路径。WordCount 会计算该路径下数据源中每个单词出现的次数。第二参数是用来存储结果的文件路径。

可以把这个简单的应用当成以后编写复杂 Spark 应用的起始模板。需要注意的是，同样的代码既可以在本地文件系统的小数据集上运行，也可以在像 HDFS 这样的分布式文件系统的大数据集（太字节级）上运行。

让我们一行一行查看代码，从而理解一个 Spark 应用的基本结构。

```
import org.apache.spark.SparkContext
```

首先，我们导入了 SparkContext 类，因为我们需要创建这个类的一个实例。需要注意的是，Spark shell 已经帮我们创建了一个 SparkContext 类的实例，所以在 Spark shell 中我们就不需要再导入 SparkContext 类了。

```
import org.apache.spark.SparkContext._
```

这一行导入了 SparkContext 对象中的所有定义。SparkContext 对象包含一些用于隐式转换的隐式函数，这些函数可以消除样板代码和简化代码，同时使得我们能方便地使用各种 Spark 特性。

```
object WordCount {
  def main(args: Array[String]): Unit = {
    ...
  }
}
```

接下来，我们定义了 WordCount 对象。每一个 Spark 应用都需要有一个单例对象，这个单例对象拥有一个名为 main 并且以一个字符串数组作为参数的方法。在你的应用中你可以对这个单例对象随意命名，只需要保证这个单例对象中 main 方法的函数签名和上面的一致就行。

每一个 Spark 应用的入口点就是这个 main 方法。Spark 应用就是从这个方法开始执行的。用户在命令行运行应用时提供的参数会被传递给 main 方法的参数 args。参数 args 是一个字符串数组。它的第一个元素就是用户提供的第一个参数，第二个元素就是第二个参数，以此类推。main 方法没有返回值。

```
val inputPath = args(0)
```

这一行将通过命令行传递给应用的第一个参数提取出来，它表示输入数据集的路径。这个路径可以是绝对路径也可以是相对路径，它表示本地文件系统、HDFS 或 S3 上的文件。

出于可读性考虑，在 main 方法中我们并没有包含任何错误检查代码。如果用户忘了给应用提供参数，这将导致应用崩溃，抛出异常。在实际中，一旦用户开始运行应用，你应该首先检查是否提供了正确数量的参数以及每个参数的类型是否正确。

```
val outputPath = args(1)
```

接下来，我们把存储计算结果的路径取出来。注意，这个路径只是目录的名字。Spark将会在这个目录下为每一个数据分区创建一个文件。这个文件目录可以是本地文件系统、HDFS 或者 S3 上的目录。

```
val sc = new SparkContext()
```

紧接着，创建一个 SparkContext 类实例作为使用 Spark 库的入口点。可以这个类实例来创建诸如 RDD 这样的其他 Spark 对象。任何一个 Spark 应用都需要创建这样一个SparkContext 类实例来使用 Spark 提供的函数。

```
val lines = sc.textFile(inputPath)
```

上面的代码从输入数据集创建一个 RDD。textFile 方法将会创建一个由字符串构成的RDD。输入数据集的文本文件每一行都是一个字符串，这样的一个字符串都是 lines RDD中的一个元素，从而 RDD 元素的个数就是输入数据集的行数。

```
val wordCounts = lines.flatMap{line => line.split(" ")}
                      .map{word => (word, 1)}
                      .reduceByKey{(x,y) => x + y}
```

上面的代码就是这个应用的核心数据处理逻辑。它采用一系列的 RDD 转换来计算输入数据集中每个单词的出现次数。代码中出现的转换都是函数式的。我们调用高阶 RDD 方法，并把作用在每一个数据元素上的转换函数作为参数传递给这些 RDD 方法。

首先，我们使用 flatMap 方法创建一个由单词构成的 RDD，这些单词来源于文本文件的每一行。lines RDD 是由字符串构成的，每一个字符串就是输入数据集中的一行。我们使用 String 类的 split 方法来将一行分解成一堆单词。为简化起见，假设每个单词之间以一个空格作为分隔符。如果分隔符比较复杂，可以写正则表达式作为参数传递给 split方法。

接下来，我们使用 map 方法把上面这个由单词构成的 RDD 转换成一个键值对型 RDD。其中键为输入数据集中的单词，值总为 1。

接下来，我们使用 reduceByKey 方法来计算输入数据集中每个单词出现的次数。只有键值对型 RDD 才有 reduceByKey 方法。这也是我们在上一步中使用 map 方法创建键值对型 RDD 的原因。

```
wordCounts.saveAsTextFile(outputPath)
```

最后，我们使用 saveAsTextFile 方法将 reduceByKey 返回的 RDD 保存到使用这个Spark 应用的用户指定的目录中。这个 Spark 应用至此结束。

5.2　编译并运行应用

为了运行应用 WordCount，我们需要编译源代码，并把它打包成一个 jar 文件。然后，使用 Spark 自带的 Spark-submit 脚本来运行应用。

用 Scala 编写的 Spark 应用通常使用名为 sbt 的工具来构建。尽管大多数开发者都使用 Scala IDE 或 IntelliJ IDEA 来开发 Scala 应用，但是你也可以在文本编辑器上编写 Scala 应用，然后使用 sbt 编译并运行它。也可以使用 Maven 来做这些事情。

5.2.1　sbt

sbt（Simple Build Tool）是一个开源的交互式构建工具。可以使用它来编译、运行 Scala 应用。同样可以使用它来运行测试。sbt 是一个强大的工具，尽管精通它需要花费一些时间，但是掌握一些基础后就能上手了。

sbt 可以从 www.scala-sbt.org/download.html 下载得到。推荐你首先阅读 sbt 教程的入门部分，可以在 www.scala-sbt.org/documentation.html 找到该文档。它介绍了如何在不同操作系统上安装 sbt 以及使用 sbt 需要知道的一些基本概念。

构建定义文件

对于任何一个 Scala 项目，sbt 都需要一个构建定义文件。构建定义文件定义了 sbt 需要的项目设置。对于 WordCount 应用而言，它的构建定义文件是一个名为 wordcount.sbt 的文件。这个文件的内容如下所示。

```
name := "word-count"

version := "1.0.0"

scalaVersion := "2.10.6"

libraryDependencies += "org.apache.spark" %% "spark-core" % "1.5.1" % "provided"
```

wordcount.sbt 文件中的每一行都是应用 WordCount 的一个设置项。需要注意的是，每行之间的空白行是必需的，sbt 将来的版本可能会移除这个限制⊖。

wordcount.sbt 文件的第 1 行定义了应用的名字。第 3 行定义了项目的版本号。sbt 将会使用应用名字和版本来命名生成的 jar 文件。第 5 行指明了用于编译该应用的 Scala 版本。最后一行说明了 Spark Core 作为第三方库被 WordCount 所依赖。它也指定了 Spark Core 的版本号。sbt 不仅会下载 Spark Core 的 jar 文件，还会下载 Spark Core 所依赖的所有文件。

需要注意的是，这里指定的 Spark Core 版本号必须同你下载的 Spark 二进制文件的相一致。Spark 开发者社区每 3 个月就会发布 Spark 的新版本。在编写本章之时，Spark 的最

⊖　对于版本号小于等于 0.13.6 的 sbt 才有这个限制。——译者注

新版本是 1.5.1，但是当你在阅读本书时新的 Spark 版本可能已经发布了。换句话说，这里需要把 1.5.1 换成你所下载的 Spark 版本号。

目录结构

对于简单的应用，可以把代码和 sbt 构建定义文件放在同一个目录下。在应用 Word-Count 中，我们创建一个名为 WordCount 的目录，并把代码保存成文件 WordCount.scala。

对于复杂的项目，请参考 sbt 文档中关于目录结构的说明。就像之前所说的，sbt 教程位于 www.scala-sbt.org/documentation.html。

5.2.2 编译代码

现在让我们使用 sbt 来编译应用 WordCount 的代码，并生成 jar 文件。首先，进入 Word-Count 目录，然后运行 sbt。如下所示。

```
$ cd WordCount
$ sbt package
```

sbt 会在目录 ./target/scala-2.10 下生成一个名为 word-count_2.10-1.0.0.jar 的 jar 文件。

5.2.3 运行应用

对于一个 Spark 应用而言，可以使用 Spark 自带的 Spark-submit 脚本来运行它。spark-submit 位于 Spark_HOME/bin 目录下。

spark-submit 脚本既可以用来在你的开发机上运行 Spark 应用，也可以用来在一个真实的 Spark 集群上部署 Spark 应用。它提供一套统一的接口，让任意 Spark 支持的集群管理员都能在其集群上运行 Spark 应用。

让我们使用 Spark 自带的独立集群管理员以本地模式运行 wordCount 应用。

```
$ ~/path/to/SPARK_HOME/bin/spark-submit --class "WordCount" --master local[*] \
                 target/scala-2.10/word-count_2.10-1.0.0.jar \
                 path/to/input-files \
                 path/to/output-directory
```

spark-submit 脚本支持选项设置，它采用如下设置方式。

```
--option_name option_value
```

在设置完选项之后，需要指定应用的 jar 文件的路径以及应用的参数。在上面的例子中，target/scala-2.10/word-count_2.10-1.0.0.jar 是应用 jar 文件的相对路径。

下面简单介绍 Spark-submit 的常用选项。

❑ --master MASTER_URL

master 选项用于指定 Spark 集群的 master URL。master URL 让 Spark-submit 知道在哪里运行 Spark 应用。

如果你想在本地用 1 个工作线程运行 Spark 应用，可以设置 master URL 为 local。在本地模式下，可以用如下写法来指定工作线程的个数。

```
--master local[N]
```

N 代表了工作线程的个数。如果你想让 Spark 使用的工作线程个数等于本机的逻辑核数，把 N 换成 * 就行了。

```
--master local[*]
```

如果你想让应用运行在 Spark 独立集群上，需要指定 Spark 独立集群 master 的主机和端口。

```
--master spark://HOST:PORT
```

❑ --class CLASS_NAME

class 选项用于指定 Spark 应用中包含 main 方法的类的名称。它是 Spark 应用的入口点。

❑ --jars JARS

jars 选项用于指定本地 jar 文件的路径，这些路径用逗号分开。这些 jar 文件将被添加到驱动程序和执行者的类路径中。如果应用使用了第三方库，并且它们没有包含在应用的 jar 文件中，那么此时就可以使用这个选项来运行应用。Spark 会将指定的 jar 文件发送给 worker 节点上的执行者。

如下所示，可以使用 --help 选项来查看 Spark-submit 脚本支持的所有选项。

```
$ ~/path/to/ SPARK-HOME /bin/spark-submit --help
Usage: spark-submit [options] <app jar | python file> [app options]
Options:
  --master MASTER_URL        spark://host:port, mesos://host:port, yarn, or local.

  --deploy-mode DEPLOY_MODE  Whether to launch the driver program locally ("client") or
                             on one of the worker machines inside the cluster ("cluster")
                             (Default: client).

  --class CLASS_NAME         Your application's main class (for Java / Scala apps).

  --name NAME                A name of your application.

  --jars JARS                Comma-separated list of local jars to include on the driver
                             and executor classpaths.

  --py-files PY_FILES        Comma-separated list of .zip, .egg, or .py files to place
                             on the PYTHONPATH for Python apps.

  --files FILES              Comma-separated list of files to be placed in the working
                             directory of each executor.

  --conf PROP=VALUE          Arbitrary Spark configuration property.

  --properties-file FILE     Path to a file from which to load extra properties. If not
                             specified, this will look for conf/spark-defaults.conf.
```

```
--driver-memory MEM          Memory for driver (e.g. 1000M, 2G) (Default: 512M).

--driver-java-options        Extra Java options to pass to the driver.

--driver-library-path        Extra library path entries to pass to the driver.

--driver-class-path          Extra class path entries to pass to the driver. Note that
                             jars added with --jars are automatically included in the
                             classpath.

--executor-memory MEM        Memory per executor (e.g. 1000M, 2G) (Default: 1G).

--help, -h                   Show this help message and exit
--verbose, -v                Print additional debug output

Spark standalone with cluster deploy mode only:
--driver-cores NUM           Cores for driver (Default: 1).
--supervise                  If given, restarts the driver on failure.

Spark standalone and Mesos only:
--total-executor-cores NUM   Total cores for all executors.

YARN-only:
--executor-cores NUM         Number of cores per executor (Default: 1).
--queue QUEUE_NAME           The YARN queue to submit to (Default: "default").
--num-executors NUM          Number of executors to launch (Default: 2).
--archives ARCHIVES          Comma separated list of archives to be extracted into the
                             working directory of each executor.
```

5.3　监控应用

Spark 自带了一个 Web 应用来监控应用在集群上的执行情况。可以在任意一个 Web 浏览器中监控 Spark 应用。你所需要的仅仅是运行驱动程序的机器的 IP 地址或者主机名以及监控 UI 的端口号。

默认的监控应用的端口号是 4040。如果 4040 被占用了，Web UI 会尝试使用 4041。如果 4041 也被占用了，那么它会继续尝试使用 4042，如此这般。

通过基于 Web 的应用监控，我们可以看到很多应用在 Spark 集群中执行情况的有用信息。第 11 章将会详细介绍这部分内容。

5.4　调试应用

调试一个分布式应用程序是件困难的事。那些用来调试单机上应用程序的工具对此并没有什么帮助。

Spark 提供的基于 Web 的应用监控是一个相当有用的工具，用于解决一些性能相关的问题。它给出了应用创建的所有作业的详细信息。每一个作业包含的阶段和任务都可以看到。仔细查看这个应用的作业、阶段、任务将会找到解决性能问题的线索。

另外一个有用的调试技巧就是使用日志。好的实践是记录一些事件信息。通过在应用中选择性地生成日志，可以监控应用的运行时行为。

Spark 会产生巨大的日志信息，这有助于查看 Spark 内部是怎么工作的。可以设置 Spark 日志文件的位置和大小，这需要修改 Spark_HOME/conf 目录下的 log4j.properties 文件。默认情况下，若使用独立 Spark 集群，Spark master 生成的日志文件位于目录 Spark_HOME/logs 下，worker 节点上执行者生成的日志位于目录 Spark_HOME/work 下。

要在应用中写日志，有很多日志框架可供使用。对于 Java 程序和 Scala 程序而言，有两个框架比较流行，一个是 Log4j(logging.apache.org/log4j)，另外一个是 Logback(logback.qos.ch)。这两个都能以灵活的方式记录日志。

5.5　总结

用 Scala 编写 Spark 应用和编写标准的 Scala 应用程序并没有很大的区别。基本上，可以把 Spark 应用当成一个把 Spark 作为库使用的 Scala 应用程序。它使用 Spark API 来在集群中处理分布式数据。

开发、部署 Spark 应用总共有 3 步。第 1 步，用任何文本编辑器、Scala IDE 或 Intelli-JIDEA 编写 Spark 应用。第 2 步，使用 sbt 或者 Maven 构建这个应用。第 3 步，使用 Spark-submit 脚本部署它。

作为一个应用开发人员，你只需要关注代码中的数据处理逻辑，Spark 负责将数据处理代码分发到集群的节点上。它会处理分布式计算的细节和错误处理。同样的代码既可以在单机上运行，也可以在一个有上千个节点的集群上运行。不需要任何的代码改动，你就可以让应用处理从几字节到数拍字节级别的任何量级的数据。

下一章将介绍如何使用 Spark 进行实时数据流处理。我们将介绍 Spark 中用于数据流处理的库。

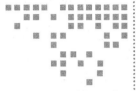

第 6 章 *Chapter 6*

Spark Streaming

对历史数据进行批处理是我们使用像 Hadoop 和 Spark 这样的大数据技术的一个场景。批处理中，首先收集一段时间的数据，然后对其进行批量处理。批处理系统处理的数据的时间跨度可以是几个小时，也可以是几年，这取决于需求。比如，有些组织每晚都会执行批处理作业，用于处理这一天从各个系统采集的数据。

批处理系统通常都有比较高的延迟。根据数据量的大小，完成一次批处理的时间需要数分钟到数小时。有些组织每晚运行的批处理作业在一个包含数百个节点的集群上需要花费 6～12 小时。而且，要查看批处理应用生成的结果，还需要等待很长的一段时间。再者，因为数据不是一产生就立即处理，所以从收集数据到可以查看批处理结果是更加漫长的一段时间。对于某些特定类型的应用，这样的时间花费是可以接受的。

然而，有些时候，一旦数据被收集就要马上着手处理。比如，电子商务系统中的欺诈检测就需要是实时的。类似地，网络入侵或安全漏洞检测也是需要实时的。另外一个例子就是数据中心的应用崩溃检测或设备宕机检测。为了防止长时间停机的情况出现，数据需要立即处理。

实时数据流处理的一个挑战就是如何实时或者接近实时地处理大量的数据。单机上运行的数据流处理应用是无法应对如此大量的数据的。而分布式的流处理框架恰恰可以解决这个问题。

本章介绍 Spark Streaming。首先介绍 Spark Streaming 的总体情况，然后详细介绍 Spark Streaming 提供的 API。在本章的最后，你将使用 Spark Streaming 开发一个应用程序。

6.1 Spark Streaming 简介

Spark Streaming 是一个分布式数据流处理框架。使用它可以很容易地开发近乎实时的分布式实时数据流处理程序。它不仅拥有简单的编程模型，还能处理大数量的数据流。使用它也可以把历史数据和实时数据结合起来处理。

6.1.1 Spark Streaming 是一个 Spark 类库

Spark Streaming 是一个运行在 Spark 之上的 Spark 类库。它为 Spark 添加了数据流处理的功能。它为数据流式处理提供了高层抽象，但是在底层它使用的是 Spark，详见图 6-1。

因为 Spark Streaming 运行在 Spark 之上，所以它是一个可拓展、可容错、高吞吐量的分布式数据流式处理平台。得益于 Spark Core，它拥有所有 Spark Core 的特性和优点。Spark Streaming 的处理能力可以简单地通过向 Spark 集群添加节点而获得提升。

图 6-1 运行在 Spark Core 上的 Spark Streaming

而且，Spark Streaming 可以配合其他 Spark 类库一起使用，比如 Spark SQL、Mlib、Spark ML、GraphX。可以使用 SQL 来分析数据流，也可以使用机器学习算法来处理数据流。类似地，图处理算法也可以用于数据流处理。而且，Spark Streaming 还可以利用整个 Spark 技术栈的能力来处理数据流。

6.1.2 总体架构

Spark Streaming 是以一次处理一微批的方式处理数据流的。它把数据流按照非常小的固定时间间隔分成一批一批的数据。每一批数据以 RDD 的形式存储，然后使用 Spark Core 进行处理。这些由 Spark Streaming 创建的 RDD 可以使用任何 RDD 上的操作。RDD 操作的结果将一批一批地输出。

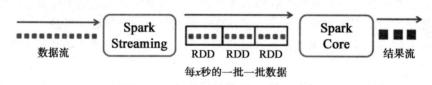

图 6-2 以小批的方式处理数据流

6.1.3 数据流来源

Spark Streaming 支持多种数据流来源，包括 TCP 套接字、Twitter、Kafka、Flume、Kinesis、ZeroMQ 和 MQTT。它也可以把一个文件当成流来处理。而且，还可以把它用于处理其他定制数据流来源中的数据流。

Spark 自身支持的数据流来源可以分为两类：基本源和高级源。

❑ 基本源包括 TCP 套接字、Akka Actors 和文件。Spark Streaming 就包括处理这些数据源所需要的库。因此，如果一个 Spark Streaming 应用程序想处理来自基本源的数据流，只须连接 Spark Streaming 库即可。

❑ 高级源包括 Kafka、Flume、Kinesis、MQTT、ZeroMQ 和 Twitter。Spark Streaming 本身并没有处理这些数据源所需要的库，但是有外部的库可供使用。因此，如果一个 Spark Streaming 应用程序想处理来自高级源的数据流，它不仅需要连接 Spark Streaming 库，还需要该数据源对应的外部库。

6.1.4　接收器

接收器从数据流来源接收数据并将数据存储在内存中。Spark Streaming 在一个 worker 节点上为每一个数据流创建并运行一个接收器。一个应用可以同时连接多个数据流，而后并行处理数据流。

6.1.5　目的地

数据流的处理结果可以被多方使用（见图 6-3）。它可以输出给其他应用，其他应用再进行进一步的处理或直接展示出来。举例来说，一个 Spark Streaming 应用可能会把结果输出给仪表盘应用，后者将不断更新最新结果。类似地，欺诈检测应用的结果可能会触发交易取消。还有可能处理的结果以文件或数据库的形式存储在一个存储系统中。

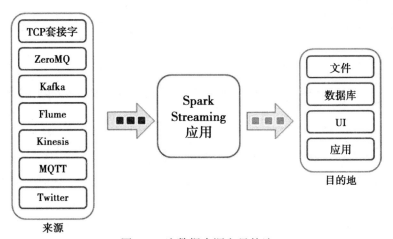

图 6-3　流数据来源和目的地

6.2　API

Spark Streaming 是用 Scala 编写的，但是它为多种语言提供了 API。在本书写作之际，Spark Streaming 提供了 Scala、Java 和 Python 的 API。

SparkStreaming API 有两个关键抽象 StreamingContext 和离散流。Spark Streaming 应用可以使用这两个抽象来处理数据流。

本节将分别详细介绍 StreamingContext 和离散流。我们将会介绍它们支持的各种操作以及如何创建它们。同时，我们还会介绍一个 Spark Streaming 应用的基本结构。

6.2.1 StreamingContext

StreamingContext 是一个在 Spark Streaming 库中定义的类，它是 Spark Streaming 库的入口点。它使得 Spark Streaming 应用能够连接到 Spark 集群上。它还提供了创建 Spark Streaming 数据流抽象实例的方法。

每一个 Spark Streaming 应用都必须创建一个 StreamingContext 类实例。

创建 StreamingContext 实例

创建 StreamingContext 类实例类似于创建 SparkContext 类实例。可以使用和创建 SparkContext 类实例同样的参数来创建 StreamingContext 类实例。然而，它还有额外的参数用于指定将数据流分割成批的时间间隔。

```
import org.apache.spark._
import org.apache.spark.streaming._

val config = new SparkConf().setMaster("spark://host:port").setAppName("big streaming app")
val batchInterval = 10
val ssc = new StreamingContext(conf, Seconds(batchInterval))
```

或者，如果已经有了 SparkContext 类实例，可以用它来创建 StreamingContext 类实例。

```
import org.apache.spark._
import org.apache.spark.streaming._

val config = new SparkConf().setMaster("spark://host:port").setAppName("big streaming app")
val sc = new SparkContext(conf)
...
val batchInterval = 10
val ssc = new StreamingContext(sc, Seconds(batchInterval))
```

StreamingContext 构造函数的第二个参数指定了每一批的大小，以时间为单位。数据流根据这个时间间隔分割成批，每一批数据都被当成一个 RDD 来处理。上面的例子中每一批的时间间隔为 10 秒钟。Spark Streaming 将每 10 秒钟从数据流源创建一个 RDD。

每一批的大小可以低至 500 毫秒。它的上限取决于应用的延迟要求和可用内存的大小。为了能达到良好的性能，Spark Streaming 应用创建的执行者必须要有足够大的内存用于存储接收到的数据。

可以在本章的其他例子中使用变量 ssc。为了避免上面代码片段的重复出现，假设变量 ssc 就像上面的代码所展示的那样在程序开头部分定义。

StreamingContext 类提供了多种方法，用于为不同的数据流类型创建各自的类实例。它们将在后续部分介绍。下面先介绍 StreamingContext 类的常用方法。

开始流式计算

一个 Spark Streaming 应用只有调用了 StreamingContext 类实例的 start 方法，才会开始流式计算，在此之前什么都没有发生。Spark Streaming 应用只有在调用了 start 方法之后，才会开始接收数据。

```
ssc.start()
```

检查点

checkpoint 方法在 StreamingContext 类中定义，它会让 Spark Streaming 定期创建检查点数据。这个方法的参数是一个目录名字。对于一个生产的应用而言，这个目录应该位于类似 HDFS 这样的可容错的存储系统中。

```
ssc.checkpoint("path-to-checkpoint-directory")
```

如果一个 Spark Streaming 应用想要从驱动程序故障中恢复或执行有状态的转换，那么这个应用必须调用 checkpoint 方法。Spark Streaming 应用处理的数据概念上是无穷无尽的连续数据。一旦运行驱动程序的设备在接收了一部分数据之后但还没有处理数据之前宕机了，那么就有数据丢失的潜在风险。理想状态下，Spark Streaming 应用应该可以从故障中恢复并且不丢失数据。为了拥有这个能力，Spark Streaming 应用需要定期创建检查点元数据。

而且，当应用在数据流上进行有状态的转换时，也需要创建检查点数据。有状态的转换操作指的是在一个数据流上进行跨多批次数据的结合操作。有状态的转换生成的 RDD 依赖于之前批的 RDD。因此，随着时间的推移，这个依赖链的长度会持续增长。一旦遇到故障，Spark Streaming 会利用这个依赖链重建 RDD。随着依赖链长度的增长，恢复的时间也相应变长。为了避免恢复时间过长，有状态的转换中的 RDD 会作为检查点数据存起来。所以，在执行有状态的转换之前，需要先调用 checkpoint 方法。Spark Streaming 支持的有状态的转换将会在本章稍后进行介绍。

停止流式计算

顾名思义，stop 方法将会停止流式计算。默认情况下，它会关闭 SparkContext 对象。这个方法有一个可选参数，标识是否只关闭 StreamingContext 对象。在 StreamingContext 对象关闭的情况下，SparkContext 可以用来创建另外一个 StreamingContext 类实例。

```
ssc.stop(true)
```

等待流式计算结束

StreamingContext 类中定义的 awaitTermination 方法会让应用线程等待流式计算停止。其语法如下所示。

```
ssc.awaitTermination()
```

如果应用是多线程的，并且调用 start 方法的是其他线程，而不是主线程，此时必须使用 awaitTermination 方法。StreamingContext 中的 start 方法是一个阻塞方法，直到流式计算结束或停止，这个方法才返回。如果应用是单线程的，主线程会一直等待 start 方法返回。然而，如果是其他线程调用了 start 方法，那么在主线程中你就必须调用 awaitTermination 方法以避免主线程过早退出。

6.2.2　Spark Streaming 应用基本结构

让我们用目前为止介绍过的类和方法来创建一个 Spark Streaming 应用的总体框架。下面展示的就是这个总体框架，它没有包含任何的处理逻辑。在你阅读本章的过程中，你会看到针对不同类型数据流进行处理的代码片段。可以将这些代码片段加入到这个框架中从而形成可以工作的完整 Spark Streaming 应用。

```
import org.apache.spark._
import org.apache.spark.streaming._

object StreamProcessingApp {
  def main(args: Array[String]): Unit = {
      val interval = args(0).toInt
      val conf = new SparkConf()
      val ssc = new StreamingContext(conf, Seconds(interval))

      // add your application specific data stream processing logic here
      ...
      ...
      ...

      ssc.start()
      ssc.awaitTermination()
  }
}
```

6.2.3　DStream

离散数据流（DStream）是 Spark Streaming 处理数据流的主要抽象。它代表一个数据流，并且可以使用它上面定义的操作来处理数据流。

DStream 是 Spark Streaming 库中定义的一个抽象类。它定义一套用于处理数据流的接口。Spark Streaming 为各种数据源都提供了实现 DStream 接口的实现类。我们所说的 DStream 既指 DStream 这个抽象类也指那些实现 DStream 接口的实现类。

Spark Streaming 中 DStream 的实现就是一个 RDD 序列（见图 6-4）。Spark Streaming 将在 DStream 上的操作转换成在这些底层 RDD 上的操作。

因为 DStream 就是一个 RDD 序列，所以它具有 RDD 的关键特性：不可变的、分区的并且可容错。

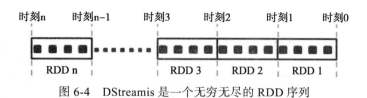

图 6-4　DStreamis 是一个无穷无尽的 RDD 序列

6.2.4　创建 DStream

DStream 可以从一个数据流来源创建，也可以通过从现有的 DStream 执行转换操作得到。由于 DStream 是一个抽象类，因此没法直接创建一个 DStrream 类实例。Spark Streaming 提供了一个工厂方法用于创建实现了 DStream 接口的实现类的类实例。

基本源

从基本源创建 DStream 的工厂方法是 Spark 自带的。故 Spark Streaming 应用需要链接 Spark Streaming 库才能使用这些工厂方法。在类 StreamingContext 中定义了这些从基本源创建 Dstream 的方法。下面将介绍这些方法。

socketTextStream

socketTextStream 方法将创建一个从 TCP 套接字连接接收数据流的 DStream。它有 3 个参数。第 1 个参数是数据源的主机名。第 2 个参数是接收数据的连接的端口号。第 3 个参数是可选的，用于指定接收数据的存储等级。

```
val lines = ssc.socketTextStream("localhost", 9999)
```

默认的存储等级为 StorageLevel.MEMORY_AND_DISK_SER_2，这表示接收到的数据首先会存储在内存中，如果内存无法存储所有的数据，那么多出来的数据将会存储在硬盘上。而且它会对接收到的数据会以 Spark 序列化格式做序列化操作。这个存储等级会有数据序列化的花销，但是它减少了 JVM 垃圾回收相关的问题。出于容错的目的，接收到的数据会复制多份。

可以通过修改第 3 个参数来改变接收数据的存储等级。举例来说，如果 Spark Streaming 应用每批的时间间隔只有几秒钟，那么可以指定存储等级为 StorageLevel.MEMORY_ONLY。这样可以提高应用的性能。

```
val lines = ssc.socketTextStream("localhost", 9999, StorageLevel.MEMORY_ONLY)
```

textFileStream

textFileStream 方法将会创建一个 DStream 用于监控 Hadoop 兼容的文件系统上是否有新文件创建，如果有，就作为文本文件读取新文件内容。这个方法的参数是需要监控的文件目录。写入被监控目录的文件必须是从同样文件系统中移动过来的。比如在 Linux 系统中，写入被监控目录的文件必须是使用 mv 命令移动过来的。

```
val lines = ssc.textFileStream("input_directory")
```

actorStream

actorStream 方法将会创建一个使用用户自己实现的 Akka actor 接收器的 DStream。

高级源

Spark Streaming 本身不提供从诸如 Kafka、Flume 或 Twitter 这样的高级源创建 DStream 的工厂方法，只有第三方库才提供。为了能处理高级源中的数据流，Spark Streaming 应用需要按照如下步骤编写。

1. 导入高级源对应的工具类，并使用该类提供的工厂方法创建 DStream。

2. 链接带有这个工具类的库。

3. 创建一个包含应用所有依赖的 uber JAR，然后将应用部署在 Spark 集群上。

举例来说，为了处理 Twitter 的 tweet，应用不得不导入 TwitterUtils 类，并使用它的 createStream 方法来创建一个用于处理 tweet 的 DStream。

```
import org.apache.spark.streaming.twitter._
...
...
val tweets = TwitterUtils.createStream(ssc, None)
```

6.2.5 处理数据流

应用可以使用 DStream 和相关类中定义的方法来处理数据流。DStream 提供了两类操作：转换和输出操作。转换可以进一步细分成如下几类：基本转换、聚合转换、键值对转换、特殊转换。

和 RDD 的转换类似，DStream 的转换也是惰性操作。只有执行转换操作时才会进行真正的计算。输出操作也会触发 DStream 上转换操作的执行。如果一个 DStream 上没有任何输出操作，即使调用了这个 DStrem 的转换操作，Spark Streaming 也不会对数据做任何处理。

基本转换

基本转换将一个用户定义的函数作用于 DStream 上的每个元素，然后返回一个新的 DStream。它类似于 RDD 的转换操作。实际上，Spark 会把 DStream 的转换方法调用转化成底层 RDD 的转换方法调用。然后，Spark Core 执行这些 RDD 的转换操作。

下面介绍 DStream 上的常用转换方法。

map

map 方法把一个函数作为参数，然后把这个函数作用于原 DStream 的每一个元素从而创建一个新的 DStream，这个新的 DStream 作为返回值返回。

举例来说，假设你有个应用在本地主机上运行，它通过 TCP 端口 9999 发送文本数据流。下面的代码片段展示了如何从这个文本数据流创建一个由每行长度构成的流。

```
val lines = ssc.socketTextStream("localhost", 9999)
val lengths = lines map {line => line.length}
```

flatMap

flatMap 方法把一个函数作为参数，然后把这个函数作用于原 DStream 的每一个元素，从而创建一个新的 DStream，这个新的 DStream 作为返回值返回。这个函数的返回值可以是 0 个或者多个元素构成的序列。

下面的代码片段展示了如何从一个文本数据流创建一个由单词构成的流。

```
val lines = ssc.socketTextStream("localhost", 9999)
val words = lines flatMap {line => line.split(" ")}
```

filter

filter 方法把一个函数作为参数，然后把这个函数作用于原 DStream 的每一个元素。再由那些返回值为 true 的元素创建一个新的 DStream，这个新的 DStream 作为返回值返回。

下面的代码片段展示了如何去除文本数据流中的空行。

```
val lines = ssc.socketTextStream("localhost", 9999)
val nonBlankLines = lines filter {line => line.length > 0}
```

repartition

repartition 方法返回一个新的 DStream，这个新的 DStream 中每个 RDD 的分区数就是 repartition 方法的参数值。可以通过它在用于处理的机器间分配输入的数据流。它用于调节处理的并行能力。更多的分区能提高并行能力，反之则降低。

```
val inputStream = ssc.socketTextStream("localhost", 9999)
inputStream.repartition(10)
```

union

union 方法返回一个新的 DStream，这个新的 DStream 由原 DStream 中的元素和作为参数的 DStream 中的元素构成。

```
val stream1 = ...
val stream2 = ...
val combinedStream = stream1.union(stream2)
```

聚合转换

本节介绍的聚合操作实际上都是作用在构成 DStream 的底层 RDD 上的。

count

count 方法返回一个由单元素 RDD 构成的 DStream。每一个单元素 RDD 中的元素就是原 DStream 中对应 RDD 所代表的元素个数。

```
val inputStream = ssc.socketTextStream("localhost", 9999)
val countsPerRdd = inputStream.count()
```

reduce

reduce 方法以一个用户定义的函数作为参数，返回一个由单元素 RDD 构成的 DStream。每个单元素 RDD 就是通过在构成原 DStrream 的 RDD 上执行 reduce 方法而得到的。

```
val lines = ssc.socketTextStream("localhost", 9999)
val words = lines flatMap {line => line.split(" ")}
val longestWords = words reduce { (w1, w2) => if(w1.length > w2.length) w1 else w2}
```

countByValue

countByValue 方法返回一个由键值对型 RDD 构成的 DStream，键值对型 RDD 中的键为一个批次中不同的元素，值为元素的个数。这里的一个批次刚好是构成原 DStream 的一个 RDD。

```
val lines = ssc.socketTextStream("localhost", 9999)
val words = lines flatMap {line => line.split(" ")}
val wordCounts = words.countByValue()
```

键值对转换

除了那些通用的转换以外，由键值对构成的 DStream 还提供一些其他的转换操作。下面将介绍其中一些常用的转换。

cogroup

在由（K, Seq[V]）构成的 DStream 和由（K, Seq[W]）构成的 DStream 上执行 cogroup 方法，将返回一个由（K, Seq[V], Seq[W]）构成的 DStream。cogroup 方法实际上在原 DStream 的 RDD 和作为参数的 DStream 的 RDD 上执行 cogroup 操作。

```
val lines1 = ssc.socketTextStream("localhost", 9999)
val words1 = lines1 flatMap {line => line.split(" ")}
val wordLenPairs1 = words1 map {w => (w.length, w)}
val wordsByLen1 = wordLenPairs1.groupByKey

val lines2 = ssc.socketTextStream("localhost", 9998)
val words2 = lines2 flatMap {line => line.split(" ")}
val wordLenPairs2 = words2 map {w => (w.length, w)}
val wordsByLen2 = wordLenPairs2.groupByKey

val wordsGroupedByLen = wordsByLen1.cogroup(wordsByLen2)
```

上面的例子展示如何使用 cogroup 方法来找出两个 DStream 中长度一样的单词。

join

join 方法把一个由键值对构成的 DStream 作为参数，返回一个新的 DStream。返回的 DStream 是原 DStream 和作为参数的 DStream 做内连接的结果。当 join 方法作用于由（K, V）构成的 DStream 和由（K, W）构成的 DStream 时，将返回一个由（K,（V, W））构成的 DStream。

```
val lines1 = ssc.socketTextStream("localhost", 9999)
val words1 = lines1 flatMap {line => line.split(" ")}
val wordLenPairs1 = words1 map {w => (w.length, w)}

val lines2 = ssc.socketTextStream("localhost", 9998)
val words2 = lines2 flatMap {line => line.split(" ")}
val wordLenPairs2 = words2 map {w => (w.length, w)}
```

```
val wordsSameLength = wordLenPairs1.join(wordLenPairs2)
```

上面的例子中创建了两个由文本行构成的 DStream。然后，将它们各自变成由单词构成的 DStream。接下来，再创建由键值对构成的 DStream，其中键为单词长度，值为单词本身。最后把这两个键值对 DStream 连接在一起。

除了内连接外，还有左外连接、右外连接、全外连接可以使用。对于由（K, V）构成的 DStream 和由（K, W）构成的 DStream 而言，在其上进行全外连接，将返回一个由（K,（Option[V], Option[W]））构成的 DStream；在其上进行左外连接，将返回一个由（K,（V, Option[W]））构成的 DStream；在其上进行右外连接，将返回一个由（K,（Option[V], W））构成的 DStream。

```
val leftOuterJoinDS = wordLenPairs1.leftOuterJoin(wordLenPairs2)
val rightOuterJoinDS = wordLenPairs1.rightOuterJoin(wordLenPairs2)
val fullOuterJoinDS = wordLenPairs1.fullOuterJoin(wordLenPairs2)
```

groupByKey

groupByKey 方法根据构成 DStream 的 RDD 中的键将这些 RDD 中的元素进行分组。它返回一个新的 DStream，这个 DStream 实际上由在构成原 DStream 的 RDD 上进行 groupByKey 方法后的得到的 RDD 构成。

```
val lines = ssc.socketTextStream("localhost", 9999)
val words = lines flatMap {line => line.split(" ")}
val wordLenPairs = words map {w => (w.length, w)}
val wordsByLen = wordLenPairs.groupByKey
```

reduceByKey

reduceByKey 方法返回一个新的键值对 DStream。它把用户定义的函数作用于原 DStream 的每一个 RDD 的元素上，由此得到新的键值对构成了返回的 DStream。

下面的例子展示了如何统计 DStream 每一个批次中每个单词出现的个数。

```
val lines = ssc.socketTextStream("localhost", 9999)
val words = lines flatMap {line => line.split(" ")}
val wordPairs = words map { word =>  (word, 1)}
val wordCounts = wordPairs.reduceByKey(_ + _)
```

特殊转换

至今为止，我们介绍的转换操作都可以操作 DStream 中的元素。实际上，DStream 是把它们转变成 RDD 操作实现的。下面介绍的转换操作却不是这样的模式。

transform

transform 方法返回一个 DStream，这个 DStream 是通过将一个参数为 RDD 并且返回值也是 RDD 的函数作用在原 DStream 上的每一个 RDD 得到的。transform 方法的参数就是那个参数是 RDD 并且返回值也是 RDD 的函数。通过 transform 方法可以直接访问构成 DStream 的 RDD。

transform 方法使得你可以使用 RDD API 提供的方法，但是只能使用那些 DStream API

没有的。举例来说，sortBy 是 RDD API 提供的一个方法，但是 DStream API 没有这个方法。如果你想对构成 DStream 的每一个 RDD 中的元素进行排序，可以像如下例子这样使用 transform 方法来做这件事。

```
val lines = ssc.socketTextStream("localhost", 9999)
val words = lines.flatMap{line => line.split(" ")}
val sorted = words.transform{rdd => rdd.sortBy((w)=> w)}
```

在数据流上使用机器学习算法和图计算算法的时候，transform 方法就显得十分有用了。机器学习和图计算库提供的类与方法一般都是作用在 RDD 这一级别上的。在 transform 方法中，就可以使用这些类提供的 API。

updateStateByKey

updateStateByKey 方法使得你在处理一个键值对 DStream 时为每一个键创建状态、更新状态。可以使用这个方法为 DStream 中的每一个键维护一些信息。

举例来说，可以使用 updateStateByKey 方法来计算一个 DStraem 中每一个单词出现的次数，代码如下所示。

```
// Set the context to periodically checkpoint the DStream operations for driver fault-tolerance
ssc.checkpoint("checkpoint")

val lines = ssc.socketTextStream("localhost", 9999)
val words = lines.flatMap{line => line.split(" ")}
val wordPairs = words.map{word => (word, 1)}

// create a function of type (xs: Seq[Int], prevState: Option[Int]) => Option[Int]
val updateState = (xs: Seq[Int], prevState: Option[Int]) => {
  prevState match {
    case Some(prevCount) => Some(prevCount + xs.sum)
    case None => Some(xs.sum)
  }
}

val runningCount = wordPairs.updateStateByKey(updateState)
```

Spark Streaming 库提供多个 updateStateByKey 方法的重载版本。其中最简单的一个把一个类型为（Seq[V], Option[S]）=> Option[S] 的函数作为参数。这个作为参数的函数有两个参数，第 1 个参数是 DStream 中 RDD 的键对应的值，第 2 个参数是这个键之前的状态信息，它被包裹在 Option 数据类型中。这个函数利用键对应的值和之前的状态来更新状态信息，并把新的状态信息包裹在 Option 数据类型中返回。如果这个函数对某个键返回 None，Spark Streaming 将不再为这个键维护状态。

updateStateByKey 方法返回一个由键值对构成的 DStream，其中键值对的值为该键对应的状态信息。

6.2.6　输出操作

DStream 的输出操作用来将 DStream 数据发送到其他地方，比如文件、数据库或其他应用程序。输出操作的执行顺序与应用中调用它们的顺序相一致。

保存至文件系统

下面主要介绍输出操作中将 DStream 保存至文件的常用方法。

saveAsTextFiles

saveAsTextFiles 方法将 DStream 保存成文件。它为 DStream 中的每一个 RDD 创建一个目录。在这个目录下，saveTextFiles 方法为其对应的 RDD 的每一个分区创建一个文件。总之，saveAsTextFiles 方法会创建多个目录，每个目录包含一个或多个文件。目录的名称由三部分构成：当前的时间戳、用户定义的前缀和可选的后缀。

```
val lines = ssc.socketTextStream("localhost", 9999)
val words = lines flatMap {line => line.split(" ")}
val wordPairs = words map { word =>  (word, 1)}
val wordCounts = wordPairs.reduceByKey(_ + _)
wordCounts.saveAsTextFiles("word-counts")
```

saveAsObjectFiles

saveAsObjectFiles 方法将 DStream 以序列化对象的形式保存成二进制 SequenceFile 文件。类似于 saveAsTextFiles 方法，saveAsObjectFiles 方法为 DStreeam 的每一个 RDD 创建一个目录，并将 RDD 中的每一个分区保存成一个文件。DStram 中每一个 RDD 对应的目录名字由三部分构成：当前的时间戳、用户定义的前缀和可选的后缀。

```
val lines = ssc.socketTextStream("localhost", 9999)
val words = lines flatMap {line => line.split(" ")}
val longWords = words filter { word =>  word.length > 3}
longWords.saveAsObjectFiles("long-words")
```

saveAsHadoopFiles

只有由键值对构成的 DStream 才能使用 saveAsHadoopFiles 方法。saveAsHadoopFiles 方法会将原 DStream 中的每一个 RDD 保存成 Hadoop 文件。

saveAsNewAPIHadoopFiles

类似于 saveAsHadoopFiles 方法，saveAsNewAPIHadoopFiles 方法将由键值对构成的 DStream 中的每一个 RDD 保存成 Hadoop 文件。

在控制台上显示

DStream 类提供了 print 方法用于将 Dstream 在显示在运行着驱动程序的机器的控制台上。

print

顾名思义，print 方法将构成原 DStream 的 RDD 中的每一个元素输出在运行着驱动程序的机器的控制台上。默认情况下，它只输出每一个 RDD 的前 10 个元素。print 方法的重载版本可以指定输出元素的个数。

```
val ssc = new StreamingContext(conf, Seconds(interval))
val lines = ssc.socketTextStream("localhost", 9999)
val words = lines flatMap {line => line.split(" ")}
```

```
val longWords = words filter { word =>  word.length > 3}
longWords.print(5)
```

保存至数据库中

DStream 类中的 foreachRDD 方法可以将 DStream 的处理结果保存至数据库中。

foreachRDD

foreachRDD 方法类似于前面介绍过的 transform 方法，它使得你可以访问 DStream 中的每个 RDD。transform 方法和 foreachRDD 方法的区别在于返回值，transform 方法返回一个新的 RDD，foreachRDD 方法却不返回任何东西。

foreachRDD 是一个高阶方法，它的参数是一个参数为 RDD 并且返回值为 Unit 的函数。它将这个作为参数的函数作用在原 DStream 中的每个 RDD 上。在作为参数的函数中可以使用任何 RDD 上的操作。需要注意的是，foreachRDD 方法是在驱动程序所在节点执行的，而 foreachRDD 中用到的 RDD 转换和行动是在 worker 节点上执行的。

将 DStream 保存至数据库中有两点注意事项。第一，创建数据库连接是一个费时操作。我们建议不要频繁地打开、关闭数据库连接。理想情况下，应该复用数据库连接来存储尽可能多的数据，从而减少创建数据库连接的开销。第二，数据库连接通常是没法序列化并且从主节点发送到 worker 节点的。由于 DStream 是在 worker 节点上进行处理的，所以应该在 worker 节点上创建数据库连接。

RDD 的 foreachPartition 操作（action）可以使用同一个数据库连接保存多个 DStream 中的元素。由于在 DStream 的 foreachRDD 方法中可以使用 RDD 的所有操作（operation），所以可以在 foreachRDD 方法中调用 foreachPartition 方法。借助 foreachPartition 方法，可以打开数据库连接并用此连接将原 RDD 分区中的所有元素存储至数据库中。还可以采取更优化的方式，使用连接池来代替这种打开和关闭物理连接的做法。

下面的代码片段展示了如何像上面描述的那样把 DStream 保存至数据库中。它假设应用程序使用了诸如 HikariCP 或 BoneCP 这样的数据库连接池的库。这个库提供了一个名为 ConnectionPool 的惰性初始化的单例对象用于管理数据库连接池。

```
resultDStream.foreachRDD { rdd =>
  rdd.foreachPartition { iterator =>
    val dbConnection = ConnectionPool.getConnection()
    val statement = dbConnection.createStatement()
    iterator.foreach {element =>
                val result = statement.executeUpdate("...")
                // check the result
                ...
            }
    statement.close()
    // return connection to the pool
    dbConnection.close()
  }
}
```

可以做的另外一个优化就是采用数据库批量写。可以将一个 RDD 分区中的数据批量写入数据库中，而不是每个元素写一次数据库。

foreachRDD 方法不仅可以用于将 DStream 存至数据库中，它也可以用来将 DStream 中的元素以某种定制化格式展示在驱动程序所在节点上。

6.2.7　窗口操作

窗口操作是 DStream 操作的一种，它作用在数据流一段滑动窗口的数据上。相邻窗口的相交区域可以是 1 个 RDD 或多个 RDD（见图 6-5）。窗口操作实际上就是结合多个批次的有状态 DStream 操作。

一个窗口操作有两个参数：窗口长度和滑动间隔（见图 6-6）。窗口长度指定了执行窗口操作所作用数据的时间长度。滑动间隔指定了执行窗口操作的时间间隔。它也是窗口操作生成 RDD 的时间间隔。

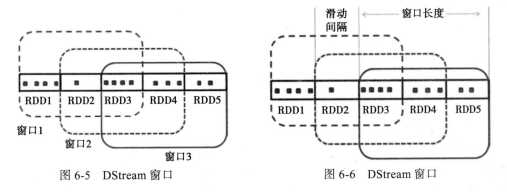

图 6-5　DStream 窗口　　　　　　图 6-6　DStream 窗口

窗口长度和滑动间隔都必须是 DStream 批次时间的倍数。下面将介绍 DStream 中常用的窗口操作方法。

window

window 方法返回一个由滑动 RDD 构成的 DStream。window 方法有两个参数：窗口长度和滑动间隔。返回的 DStream 中的每一个 RDD 包含了原 DStream 在窗口长度时间内的所有数据，而且每隔一个滑动间隔产生一个新的 RDD。返回的 DStream 中相邻的 RDD 会有重复的元素。

```
val lines = ssc.socketTextStream("localhost", 9999)
val words = lines flatMap {line => line.split(" ")}
val windowLen = 30
val slidingInterval = 10
val window = words.window(Seconds(windowLen), Seconds(slidingInterval))
val longestWord = window reduce { (word1, word2) =>
                        if (word1.length > word2.length) word1 else word2 }
longestWord.print()
```

countByWindow

countByWindow 方法返回一个由单元素 RDD 构成的 DStream。这些单元素 RDD 中的元素值就是在指定的窗口长度内数据的个数。countByWindow 方法有两个参数：窗口长度和滑动间隔。

```
ssc.checkpoint("checkpoint")
val lines = ssc.socketTextStream("localhost", 9999)
val words = lines flatMap {line => line.split(" ")}
val windowLen = 30
val slidingInterval = 10
val countByWindow = words.countByWindow(Seconds(windowLen), Seconds(slidingInterval))
countByWindow.print()
```

countByValueAndWindow

countByValueAndWindow 方法返回一个 DStream，这个 DStream 包含了以指定滑动间隔滑动的窗口内不同元素的个数。

```
ssc.checkpoint("checkpoint")
val lines = ssc.socketTextStream("localhost", 9999)
val words = lines flatMap {line => line.split(" ")}
val windowLen = 30
val slidingInterval = 10
val countByValueAndWindow = words.countByValueAndWindow(Seconds(windowLen),
Seconds(slidingInterval))
countByValueAndWindow.print()
```

reduceByWindow

reduceByWindow 方法返回一个由单元素 RDD 构成的 DStream。每一个单元素 RDD 都是通过把用户定义的 reduce 函数作用在原 DStream 中一个窗口里的元素上得到的。reduceByWindow 方法有三个参数：reduce 函数、窗口长度和滑动间隔。

用户提供的 reduce 函数有两个相同类型的参数，返回一个与参数相同类型的值。使用时，把这个函数作用在一个窗口里的所有元素上从而得到一个值。这个函数用于对每一个窗口内的元素做聚合操作。

```
ssc.checkpoint("checkpoint")
val lines = ssc.socketTextStream("localhost", 9999)
val words = lines flatMap {line => line.split(" ")}
val numbers = words map {x => x.toInt}
val windowLen = 30
val slidingInterval = 10
val sumLast30Seconds = numbers.reduceByWindow({(n1, n2) => n1+n2},
                              Seconds(windowLen), Seconds(slidingInterval))
sumLast30Seconds.print()
```

reduceByKeyAndWindow

只有在键值对 DStream 上才能使用 reduceByKeyAndWindow 方法。除了只适用于键值对 DStream 外，在其他方面，它和 reduceByWindow 方法类似。它把用户提供的 reduce 函数作用于 DStream 中一个窗口里的键值对，从而为窗口里的每一个不同的键生成一个键值对。

```
ssc.checkpoint("checkpoint")
val lines = ssc.socketTextStream("localhost", 9999)
val words = lines flatMap {line => line.split(" ")}
val wordPairs = words map {word => (word, 1)}
val windowLen = 30
val slidingInterval = 10
val wordCountLast30Seconds = wordPairs.reduceByKeyAndWindow((count1: Int, count2: Int) =>
                          count1 + count2, Seconds(windowLen), Seconds(slidingInterval))
wordCountLast30Seconds.print()
```

在窗口操作中，每一个新的窗口和前一个窗口都会有交集。新窗口实际上就是在之前窗口上删掉一些元素，再添加一些元素。举例来说，假设窗口长度是 60 秒，滑动间隔是 10 秒，那么每一个新窗口就是把之前窗口中前 10 秒的数据删除，再添加上最新 10 秒的数据。新窗口和之前窗口共享 40 秒的数据。在每一个窗口上对这 60 秒的数据做聚合操作是低效的。高效的做法是只聚合最新 10 秒的数据，再加上前一个窗口的结果，然后去除最前面 10 秒（不在新窗口中）的聚合结果。

Spark Streaming 提供了一个 reduceByKeyAndWindow 操作的高效版。在对新窗口进行计算的时候，它会利用上一个窗口的结果，从而达到增量更新的效果。它增加了一个反向 reduce 函数作为参数。在对新窗口进行聚合操作时，利用这个函数去除在前一个窗口中的结果。

```
ssc.checkpoint("checkpoint")
val lines = ssc.socketTextStream("localhost", 9999)
val words = lines flatMap {line => line.split(" ")}
val wordPairs = words map {word => (word, 1)}
val windowLen = 30
val slidingInterval = 10
def add(x: Int, y: Int): Int = x + y
def subtract(x: Int, y: Int): Int = x -y
val wordCountLast30Seconds = wordPairs.reduceByKeyAndWindow(add, subtract,
                          Seconds(windowLen), Seconds(slidingInterval))
wordCountLast30Seconds.print()
```

6.3　一个完整的 Spark Streaming 应用

到目前只止，我们已经介绍了 Spark Streaming API 提供的主要类和方法。你已经可以利用这些知识来创建一个分布式数据流处理应用了。

在这一节，让我们开发一个完整的 Spark Streaming 应用，你会看到我们是怎么在一个应用中使用之前介绍过的类和方法的。我们将创建一个展示 Twitter 话题趋势的应用。

称为话题标签，它在 tweet 中用来表示一个话题。人们在单词前后添加话题标签用来对 tweet 分类。一个 tweet 可以有零个或多个话题标签。

Twitter 通过一个流式 API 来让开发者得到全部的 tweet。可以在 Twitter 网站 https://dev.twitter.com/streaming/overview 得到这个 API 的相关信息。

为了能够通过 Twitter 流式 API 获取 tweet，需要创建一个 Twitter 账户并且注册你的应用。一个应用需要 4 部分验证信息才可以使用 Twitter 流式 API：消费者秘钥、消费者密码、访问令牌和访问令牌密码。可以从 Twitter 得到这些信息。拥有 Twitter 账户后，登录，在 https://apps.twitter.com 上注册你的应用以获得上述验证信息。

让我们创建一个追踪话题并展示流行话题的应用。下面是应用的代码，稍后是对这段代码的解释。

```scala
import org.apache.spark._
import org.apache.spark.streaming._
import org.apache.spark.streaming.twitter._
import twitter4j.Status
object TrendingHashTags {
  def main(args: Array[String]): Unit = {
    if (args.length < 8) {
      System.err.println("Usage: TrendingHashTags <consumer key> <consumer secret> " +
                         "<access token> <access token secret> " +
                         "<language> <batch interval> <min-threshold> <show-count> " +
                         "[<filters>]")
      System.exit(1)
    }

    val Array(consumerKey, consumerSecret, accessToken, accessTokenSecret,
                      lang, batchInterval, minThreshold, showCount ) = args.take(8)
    val filters = args.takeRight(args.length - 8)

    System.setProperty("twitter4j.oauth.consumerKey", consumerKey)
    System.setProperty("twitter4j.oauth.consumerSecret", consumerSecret)
    System.setProperty("twitter4j.oauth.accessToken", accessToken)
    System.setProperty("twitter4j.oauth.accessTokenSecret", accessTokenSecret)

    val conf = new SparkConf().setAppName("TrendingHashTags")
    val ssc = new StreamingContext(conf, Seconds(batchInterval.toInt))
    ssc.checkpoint("checkpoint")
    val tweets = TwitterUtils.createStream(ssc, None, filters)
    val tweetsFilteredByLang = tweets.filter{tweet => tweet.getLang() == lang}
    val statuses = tweetsFilteredByLang.map{ tweet => tweet.getText()}
    val words = statuses.flatMap{status => status.split("""\s+""")}
    val hashTags = words.filter{word => word.startsWith("#")}
    val hashTagPairs = hashTags.map{hashtag => (hashtag, 1)}
    val tagsWithCounts = hashTagPairs.updateStateByKey(
                       (counts: Seq[Int], prevCount: Option[Int]) =>
                          prevCount.map{c  => c + counts.sum}.orElse{Some(counts.sum)}
                    )
    val topHashTags = tagsWithCounts.filter{ case(t, c) =>
                                    c > minThreshold.toInt
                                 }
    val sortedTopHashTags = topHashTags.transform{ rdd =>
                                       rdd.sortBy({case(w, c) => c}, false)
                                 }
    sortedTopHashTags.print(showCount.toInt)
    ssc.start()
    ssc.awaitTermination()
  }
}
```

让我们看看这段代码。

```
import org.apache.spark._
import org.apache.spark.streaming._
```

这两个 import 语句导入了 Spark Streaming 库中定义的类和方法，这是不可缺少的。

```
import org.apache.spark.streaming.twitter._
```

Twitter 是一个关于数据流的高级源，因此我们需要显式地导入 Spark Streaming 提供的在 Twitter 工具库中定义的类。

```
import twitter4j.Status
```

由 Spark Streaming 提供的 Twitter 相关工具类使用开源库 Twitter4J。使用 Twitter4J 可以很方便与 Twitter API 进行集成。因为使用了 Twitter4J 中的 Status 类，所以需要在这里导入它。

```
object TrendingHashTags {
  def main(args: Array[String]): Unit = {
    if (args.length < 8) {
      System.err.println("Usage: TrendingHashTags <consumer key> <consumer secret> " +
                         "<access token> <access token secret> " +
                         "<language> <batch interval> <min threshold> <show-count> " +
                         "[<filters>]")
      System.exit(1)
    }

  ...
  ...
  }
}
```

这是一个 Scala 应用的主体框架。我们创建了一个单例对象，并且在其中定义了一个参数是字符串数组的 main 方法。这个字符串数组包含了通过命令行传递给应用程序的参数。

这个应用首先检查了命令行传递的参数个数是否满足最少个数的要求，若不满足要求，就输出对参数的要求，然后退出。这个应用程序要求最少要有 8 个参数。前面 4 个参数是应用连接 Twitter 流式 API 所需要的验证信息。第 5 个参数指定了过滤 tweet 所用的语言。第 6 个参数指定了数据流批次的间隔时间，用于创建构成 DStream 的 RDD。每一个 RDD 会包含这个批次时间内的所有 tweet。第 7 个参数指定了拥有同一话题的 tweet 的最少个数。第 8 个参数指定了将在控制台上展示的话题个数。

剩余的参数会作为关键词传递给 Twitter 流式 API，用来限制接收的 tweet。只有匹配这些关键词的 tweet 才会被接收。只有 tweet 本身的文本和 tweet 的一些元数据会用于匹配。如果关键词是存在于双引号内的，那么只有匹配所有关键词的 tweet 才会被发送给应用；否则，匹配任意关键词的 tweet 都会被发送给应用。举例来说，假设关键词是 "android ios iphone"，那么只有同时包含这三个单词的 tweet 才算匹配，哪怕这三个单词不是挨着的也行。

```
val Array(consumerKey, consumerSecret, accessToken, accessTokenSecret,
                        lang, batchInterval, minThreshold, showCount ) = args.take(8)
```

上面的代码片段将参数抽取出来保存在局部变量中，以便后续使用。这是用一个表达式抽取多个命令行参数的简化写法。

```
val filters = args.takeRight(args.length - 8)
```

剩余的可选参数当成过滤 tweet 用的关键词而抽取出来。

```
System.setProperty("twitter4j.oauth.consumerKey", consumerKey)
System.setProperty("twitter4j.oauth.consumerSecret", consumerSecret)
System.setProperty("twitter4j.oauth.accessToken", accessToken)
System.setProperty("twitter4j.oauth.accessTokenSecret", accessTokenSecret)
```

这几行把验证信息设置到系统属性中从而使得 Twitter4J 库可以使用它们。我们设置的这些系统属性稍后会被 Twitter4J 库读取。

```
val conf = new SparkConf().setAppName("TrendingHashTags")
```

创建 SparkConf 类实例并设置应用的名字。这里设置的应用名字将会展示在 Spark 监控 UI 上。

```
val ssc = new StreamingContext(conf, Seconds(batchInterval.toInt))
```

创建 StreamingContext 类实例。在这里指定每一批次的间隔时间，StreamingCOntext 类实例创建的 DStream 后续会根据这个时间间隔来创建 RDD。数据流也会按照这个时间间隔分成多个批次。StreamingContext 类的构造函数的第二个参数就是用来指定这个间隔时间的。

```
ssc.checkpoint("checkpoint")
```

为了能够追踪话题趋势，我们将使用有状态的转换。因此，我们需要让 Dstream 定期在指定的位置创建检查点数据。在一个生产应用上，这个位置必须是位于像 HDFS 这样的可靠文件系统上。

```
val tweets = TwitterUtils.createStream(ssc, None, filters)
```

我们使用 TwitterUtils 对象上的工厂方法 createStream 来创建一个 DStream 用于表示 tweet 数据流。变量 filters 用于过滤 tweet，使得我们只处理那些匹配关键词数组中关键词的 tweet。

```
val tweetsFilteredByLang = tweets.filter{tweet => tweet.getLang() == lang}
```

这里过滤出那些匹配命令行参数所指定语言的 tweet。filter 转换方法的参数是一个函数对象（literal），在这个函数对象里我们利用 Twitter4JAPI 来检查 tweet 的语言。如果 tweet 的语言可以识别出来，Twitter4J 的 Status 类中的 getLang 方法将返回 tweet 文本的语言。需要注意的是，这个方法无法保证返回语言的正确性。

```
val statuses = tweetsFilteredByLang.map{ tweet => tweet.getText()}
```

使用 map 转换来创建由 tweet 文本构成的 DStream。

```
val words = statuses.flatMap{status => status.split("""\s+""")}
```

将每一个 tweet 分解成一堆单词从而从原来 tweet 文本 DStream 中创建一个单词 DStream。

```
val hashTags = words.filter{word => word.startsWith("#")}
```

由于我们需要处理的是话题标签，因此我们从单词 DStream 中将话题过滤出来。filter 方法将返回一个由话题构成的 DStream。

```
val hashTagPairs = hashTags.map{hashtag => (hashtag, 1)}
```

接下来，我们从上面创建的话题 DStream 中创建一个由键值对构成的 DStream。这一步是不可或缺的，因为下面我们将使用由键值对构成的 DStream 才有的转换操作。

```
val tagsWithCounts = hashTagPairs.updateStateByKey(
                        (counts: Seq[Int], prevCount: Option[Int]) =>
                            prevCount.map{c => c + counts.sum}.orElse{Some(counts.sum)})
```

这里是处理 tweet 的核心处理逻辑。我们使用 updateStateByKey 方法来追踪 tweet 数据流中每一个不同话题的个数。updateStateByKey 方法的参数是一个函数对象。这个函数对象会统计当前 RDD 中不同话题的个数，然后据此更新对应的统计值。当这个函数第 1 次被调用时，由于之前是没有不同话题个数的统计的，因此它直接返回当前 RDD 中每个话题出现的次数。每个话题出现次数的值是包裹在 Option 这个数据类型中的。updateStateByKey 方法返回一个由键值对构成的 DStream，键为各个不同的话题，值为这个话题从应用运行以来在 Twitter 数据流中出现的次数。

```
val topHashTags = tagsWithCounts.filter{ case(t, c) =>
                        c > minThreshold.toInt
                    }
```

下一步，我们从 DStream 中过滤出话题出现次数大于最小出现次数的话题，这个最小出现次数在命令行参数中指定，而后传递给应用。

```
val sortedTopHashTags = topHashTags.transform{ rdd =>
                            rdd.sortBy({case(w, c) => c}, false)
                        }
```

这里我们使用 DStream 的转换方法对话题进行排序，排序的依据是话题出现的次数。需要注意的是，在 DStream API 中并没有提供用于对 DStream 中元素进行排序的方法。因此，我们利用 RDD API 提供的 sortBy 方法来进行排序。transform 方法将返回一个按照话题出现次数排序的键值对 DStream，这里的键为话题，值为这个话题的出现次数。

```
sortedTopHashTags.print(showCount.toInt)
```

接下来，我们输出排在前面的话题以及它们的出现次数，输出的话题个数是在命令行参数中指定的。需要注意的是，每当 sortedTopHashTags 这个 DStream 创建一个新 RDD 时，这个输出语句就会执行一次。新 RDD 的创建时间间隔恰好就是我们在创建 Streaming-Context 实例时指定的每一批次的时间间隔。这个应用将会按照这个时间间隔输出排在前面的话题。

```
ssc.start()
```

最后，开始执行流式计算。直到这一步才开始对数据流进行处理。在调用了 start 方法之后，应用开始接收 tweet 数据并对其进行处理。

```
ssc.awaitTermination()
```

这里我们等待流式计算结束。一旦应用抛出异常或者用户中断应用，流式计算将会停止。否则，它将一直运行下去。

6.4 总结

Spark Streaming 是一个库，它使得 Spark 能够处理实时数据流。它运行在 Spark 之上，并提供了用于处理数据流的高阶 API。它将 Spark 变成了一个分布式流数据处理框架。

Spark Streaming 中的主要抽象是 DStream，它用一个无止境的 RDD 序列来表示数据流。Spark Streaming 使用微批次架构，在这个架构下一个数据流按照指定的时间间隔划分成多个微批次。

除了 Spark Core 中为每一个微批次提供的操作以外，Spark Streaming 还在这些微批次之上提供了窗口操作。Spark Streaming 还可以让应用在处理键值对 DSrteam 时为每一个不同的键维护状态信息。

第 7 章 *Chapter 7*

Spark SQL

Spark 变得流行的原因之一就是它的易用性。相比于 Hadoop MapReduce，Spark 提供了更简单的编程模型。但是熟练使用 Spark API 支持的语言的人远不如知道 SQL 的人多。

SQL 是一个用于处理数据的符合 ANSI/ISO 标准的语言。它不仅为存储数据、修改数据、检索数据提供了相关接口，还可以用于分析数据。SQL 是一种声明式语言。相比于 Scala、Java、Python 这种通用的编程语言而言，它更为易学易用。它是一种用于数据处理的强大语言。因此，它成了数据分析的重要工具。

HiveQL 是在 Hadoop 世界中广泛使用的类似 SQL 的语言。它是 Hadoop MapReduce 的首选接口。人们更喜欢用 HiveQL 来处理数据，而不是采用编写那些使用 Hadoop 底层 MapReduce API 的 Java 程序的方式。

本章将介绍 Spark SQL，它将 SQL 和 HiveQL 的简单与强大融合到 Spark 中。我们将会详细介绍 Spark API。本章还包含了两个详细的例子。

7.1 Spark SQL 简介

Spark SQL 是一个运行在 Spark 之上的 Spark 库。它提供了比 Spark Core 更为高层的用于处理结构化数据的抽象。结构化数据包括存储在数据库中的数据、NoSQL 数据库中的数据，以及诸如 Rarquest、ORC、Avro、JSON、CSV 等各种有一定结构格式的数据。

Spark SQL 不仅为 Spark 提供了 SQL 接口，它还有更宽泛的设计目的：让 Spark 更加易用，提升开发者的生产力，让 Spark 应用运行得更快。

在使用 Scala、Java、Python、R 开发数据处理应用的时候，可以把 Spark SQL 当成库使用。它支持多种查询语言，包括 SQL、HiveQL 和集成了查询功能的语言。而且它还可以和 SQL/HiveQL 一起用于交互分析。无论哪种场景下，在内部它都调用 Spark Core API 在 Spark 集群上执行查询操作。

7.1.1 和其他 Spark 库集成

Spark SQL 可以和其他 Spark 库进行无缝集成，包括 Spark Streaming、Spark ML 和 GraphX（见图 7-1）。它不仅可以用于交互分析和对历史数据进行批处理，还可以和 Spark Streaming 一起进行实时数据流处理。类似地，它可以和 MLlib、Spark ML 一起在机器学习应用中使用。举例来说，在一个机器学习应用中，Spark SQL 可以用于特征工程。

图 7-1　核心 Spark 库

7.1.2 可用性

相比于 Spark CoreAPI，Spark SQL 更加易用。它提供了用于处理结构化数据的高层抽象和 API。举例来说，Spark SQL API 为多种功能提供了函数，其中包括：选择列、过滤行、聚合列、合并数据集以及其他数据处理、分析中的常见任务。

使用 Spark SQL 的有利之处就在于它能提供生产力。相比于使用 Spark Core API，使用 Spark SQL 只需要更少的代码就能处理结构化数据。常见的数据处理、数据分析任务如果用 Spark SQL 来实现，只需要寥寥数行代码即可。

7.1.3 数据源

Spark SQL 支持多种数据源。它可以处理文件、NoSQL 数据库或其他数据库中的数据。文件可以位于 HDFS、S3 或者本地文件系统上。Spark SQL 支持的文件格式包括 CSV、JSON、Parquet、ORC 和 Avro。

Spark SQL 支持各种关系数据库和 NoSQL 数据库。Spark SQL 支持的关系数据库包括 PostgreSQL、MySQL、H2、Oracle、DB2、MS SQL Server 和其他可以使用 JDBC 连接的数据库。Spark SQL 支持的 NoSQL 数据库包括 HBase、Cassandra、Elasticsearch、Druid 和其他 NoSQL 数据库。Spark SQL 支持的数据源还在不断增加中。

7.1.4 数据处理接口

Spark SQL 支持三种数据处理接口：SQL、HiveQL 和集成语言的查询。它将用这些接口写成的查询翻译成对 Spark Core API 的调用。

就像之前所说的，SQL 和 HiveQL 都是高阶声明式语言。在声明式语言中，你只需指明你想要的即可。声明式语言易学易用，因此 SQL 和 HiveQL 作为数据处理、分析的语言而流行于世。

　　然而，并不是所有的程序员都会使用 SQL 或 HiveQ。Spark SQL 支持集成语言的查询，集成的语言包括 Scala、Java、Python 和 R。借助这一特性，Spark SQL 使得宿主语言具备了数据处理的能力。程序员就可以使用这些原生的宿主语言来处理数据、分析数据，而不用被迫学习像 SQL 这样的一门语言了。

　　而且，集成语言的查询这一特性消除了 SQL 和 Spark 所支持的语言之间的不匹配。这样，程序员就可以使用 SQL 来查询数据，然后使用其他语言来处理结果，包括 Scala、Java、Python 和 R。

　　集成语言查询的另外一个好处就是能减少错误。当 SQL 用于查询数据的时候，查询实际上就是一个字符串。编译器是没法检测字符串中的错误的。因此，一个包含错误的查询字符串只有在运行时因抛出了异常而被发现。使用同样功能的集成语言查询，就能避免一些这样的错误。

7.1.5　与 Hive 的互操作性

　　Spark SQL 与 Hive 完全兼容。Spark SQL 不仅支持 HiveQL，它还可以访问 Hive metastore、SerDes、UDF。因此，如果你现有一个 Hive 开发环境，你可以在这上面直接使用 Spark SQL。你不需要对现有的 Hive metastore 做任何修改或从中移除数据。

　　可以用 Spark SQL 来代替 Hive 从而获得更好的性能。由于 Spark SQL 支持 HiveQL 和 Hive metastore，因此现在 Hive 上的负载将迁移到 Spark SQL 上。在 Spark SQL 上执行 HiveQL 查询要比在 Hive 上快多了。

　　自从 1.4.0 版本之后，Spark SQL 支持多个版本的 Hive。对于由各个不同版本的 Hive 创建的 Hive metastore，Spark SQL 都可以通过配置从中读取数据。

　　Spark SQL 并不需要 Hive 环境，无论有没有 Hive，你都可以使用 Spark SQL。它有内置的 HiveQL 解析器。另外，如果你没有现成的 Hive metastore，Spark SQL 将会创建一个。

7.2　性能

　　Spark SQL 同时采用了多种技术来让数据处理应用运行得更快，这些技术包括减少磁盘 I/O、内存列式缓存、查询优化和代码生成。

7.2.1　磁盘 I/O

　　磁盘 I/O 是缓慢的，它会显著影响查询执行时间。因此，Spark SQL 会尽可能地减少磁盘 I/O。举例来说，根据数据源的情况，Spark SQL 在读取数据的时候会跳过没被查询到的分区、行、列。

7.2.2 分区

读取整个数据集的数据，然后只对其中的一部分数据进行分析是低效的。举例来说，在进行后续处理之前，一个可能带有去除大量数据的过滤条件的查询语句就会造成效率低下。而且，在这种情况下大量的 I/O 操作浪费在了那些应用从不使用的数据上。这个问题可以通过对数据集进行分区来避免。

已证实数据分区是一项能提高读性能的技术。把一个已分区的数据集切分成多个水平分片。数据根据单列或多列做分区。在一个已分区的数据集上做处理，Spark SQL 可以跳过那些应用永远不会用到的分区。

7.2.3 列存储

结构化数据集都采用表格格式，可以用行和列来表示。

一个数据集会有很多列。然而，一个分析应用通常只会用到其中某几列的数据。更何况如果数据面向行存储，那么每一列的数据都需要从磁盘中读取。对于一个应用而言，读取所有列的数据不仅浪费资源而且速度缓慢。Spark SQL 支持诸如 Parquet 这种列式存储格式。使用列式存储，就能只读取查询所用到的那几列数据。

7.2.4 内存中的列式缓存

Spark SQL 允许应用在内存中列式缓存从任何数据源获取的数据。举例来说，可以使用 Spark SQL 在内存中列式缓存 CSV 文件或 Avro 文件。

当一个应用使用 Spark SQL 来在内存中缓存数据，它可以只缓存所需的列。而且 Spark SQL 还会压缩缓存的列，从而减少内存使用量和缓解 JVM 垃圾回收的压力。使用列式缓存使得 Spark SQL 可以使用一些高效的压缩技术，比如行程编码（run length encoding）、差分编码（delta encoding）和字典编码（dictionary encoding）。

7.2.5 行跳过

如果数据源包含数据集的统计信息，Spark SQL 将会充分利用这些信息。举例来说，如第 1 章所述，诸如 Parquet 和 ORC 这种序列化格式会存储一个行分组或者多行中每一列的最小值和最大值。根据这一信息，Spark SQL 在读取数据的时候就可以跳过某些行。

7.2.6 谓词下推

如果数据源支持 Spark SQL，它将使用谓词下推来降低磁盘 I/O。举例来说，假设你使用 Spark SQL 从一个关系数据库读取数据，然后在这些数据上进行过滤操作。这种情况下，Spark SQL 会将过滤操作推送到数据库。Spark SQL 会询问数据是否原生地支持过滤操作，而不是先读取所有数据，然后执行过滤操作。因为数据库通常都会对数据创建索引，所以原生的过滤操作要比在应用层执行过滤快得多。

7.2.7 查询优化

类似于数据库，Spark SQL 在执行查询之前会对查询进行优化。针对每一个要执行的查询，它会生成一个优化过的物理查询计划。Spark SQL 自带一个名为 Catalyst 的查询优化器，它支持基于规则的优化和基于成本的优化。它甚至可以进行函数级别的优化。

Spark SQL 不仅可以优化 SQL 和 HiveQL，它还可以对通过 DataFrame API 提交过来的集成语言的查询进行优化。它们使用同样的查询优化器和执行流水线。而且，从性能的角度来看，无论你使用的是 SQL、HiveQL 还是 DataFrame API，它们都经过相同的优化步骤。本章稍后将会介绍 DataFrame API。

Catalyst 将一个查询的执行分成四个阶段：分析、逻辑优化、物理计划和代码生成。

❑ 分析阶段始于一个有缺陷的逻辑计划（unresolved logical plan）并最终输出一个逻辑计划。一个有缺陷的逻辑计划包含许多待处理的属性。举例来说，一个待处理的属性，可以是一个数据类型未知或数据源的表未知的列。Spark SQL 使用规则和一个目录来处理这些查询表达式中未绑定的属性。Spark SQL 中的目录对象会记录所有数据源中的列和表。

❑ 在逻辑优化阶段，Spark SQL 会对分析阶段生成的逻辑计划进行基于规则的优化。基于规则的优化包括常量折叠、谓词下推、投影剪枝、空值传递（null propagation）、布尔表达式简化和其他优化方法。

❑ 接下来就是物理计划阶段了。在这一阶段，Spark SQL 会使用成本模型选出一个最优的物理计划。在这一阶段，把逻辑优化阶段生成的优化过的逻辑计划作为输入，使用规则生成一个或多个 Spark 执行引擎可以执行的物理计划。然后，计算它们各自的成本并选择出一个最优的以供后续执行。而且，在这一阶段还会进行基于规则的物理优化，比如管道投影（pipelining projection）或在一个 Spark 操作中使用多个过滤器。在这一阶段也会将一些操作从逻辑计划中下推到支持谓词下推或投影下推的数据源中。Spark SQL 甚至会为那些低效的逻辑计划生成优化过的物理计划。

❑ 最后阶段就是代码生成了，在这一阶段，Spark SQL 会将部分查询直接编译成 Java 字节码。这一阶段使用 Scala 语言中的一个特性来把用树表示的 SQL 表达式转换成 Scala AST（Abstract Syntax Tree，抽象语法树）。Scala AST 可以在运行时输入给 Scala 编译器从而生成字节码。这样做就避免了在运行时使用 Scala 解析器，这能加快查询的执行。这些生成的代码差不多和人工调优过的 Scala 或 Java 程序一样快，甚至更快一些。

代码生成的另外一个好处就是可以用任何 Spark 支持的语言来编写 Spark SQL 应用而不用担心性能问题。举例来说，Python 应用通常都比 Java 或 Scala 程序要慢。然而，使用 Python 编写的 Spark SQL 应用处理数据和用 Scala 编写的应用一样快。

7.3　应用

便于使用的统一接口，高性能的执行引擎，支持多种数据源，由于拥有了以上这些特性，Spark SQL 可以用于各种数据处理和分析任务。交互数据分析仅仅只是 Spark SQL 应用中的一方面。本节将介绍 Spark SQL 一些其他的常用应用。

7.3.1　ETL

ETL（Extract、Transform、Load，抽取、转换、加载）表示从数据源读取数据、对数据做转换操作和将数据写到另一个数据源中这一处理过程。从概念上看，它包含三个步骤：抽取、转换和加载。这三个步骤不一定按照这个先后顺序进行。应用在进行转换操作之前不必抽取出所有的数据。如果它已经抽取了一部分数据，可以并行执行这三个步骤。

抽取涉及从一个或多个业务系统读取数据。数据源可以是数据库、API 或文件。作为数据源的数据库可以是关系数据库或者 NoSQL 数据库。文件可以是 CSV、JSON、XML、Parquet、ORC、Avro、Protocol Buffers 或其他格式。

转换涉及使用一些规则对原始数据进行清洗和修改。比如，包含不合法数据的行将会被删除，列中的空值被某些数值代替。转换还可能包括如下行为：合并两列，将一列拆分成多列，对列进行编码，将列从一种编码转换成另外一种编码，执行其他转换操作使得数据可以传递给目的系统。

加载就是将数据写入目的数据源中，目的数据源可以是数据库或文件。

通常来说，ETL 用于建立数据仓库。数据从各个不同业务系统收集而来，经过清洗、转换，并存储到数据仓库中。然而，ETL 不仅仅用于建立数据仓库。举例来说，它可以用于在两个隔离的系统间共享数据。它也可以用于将数据从一种格式转换成另外一种格式。类似地，把旧系统中的数据集成到新系统中也是一个 ETL 过程。

Spark SQL 是开发 ETL 应用的有力工具。得益于它对多种数据源的支持和高性能的分布式计算引擎，开发 ETL 应用变得容易多了。将数据从一个数据源转移到另外一个数据源仅仅需要几行代码就可以实现了。

7.3.2　数据可视化

Spark SQL 为处理来自各种数据源的数据提供了统一的抽象。它可以用于处理、分析数据，其数据源可以是支持下面接口的任意数据源：SQL、HiveQL 或者用诸如 Scala、Java、Python 或 R 编写的集成语言的查询。

因此，Spark SQL 可以当作一个集成各种数据源的数据可视化系统使用。同样的接口也可以用于处理数据，数据来源可以是文件、兼容 JDBC 的数据库或 NoSQL 数据存储。甚至可以跨不同的数据源做连接操作。举例来说，Spark SQL 可以让你在 Parquet 文件和 PostgreSQL 的表间做连接操作。

7.3.3　分布式 JDBC/ODBC SQL 查询引擎

就像之前介绍的那样，Spark SQL 有两种使用方式。第一种方式，当成库使用。用这种方式，数据处理任务可以用如下方式表示：SQL、HiveQL 或用诸如 Scala、Java、Python、R 之类编写的集成语言的查询。

第二种方式，Spark SQL 可以当成分布式 SQL 查询引擎使用。Spark SQL 预先打包了一个 Thrift/JDBC/ODBC 服务器。客户端应用可以连接到这个服务器，并通过 Thrift、JDBC 或 ODBC 接口提交 SQL/HiveQL 查询。

Spark SQL 附带了一个名为 Beeline 的命令行客户端，它可以用于提交 HiveQL 查询。然而，任何支持 JDBC/ODBC 的应用都可以向 Spark 的 JDBC/ODBC 服务器提交查询。举例来说，可以使用像 SQuirrel 这样的图形化 SQL 客户端来发起查询。类似地，BI 和诸如 Tableau、Zoomdata 和 Qlik 这样的数据可视化工具都可以向 Spark 的 JDBC/ODBC 服务器发起查询。

这个 Thrift/JDBC/ODBC 服务器有两方面的好处。一方面，它使得非程序员也可以使用 Spark。他们可以使用 SQL/HiveQL 来处理、分析数据。另一方面，它使得在多个用户可以很方便地共享单个 Spark 集群。

Spark SQL 的 JDBC/ODBC 服务器看上去像是一个数据库，实际上它不是。它没有内置存储引擎，它仅仅是个分布式 SQL 查询引擎。这个存储引擎在底层使用 Spark 并且可以接入各种数据源。

7.3.4　数据仓库

一个常规的数据仓库从本质上说就是一个用于存储和分析大量数据的数据库。它由紧密集成在一起的三部分构成：数据表、系统表和 SQL 查询引擎。顾名思义，数据表存储着用户的数据。系统表存储的是数据表中数据的元数据。SQL 查询引擎为存储数据、查询数据表中的数据提供了 SQL 接口。这三部分结合在一起就是一个专有软件或应用。

Spark SQL 可以用于创建一个开源的数据仓库解决方案。正如之前所介绍的，它自带了一个分布式的 SQL 查询引擎。这个查询引擎可以搭配各种开源存储系统一起使用，比如 HDFS。而且得益于 Spark SQL 的模块化架构，使得它可以混合数据仓库技术栈的其他组件一起使用。举例来说，数据可以像 Parquet 或 ORC 文件格式那样列式存储在 HDFS 或 S3 中。类似地，查询引擎可以是 Spark SQL、Hive、Impala、Presto 和 Apache Drill。

与那些专有的数据仓库解决方案相比，基于 Spark SQL 搭建的数据仓库解决方案更具可扩展性、更经济、更灵活。不论存储能力还是处理能力，只须用增加 Spark 集群节点的方式就能获得提升。所有的软件都是开源的，而且运行在商用硬件上，所以它是经济的。最后，由于它不仅支持读时模式还支持写时模式，故它是灵活的。

写时模式的系统要求在数据存入之前定义好格式。这类系统的一个例子就是传统的数据库。这些系统在数据存入之前都要求用户先创建数据模型。写时系统的一个优势就是它能提供高效的存储并支持交互式查询。Spark SQL 通过像 Parquet 和 ORC 这种的列式存储格式来支持写时模式。将 HDFS、列式文件格式结合在一起，Spark SQL 就可以用于创建一个高性能的数据仓库解决方案。

尽管写时模式的系统支持快速查询，但是它还存在不少缺点。首先，在数据存入之前，写时模式的系统都需要预先创建好模型。其次，在写时模式的系统中，进行数据提取比较缓慢。再者，在大量数据已经存入的情况下，要改变数据格式是比较困难的。举例来说，在已经存入了数太字节数据的数据库中添加一列或者更改某一列的类型是相当具有挑战性的。最后，在写时系统中要存入无结构数据、半结构化数据或多重结构数据是比较困难的。

读时模式系统可以解决上面的这些问题。它可以按照数据的原始格式存储。在读取时再使用预先定义的格式。因此，数据可以随时存入读时模式系统中。这样，用户就可以将数据以原始格式存入，而不用担心它是如何查询的。在查询时用户再根据需求对存储的数据应用不同的格式即可。读时模式系统不仅灵活还支持复杂的变化中的数据。

相比于写时模式系统，读时模式系统的一个劣势就在于在其上执行查询较慢。通常读时模式系统都用于探索性数据分析或 ETL 工作负载。

由于 Spark SQL 既支持读时模式也支持写时模式，故它可以用于探索性数据分析、ETL 和高性能数据分析。而且，相比于专有的数据仓库，基于 Spark SQL 的数据仓库解决方案更具灵活性。

7.4 API

Spark SQL 库为多种语言提供了 API。在本书写作之际，它支持的语言有 Scala、Java、Python 和 R。Spark SQL 库允许你在应用中内置 SQL/HiveQL。甚至可以既使用 SQL/HiveQL 也使用原生语言的 API。

本节主要介绍 Spark SQL API。我们将介绍 Spark SQL 库提供的几个关键类和方法。在介绍这些关键的类和方法时，我们将通过一些简单的例子来说明它们是怎么用的。本章稍后也会给出一个详细的对现实世界中的数据集进行分析的例子。

7.4.1 关键抽象

Spark SQL API 由 SQLContext、HiveContext、DataFrame 这三个关键抽象组成。Spark SQL 应用使用这些抽象来处理数据。

SQLContext

SQLContext 是 Spark SQL 库的入口点。它是 Spark SQL 库中定义的类。Spark SQL 应用必须创建一个 SQLContext 或 HiveContext 的类实例。

只有有了 SQLContext 类实例，才能创建 Spark SQL 库提供的其他类的类实例。同样，只有有了 SQLContext 类实例，才能执行 SQL 查询。

创建 SQLContext 类实例

只有有了 SparkContext 类实例，才能创建 SQLContext 类实例。一个应用可以像下面展示的这样创建一个 SQLContext 类实例。

```
import org.apache.spark._
import org.apache.spark.sql._

val config = new SparkConf().setAppName("My Spark SQL app")
val sc = new SparkContext(config)
val sqlContext = new SQLContext(sc)
```

我们将在本章的其他例子中使用变量 sqlContext。假设变量 sqlContext 就像上面这样在其他程序的开头创建出来，这样省得在每一个例子中重复上面的代码片段了。

需要注意的是，在 Spark shell 中我们不需要创建 SQLContext 类实例，原因会在介绍 HiveContext 时进行说明。因此，如果你正在使用 Spark shell，就可以跳过创建 SparkConf、SparkContext 和 SQLContext 这些类的类实例的步骤。

用代码执行 SQL 查询

SQLContext 类提供了一个名为 sql 的方法，该方法将使用 Spark 执行 SQL 查询。这个方法的参数是一个 SQL 语句，返回值是一个 DataFrame 类实例，用以表示查询结果。

```
val resultSet = sqlContext.sql("SELECT count(1) FROM my_table")
```

HiveContext

HiveContext 是 Spark SQL 库的另外一个入口点。它继承自 SQLContext，用于处理存储在 Hive 中的数据。它还提供了一个 HiveQL 解析器。一个 Spark SQL 应用必须创建一个 HiveContext 类实例或者 SQLContext 类实例。

HiveContext 提供了比 SQLContext 多得多的功能。HiveContext 自带的解析器要比 SQLContext 里的强大得多。它可以执行 HiveQL 查询和 SQL 查询，可以从 Hive 表中读取数据，并使得应用可以访问 HiveUDF（user-defined function，用户定义的函数）。

需要注意的是，使用 HiveContext 时不一定需要有 Hive。你甚至可以在没有安装 Hive 的环境下使用 HiveContext。实际上，由于 HiveContext 提供了比 SQLContext 要完善的解析器，因此推荐使用 HiveContext。

如果想在任意数据源上处理 Hive 表或者执行 HiveQL 查询，需要创建一个 HiveContext 类实例。要处理 Hive metastore 中定义的表，同样也要创建一个 HiveContext 类实例。而且，如果要处理现有的 Hive 表，需要将文件 hive-site.xml 添加到 Spark 的类路径中，因为 HiveContext 将从文件 hive-site.xml 中读取 Hive 的配置信息。

如果 HiveContext 没有从类路径中找到文件 hive-site.xml，它会在当前目录下创建 metastore_db 和 warehouse 两个目录。因此，如果你在其他目录下运行 Spark SQL 应用，你将会拥有这些目录的多份副本。为了避免这个问题，在使用 HiveContext 的情况下，推荐将文件 hive-site.xml 加入到 Spark 的 conf 目录中。

文件 hive-site.xml 的示例如下。

```
<?xml version="1.0"?>
<?xml-stylesheet type="text/xsl" href="configuration.xsl"?>
<configuration>
  <property>
    <name>hive.metastore.warehouse.dir</name>
    <value>/path/to/hive/warehouse</value>
    <description>
      Local or HDFS directory for storing tables.
    </description>
  </property>
  <property>
    <name>javax.jdo.option.ConnectionURL</name>
    <value>jdbc:derby:;databaseName=/path/to/hive/metastore_db;create=true</value>
    <description>
      JDBC connection URL.
    </description>
  </property>
</configuration>
```

创建 HiveContext 类实例

与 SQLContext 相类似，需要有 SparkContext 类实例，才能创建 HiveContext 类实例。应用必须像下面这样先创建 SparkContext 类实例，然后再用这个 SparkContext 类实例来创建 HiveContext 类实例。

```
import org.apache.spark._
import org.apache.spark.sql._

val config = new SparkConf().setAppName("My Spark SQL app")
val sc = new SparkContext(config)
val hiveContext = new HiveContext(sc)
```

Spark shell 会自动创建 HiveContext 类实例并存放于变量 sqlContext 中，以便使用。因此，在 Spark shell 中不需要自己创建 SQLcontext 类实例或 HiveContext 类实例。

用代码执行 HiveQL 查询

HiveContext 类提供了一个名为 SQL 的方法用于执行 HiveQL 查询。这个方法的参数是一个 HiveQL 语句，返回值是一个 DataFrame 类实例，用以表示查询结果。

```
val resultSet = hiveContext.sql("SELECT count(1) FROM my_hive_table")
```

DataFrame

DataFrame 是 Spark SQL 的主要数据抽象。它表示若干行的分布式数据，每一行有若干个有名字的列。它是受 R 和 Python 的影响而产生的。从概念上，它类似于关系数据库中的表。

DataFrame 是 Spark SQL 库中定义的类。它提供了各种方法用于处理、分析结构化数据。举例来说，它提供的方法可以用于选择列，过滤行，聚合列，连接表，抽样数据，以及其他一些常见的数据处理任务。

与 RDD 不同，DataFrame 不需要预设模式。RDD 就是一个隐晦数据分区的集合。而 DataFrame 却知道数据集中每一列的名字和类型。因此，DataFrame 类可以提供用于数据处理的丰富的领域专属语言（DSL）。

相比于 RDD API，DataFrame API 更为易懂易用。然而，如果有需要，可以把 DataFrame 当成 RDD 来使用。可以从一个 DataFrame 上创建一个 RDD。而且，RDD 的所有接口都可以用于处理用 DataFrame 表示的数据。

一个 DataFrame 可以被当成一个临时表注册到应用上，在上面可以使用 SQL 或 HiveQL 来进行查询。只有注册到的应用正在运行，这个临时表才可以使用。

行

行是 Spark SQL 的一个抽象，用于表示一行数据。从概念上看，它等价于一个关系元组或表中的一行。

Spark SQL 提供了创建 Row 对象的工厂方法。下面是一个例子。

```
import org.apache.spark.sql._

val row1 = Row("Barack Obama", "President", "United States")
val row2 = Row("David Cameron", "Prime Minister", "United Kingdom")
```

一个 Row 对象中某一列的值可以使用序号来获取。下面是一个例子。

```
val presidentName = row1.getString(0)
val country = row1.getString(2)
```

在后续几节你将看到更多的例子。

7.4.2　创建 DataFrame

创建 DataFrame 有两种方式。第一，从数据源创建。Spark SQL 为各种数据源提供了创建 DataFrame 的方法。有些数据源是原生支持的，而有的则需要用到外部库。第二，从 RDD 中创建 DataFrame。

从 RDD 创建 DataFrame

Spark SQL 提供了两个方法用于从 RDD 创建 DataFrame：toDF 和 createDataFrame。

toDF

Spark SQL 提供了一个名为 toDF 的隐式转换方法，用于从 RDD 中创建 DataFrame，这个 RDD 中的每一个对象由一个样本类表示。当使用这个方法时，Spark SQL 将会自行推断数据集的数据格式。

RDD 类中并没有定义 toDF 方法，但是可以通过隐式转换来使用它。为了能使用 toDF 方法将 RDD 转换成 DataFrame，需要导入 implicits 对象中定义的隐式方法，如下所示。

```
val sqlContext = new org.apache.spark.sql.SQLContext(sc)
import sqlContext.implicits._
```

举例来说，假设我们有一个 CSV 文件，它存储公司员工的信息。文件的每一行记录一个员工的姓名、年龄和性别。下面的代码展示怎么使用 toDF 方法来从 RDD 中创建 DataFrame。

```
import org.apache.spark._
import org.apache.spark.sql._

val config = new SparkConf().setAppName("My Spark SQL app")
val sc = new SparkContext(config)
val sqlContext = new SQLContext(sc)
import sqlContext.implicits._

case class Employee(name: String, age: Int, gender: String)

val rowsRDD = sc.textFile("path/to/employees.csv")
val employeesRDD = rowsRDD.map{row => row.split(",")}
                    .map{cols => Employee(cols(0), cols(1).trim.toInt, cols(2))}

val employeesDF = employeesRDD.toDF()
```

createDataFrame

SQLContext 和 HiveContext 类都提供了一个名为 createDataFrame 的方法，用于从一个由行构成的 RDD 中创建 DataFrame。createDataFrame 方法有两个参数：一个由行构成的 RDD 和一个数据格式，它返回一个 DataFrame。

数据集的数据格式可以是一个 StructType 类实例。其中，StructType 是一个样本类。一个 StructType 对象包含了一个 StructField 对象序列。StructField 也是样本类。它用于指定一列的名字和数据类型，并且可选择性地指定这一列是否包含空值及其元数据。

包 org.apache.spark.sql.types 定义了 Spark SQL 的 StructType 和 StructField 支持的各种数据类型。在使用 createDataFrame 方法时，需要导入这个包。

让我们来看看在上一节中用到的例子。假设我们有一个 CSV 文件，它存储公司员工的信息。文件的每一行记录一个员工的姓名、年龄和性别。这一次使用 createDataFrame 方法来从 RDD 中创建 DataFrame。

```
import org.apache.spark._
import org.apache.spark.sql._
import org.apache.spark.sql.types._

val config = new SparkConf().setAppName("My Spark SQL app")
val sc = new SparkContext(config)
val sqlContext = new SQLContext(sc)

val linesRDD = sc.textFile("path/to/employees.csv")
val rowsRDD = linesRDD.map{row => row.split(",")}
                .map{cols => Row(cols(0), cols(1).trim.toInt, cols(2))}
val schema = StructType(List(
            StructField("name", StringType, false),
```

```
                    StructField("age", IntegerType, false),
                    StructField("gender", StringType, false)
                )
            )
```

```
val employeesDF = sqlContext.createDataFrame(rowsRDD,schema)
```

toDF 方法和 createDataFrame 方法的区别就在于前者自己推断数据格式，后者则需要指定格式。而且，toDF 看上去更加易用，然而，createDataFrame 方法更灵活。

createDataFrame 方法并不需要写死数据格式。可以在运行时创建各种不同的 Struct-Type 对象。举例来说，可以将配置文件中配置的数据格式传递给它。而且，同一个应用可以处理多个不同的数据源，而不需要重新编译。

从数据源创建 DataFrame

Spark SQL 为多种数据源提供了统一的接口用于创建 DataFrame。举例来说，同一个 API 可以从 MySQL、PostgreSQL、Oracle 或 Cassandra 表中创建 DataFrame。类似地，同一个 API 可以从 Parquet、JSON、ORC 或 CSV 文件中创建 DataFrame，这个文件可以位于本地文件系统、HDFS、S3。

Spark SQL 原生支持一些常用的数据源，包括 Parquet、JSON、Hive、兼容 JDBC 的数据库。对于其他数据源还可以使用外部库。

Spark SQL 提供了一个名为 DataFrameReader 的类，在这个类中定义了从数据源读取数据的接口。它使得你可以为读取数据设置不同的选项。通过它的创建方法，可以指定数据格式、分区以及其他数据源的一些特定选项。SQLContext 和 HiveContext 类都提供一个名为 read 的工厂方法，这个方法返回 DataFrameReader 类的一个实例。

下面的例子展示了如何从不同数据源创建 DataFrame。

```
import org.apache.spark._
import org.apache.spark.sql._

val config = new SparkConf().setAppName("My Spark SQL app")
val sc = new SparkContext(config)
val sqlContext = new org.apache.spark.sql.hive.HiveContext (sc)

// create a DataFrame from parquet files
val parquetDF = sqlContext.read
                            .format("org.apache.spark.sql.parquet")
                            .load("path/to/Parquet-file-or-directory")

// create a DataFrame from JSON files
val jsonDF = sqlContext.read
                            .format("org.apache.spark.sql.json")
                            .load("path/to/JSON-file-or-directory")

// create a DataFrame from a table in a Postgres database
val jdbcDF = sqlContext.read
                    .format("org.apache.spark.sql.jdbc")
                    .options(Map(
```

```
                         "url" -> "jdbc:postgresql://host:port/database?user=<USER>&password=<PASS>",
                         "dbtable" -> "schema-name.table-name"))
                 .load()

// create a DataFrame from a Hive table
val hiveDF = sqlContext.read
                    .table("hive-table-name")
```

与创建 RDD 的方法类似，创建 DataFrame 的方法是惰性的。举例来说，load 方法是惰性的。当调用 load 方法时，数据并没有读入进来。只有操作才会触发从数据源读取数据。

除了上面展示的这些从各种数据源创建 DataFrame 的通用方法以外，Spark SQL 还提供从原生支持的数据源创建 DataFrame 的特殊方法。这些原生支持的数据源包括 Parquet、ORC、JSON、Hive 和兼容 JDBC 的数据库。

JSON

DataFrameReader 类提供了一个名为 json 的方法，用于从 JSON 数据集中读取数据。json 方法的参数是一个路径，它返回一个 DataFrame 实例。这个路径可以是 JSON 文件名，也可以是包含有多个 JSON 文件的目录。

```
val jsonDF = sqlContext.read.json("path/to/JSON-file-or-directory")
```

Spark SQL 可以从如下 JSON 数据集中创建 DataFrame：Hadoop 支持的存储系统、本地文件系统上的 JSON 文件、HDFS 和 S3。

```
val jsonHdfsDF = sqlContext.read.json("hdfs://NAME_NODE/path/to/data.json")
val jsonS3DF = sqlContext.read.json("s3a://BUCKET_NAME/FOLDER_NAME/data.json")
```

输入的 JSON 文件必须每一行是一个 JSON 对象。如果 JSON 文件中的 JSON 对象是多行，那么将会导致 Spark SQL 读取数据失败。

Spark SQL 会自动推断 JSON 数据集的数据格式。它扫描数据集中的每一项从而来推断格式。如果你已经知道数据格式，那么可以在创建 DataFrame 时指明其数据格式，从而加速创建的过程且避免了多余的扫描工作。举例来说，假设你有一个包含用户对象的 JSON 文件，每一个用户对象包含三个字段：名称、年龄、性别。这时候，可以像下面这样从这个 JSON 文件中创建 DataFrame。

```
import org.apache.spark.sql.types._

val userSchema = StructType(List(
                    StructField("name", StringType, false),
                    StructField("age", IntegerType, false),
                    StructField("gender", StringType, false)
                    )
                 )

val userDF = sqlContext.read
                    .schema(userSchema)
                    .json("path/to/user.json")
```

Parquet

DataFrameReader 类提供了一个名为 parquet 的方法用于从 Parquet 文件读取数据。parquet 方法的参数是一个 Parquet 文件或者包含多个 Parquet 文件的目录，它返回一个 DataFrame 实例。

```
val parquetDF = sqlContext.read.parquet("path/to/parquet-file-or-directory")
```

Spark SQL 可以从 Parquet 文件中创建 DataFrame，Parquet 文件可以存储于如下系统中：Hadoop 支持的存储系统、本地文件系统、HDFS 和 S3。

```
val parquetHdfsDF = sqlContext.read.parquet("hdfs://NAME_NODE/path/to/data.parquet")
val parquetS3DF = sqlContext.read.parquet("s3a://BUCKET_NAME/FOLDER_NAME/data.parquet")
```

ORC

DataFrameReader 类提供了一个名为 orc 的方法用于从以 ORC 文件格式存储数据的数据集中读取数据。orc 方法的参数是一个路径，它返回一个 DataFrame 实例。

```
val orcDF = hiveContext.read.orc("path/to/orc-file-or-directory")
```

类似于 JSON 数据集和 Parquet 数据集，以 ORC 格式存储的数据集可以位于以下存储系统中：Hadoop 支持的存储系统、本地文件系统、HDFS 和 S3。

```
val orcHdfsDF = sqlContext.read.orc("hdfs://NAME_NODE/path/to/data.orc")
val orcS3DF = sqlContext.read.orc("s3a://BUCKET_NAME/FOLDER_NAME/data.orc")
```

Hive

有两种方式可以从 Hive 表中创建 DataFrame。第一种，使用 DataFrameReader 类中定义的 table 方法。table 方法的参数是 Hive metastore 中的表名，它返回一个 DataFrame 实例。

```
val hiveDF = hiveContext.read.table("hive-table-name")
```

通常来说，Spark SQL API 中的表对应的就是元数据存储于 Hive metastore 中的数据集。第二种，从 Hive 表中创建 DataFrame 的方法就是使用 HiveContext 类中的 sql 方法。

```
val hiveDF = hiveContext.sql("SELECT col_a, col_b, col_c from hive-table")
```

只有有了 HiveContext 实例，才能处理 Hive 表。另外，如果你已经有一个部署了 Hive 的环境，从 Hive 的安装目录复制 hive-site.xml 文件到 Spark 的 conf 目录下。hive-site.xml 文件存储 Hive 的配置信息。举例来说，它有个名为 hive.metastore.warehouse.dir 的配置项，用于指定 Hive 存储元数据的目录，这些元数据用于管理表。另外一个重要的配置项是 javax.jdo.option.ConnectionURL，它指定了怎么连接 Hive 的 metastore 服务器。

兼容 JDBC 的数据库

DataFrameReader 类中定义的 jdbc 方法用于从任意兼容 JDBC 的数据库中创建 DataFrame，兼容 JDBC 的数据库包括 MySQL、PostgresSQL、H2、Oracle、SQL Server、SAP Hana、DB2。DataFrameReader 类提供多个 jdbc 方法的重载版本。这其中，最简单的一个只需要三个参数：数据库的 JDBC URL、表名、连接属性。连接属性用于指定像用户名、密码这样的连接参数。

下面是一个例子。

```
val jdbcUrl ="jdbc:mysql://host:port/database"
val tableName = "table-name"
val connectionProperties = new java.util.Properties
connectionProperties.setProperty("user","database-user-name")
connectionProperties.setProperty("password"," database-user-password")

val jdbcDF = hiveContext.read
                        .jdbc(jdbcUrl, tableName, connectionProperties)
```

jdbc 方法的一个重载版本允许你指定一个谓词作为参数，这个谓词用于读取表中的部分数据。这个谓词参数是一个由字符串构成的数组，每一个字符串指定 WHERE 子句后面的一个条件。

假设你有一个用户资料表，每一行保存一个用户的名字、年龄、性别、城市、州、国籍。下面的例子展示了如果创建一个只表示国籍为德国的用户的 DataFrame。

```
val predicates = Array("country='Germany'")

val usersGermanyDF = hiveContext.read
                        .jdbc(jdbcUrl, tableName, predicates, connectionProperties)
```

7.4.3 在程序中使用 SQL/HiveQL 处理数据

HiveContext 类的 sql 方法使得我们可以使用 HiveQL 语句来处理数据集，而 SQL-Context 类的 sql 方法使得我们可以使用 SQL 语句来处理数据集。SQL/HiveQL 语句中的表必须是 Hive metastore 中的一项。如果你没有一个部署了 Hive 的环境，你可以使用 DataFrame 类提供的 registerTempTable 方法来创建一个临时表。后续章节会详细介绍这个方法。下面是一个例子。

```
import org.apache.spark.sql.types._

val userSchema = StructType(List(
                    StructField("name", StringType, false),
                    StructField("age", IntegerType, false),
                    StructField("gender", StringType, false)
                    )
                )

val userDF = sqlContext.read
                        .schema(userSchema)
                        .json("path/to/user.json")
userDF.registerTempTable("user")
val cntDF = hiveContext.sql("SELECT count(1) from user")
val cntByGenderDF = hiveContext.sql(
                    "SELECT gender, count(1) as cnt FROM user GROUP BY gender ORDER BY cnt")
```

sql 方法返回的结果是一个 DataFrame 实例，它提供了多种方法可以用于将结果输出在终端上或将结果保存在数据源中。下一节将详细介绍 DataFrame API。

7.4.4　使用 DataFrame API 处理数据

上一节介绍了 SQLContext 类和 HiveContext 类的 sql 方法，它们使用内嵌 SQL 语句或 HiveQL 语句来处理数据集。DataFrame API 提供了另外一种方式来处理数据集。

DataFrame API 包含 5 种操作，我们将在本节一一介绍。既然我们将在例子中使用 DataFrame，那么让我们先创建一些 DataFrame 实例。

我们将使用 Spark shell，这样你就可以按照以下操作去做了。第一步，从终端运行 Spark shell。

```
$ cd SPARK_HOME
$ ./bin/spark-shell --master local[*]
```

进入 Spark shell 之后，创建一些 DataFrame 实例。

```
case class Customer(cId: Long, name: String, age: Int, gender: String)
val customers = List(Customer(1, "James", 21, "M"),
                     Customer(2, "Liz", 25, "F"),
                     Customer(3, "John", 31, "M"),
                     Customer(4, "Jennifer", 45, "F"),
                     Customer(5, "Robert", 41, "M"),
                     Customer(6, "Sandra", 45, "F"))

val customerDF = sc.parallelize(customers).toDF()

case class Product(pId: Long, name: String, price: Double, cost: Double)
val products = List(Product(1, "iPhone", 600, 400),
                    Product(2, "Galaxy", 500, 400),
                    Product(3, "iPad", 400, 300),
                    Product(4, "Kindle", 200, 100),
                    Product(5, "MacBook", 1200, 900),
                    Product(6, "Dell", 500, 400))

val productDF = sc.parallelize(products).toDF()

case class Home(city: String, size: Int, lotSize: Int,
                bedrooms: Int, bathrooms: Int, price: Int)
val homes = List(Home("San Francisco", 1500, 4000, 3, 2, 1500000),
                 Home("Palo Alto", 1800, 3000, 4, 2, 1800000),
                 Home("Mountain View", 2000, 4000, 4, 2, 1500000),
                 Home("Sunnyvale", 2400, 5000, 4, 3, 1600000),
                 Home("San Jose", 3000, 6000, 4, 3, 1400000),
                 Home("Fremont", 3000, 7000, 4, 3, 1500000),
                 Home("Pleasanton", 3300, 8000, 4, 3, 1400000),
                 Home("Berkeley", 1400, 3000, 3, 3, 1100000),
                 Home("Oakland", 2200, 6000, 4, 3, 1100000),
                 Home("Emeryville", 2500, 5000, 4, 3, 1200000))

val homeDF = sc.parallelize(homes).toDF
```

这里创建的 DataFrame 实例将在后续的例子中使用，这样就不用在每个例子中都创建 DataFrame 实例了。而且出于简洁的目的，只有在某些例子中才会有 Spark shell 输出的结果。

就像之前所说的，Spark shell 会自动创建 SparkContext 类的一个实例并保存于变量 sc 中。同时它也会创建 HiveContext 类的一个实例并保存于变量 sqlContext 中。因此，你就不必再创建 SparkContext 类实例、SQLContext 类实例、HiveContext 类实例了。

基本操作

本节介绍由 DataFrame 类提供的常用基本操作。

cache

cache 方法将源 DataFrame 以列式存储在内存中。它仅扫描每一个需要保存的列，并且将它们以压缩的列式存储在内存中。Spark SQL 会基于数据的统计信息自动为每一列选择合适的压缩编解码器。

```
customerDF.cache()
```

这个缓存功能可以通过 SQLContext 类或 HiveContext 类的 setConf 方法来调节。有两个用于缓存的配置参数可以设置：spark.sql.inMemoryColumnarStorage.compressed 和 spark.sql.inMemoryColumnarStorage.batchSize。默认情况下，压缩是启用的，列式缓存的批大小是 10000。

```
sqlContext.setConf("spark.sql.inMemoryColumnarStorage.compressed", "true")
sqlContext.setConf("spark.sql.inMemoryColumnarStorage.batchSize", "10000")
```

columns

columns 方法返回的是一个字符串数组，表示源 DataFrame 中所有列的名字。

```
val cols = customerDF.columns
```

```
cols: Array[String] = Array(cId, name, age, gender)
```

dtypes

dtypes 方法返回的一个数组用于表示源 DataFrame 中所有列的数据类型，数组的每个元素是一个元组。元组的第一个元素是列名，第二个元素是该列的数据类型。

```
val columnsWithTypes = customerDF.dtypes
```

```
columnsWithTypes: Array[(String, String)] = Array((cId,LongType), (name,StringType),
(age,IntegerType), (gender,StringType))
```

explain

explain 方法将物理计划输出在控制台上。在调试的时候这十分有用。

```
customerDF.explain()
```

```
== Physical Plan ==
InMemoryColumnarTableScan [cId#OL,name#1,age#2,gender#3], (InMemoryRelation
[cId#OL,name#1,age#2,gender#3], true, 10000, StorageLevel(true, true, false, true, 1),
(Scan PhysicalRDD[cId#OL,name#1,age#2,gender#3]), None)
```

explain 方法的一个重载版本以一个布尔类型的变量作为参数，当这个参数是 true 时，将输出逻辑计划和物理计划。

persist

persist 方法将源 DataFrame 缓存在内存中。

```
customerDF.persist
```

与 RDD 类中的 persist 方法相类似，DataFrame 类的 persist 方法的一个重载版本允许指定存储等级。

printSchema

printShema 方法将源 DataFrame 的数据格式以树的格式输出在控制台上。

```
customerDF.printSchema()
```

```
root
 |-- cId: long (nullable = false)
 |-- name: string (nullable = true)
 |-- age: integer (nullable = false)
 |-- gender: string (nullable = true)
```

registerTempTable

registerTempTable 方法会在 Hive metastore 中创建一个临时表。它的参数是表名。
临时表可以被 SQLContext 或 HiveContext 的 sql 方法查询到。它的生存周期和创建它的应用相一致。

```
customerDF.registerTempTable("customer")
val countDF = sqlContext.sql("SELECT count(1) AS cnt FROM customer")
```

```
countDF: org.apache.spark.sql.DataFrame = [cnt: bigint]
```

需要注意的是，sql 方法返回一个 DataFrame 实例。稍后将介绍如何查看、获取一个 DataFrame 中的内容。

toDF

toDF 方法可以对源 DataFrame 中的列重命名，它的参数就是新的列名，它会返回一个新的 DataFrame 实例。

```
val resultDF = sqlContext.sql("SELECT count(1) from customer")
```

```
resultDF: org.apache.spark.sql.DataFrame = [_c0: bigint]
```

```
val countDF = resultDF.toDF("cnt")
```

```
countDF: org.apache.spark.sql.DataFrame = [cnt: bigint]
```

集成语言的查询所用的方法

本节介绍 DataFrame 类中一些常用的方法，这些方法用于集成语言的查询。

agg

agg 方法在源 DataFrame 的一列或多列上执行指定的聚合操作，并返回一个新的 Data-Frame 实例。

```
val aggregates = productDF.agg(max("price"), min("price"), count("name"))
```

```
aggregates: org.apache.spark.sql.DataFrame = [max(price): double, min(price): double,
count(name): bigint]
```

```
aggregates.show
```

```
+----------+----------+-----------+
|max(price)|min(price)|count(name)|
+----------+----------+-----------+
|    1200.0|     200.0|          6|
+----------+----------+-----------+
```

这里稍微介绍 show 方法。本质上，它将 DataFrame 的内容展示在控制台上。

apply

apply 方法的参数是列名，其返回值是 Column 类的一个实例，该类实例表示源 Data-Frame 中列名参数指定的那一列。Column 类提供了用于操作该列的操作符。

```
val priceColumn = productDF.apply("price")
```

```
priceColumn: org.apache.spark.sql.Column = price
```

```
val discountedPriceColumn = priceColumn * 0.5
```

```
discountedPriceColumn: org.apache.spark.sql.Column = (price * 0.5)
```

借由 Scala 提供的语法糖，可以使用 productDF("price") 来代替 productDF.apply("price")。它会自动将 productDF("price") 转换为 productDF.apply("price")。故上面的代码可以重写成下面这样。

```
val priceColumn = productDF("price")
val discountedPriceColumn = priceColumn * 0.5
```

Column 类的实例通常被当成 DataFrame 类中的某些方法或 Spark SQL 库中定义的某些函数的输入。让我们重新查看之前介绍过的一个例子。

```
val aggregates = productDF.agg(max("price"), min("price"), count("name"))
```

这是下面语句的简化版。

```
val aggregates = productDF.agg(max(productDF("price")), min(productDF("price")),
                               count(productDF("name")))
```

表达式 productDF("price") 可以简写成 $"price"。因此，下面的两个表达式等价。

```
val aggregates = productDF.agg(max($"price"), min($"price"), count($"name"))
val aggregates = productDF.agg(max(productDF("price")), min(productDF("price")),
                               count(productDF("name")))
```

如果一个方法或函数的参数是 Column 类的一个实例，可以使用符号 $"..." 来选择
DataFrame 中的列。

总之，下面的三个语句等价。

```
val aggregates = productDF.agg(max(productDF("price")), min(productDF("price")),
                               count(productDF("name")))
val aggregates = productDF.agg(max("price"), min("price"), count("name"))
val aggregates = productDF.agg(max($"price"), min($"price"), count($"name"))
```

cube

cube 方法以一个或多个列名作为参数，返回一个用于多维分析的立方体。cube 方法在
生成跨表聚合报告时十分有用。

假设你有一个从时间、产品、国家这三个维度来记录销售数据的数据集。cube 方法使
得你可以生成由你感兴趣的维度聚合产生的结果，其中包含所有可能的聚合组合。

```
case class SalesSummary(date: String, product: String, country: String, revenue: Double)
val sales = List(SalesSummary("01/01/2015", "iPhone", "USA", 40000),
                 SalesSummary("01/02/2015", "iPhone", "USA", 30000),
                 SalesSummary("01/01/2015", "iPhone", "China", 10000),
                 SalesSummary("01/02/2015", "iPhone", "China", 5000),
                 SalesSummary("01/01/2015", "S6", "USA", 20000),
                 SalesSummary("01/02/2015", "S6", "USA", 10000),
                 SalesSummary("01/01/2015", "S6", "China", 9000),
                 SalesSummary("01/02/2015", "S6", "China", 6000))

val salesDF = sc.parallelize(sales).toDF()

val salesCubeDF = salesDF.cube($"date", $"product", $"country").sum("revenue")
```

```
salesCubeDF: org.apache.spark.sql.DataFrame = [date: string, product: string, country:
string, sum(revenue): double]
```

```
salesCubeDF.withColumnRenamed("sum(revenue)", "total").show(30)
```

```
+----------+-------+-------+--------+
|      date|product|country|   total|
+----------+-------+-------+--------+
|01/01/2015|   null|    USA| 60000.0|
|01/02/2015|     S6|   null| 16000.0|
|01/01/2015| iPhone|   null| 50000.0|
|01/01/2015|     S6|  China|  9000.0|
|      null|   null|  China| 30000.0|
|01/02/2015|     S6|    USA| 10000.0|
```

```
|01/02/2015|   null|   null| 51000.0|
|01/02/2015| iPhone|  China|  5000.0|
|01/01/2015| iPhone|    USA| 40000.0|
|01/01/2015|   null|  China| 19000.0|
|01/02/2015|   null|    USA| 40000.0|
|      null| iPhone|  China| 15000.0|
|01/02/2015|     S6|  China|  6000.0|
|01/01/2015| iPhone|  China| 10000.0|
|01/02/2015|   null|  China| 11000.0|
|      null| iPhone|   null| 85000.0|
|      null| iPhone|    USA| 70000.0|
|      null|     S6|   null| 45000.0|
|      null|     S6|    USA| 30000.0|
|01/01/2015|     S6|   null| 29000.0|
|      null|   null|   null|130000.0|
|01/02/2015| iPhone|   null| 35000.0|
|01/01/2015|     S6|    USA| 20000.0|
|      null|   null|    USA|100000.0|
|01/01/2015|   null|   null| 79000.0|
|      null|     S6|  China| 15000.0|
|01/02/2015| iPhone|    USA| 30000.0|
+----------+-------+-------+--------+
```

如果你想知道所有产品在美国的销售额度，可以使用如下表达式。

```
salesCubeDF.filter("product IS null AND date IS null AND country='USA'").show
```

```
+----+-------+-------+------------+
|date|product|country|sum(revenue)|
+----+-------+-------+------------+
|null|   null|    USA|    100000.0|
+----+-------+-------+------------+
```

如果你想知道在美国各个产品的销售额，可以使用如下表达式。

```
salesCubeDF.filter("date IS null AND product IS NOT null AND country='USA'").show
```

```
+----+-------+-------+------------+
|date|product|country|sum(revenue)|
+----+-------+-------+------------+
|null| iPhone|    USA|     70000.0|
|null|     S6|    USA|     30000.0|
+----+-------+-------+------------+
```

distinct

distinct 方法返回一个新的 DataFrame 实例，该实例表示源 DataFrame 中不重复的行。

```
val dfWithoutDuplicates = customerDF.distinct
```

explode

explode 方法使用用户提供的函数从一列生成零行或多行。explode 方法有三个参数。第一个参数是输入的列，第二个参数是输出的列，第三个参数是用户提供的函数，这个函数作用在输入的列上生成一个或多个值作为输出的列。

举例来说，考虑一个数据集，这个数据集中的某一列是电子邮件的内容。假设你想将电子邮件的内容分割成一个个单词，并且电子邮件中的每个单词都是一行。

```scala
case class Email(sender: String, recipient: String, subject: String, body: String)
val emails = List(Email("James", "Mary", "back", "just got back from vacation"),
                  Email("John", "Jessica", "money", "make million dollars"),
                  Email("Tim", "Kevin", "report", "send me sales report ASAP"))

val emailDF = sc.parallelize(emails).toDF()
val wordDF = emailDF.explode("body", "word") { body: String => body.split(" ")}
wordDF.show
```

```
+------+---------+-------+--------------------+--------+
|sender|recepient|subject|                body|    word|
+------+---------+-------+--------------------+--------+
| James|     Mary|   back|just got back fro...|    just|
| James|     Mary|   back|just got back fro...|     got|
| James|     Mary|   back|just got back fro...|    back|
| James|     Mary|   back|just got back fro...|    from|
| James|     Mary|   back|just got back fro...|vacation|
|  John|  Jessica|  money|make million dollars|    make|
|  John|  Jessica|  money|make million dollars| million|
|  John|  Jessica|  money|make million dollars| dollars|
|   Tim|    Kevin| report|send me sales rep...|    send|
|   Tim|    Kevin| report|send me sales rep...|      me|
|   Tim|    Kevin| report|send me sales rep...|   sales|
|   Tim|    Kevin| report|send me sales rep...|  report|
|   Tim|    Kevin| report|send me sales rep...|    ASAP|
+------+---------+-------+--------------------+--------+
```

filter

filter 方法的参数是一个 SQL 语句，它以字符串的形式传递进来，并用于过滤源 DataFrame 中的行。filter 方法返回一个新的 DataFrame 实例，这个实例只包含过滤出来的行。

```scala
val filteredDF = customerDF.filter("age > 25")
```

```
filteredDF: org.apache.spark.sql.DataFrame = [cId: bigint, name: string, age: int, gender: string]
```

```scala
filteredDF.show
```

```
+---+--------+---+------+
|cId|    name|age|gender|
+---+--------+---+------+
|  3|    John| 31|     M|
|  4|Jennifer| 45|     F|
|  5|  Robert| 41|     M|
|  6|  Sandra| 45|     F|
+---+--------+---+------+
```

filter 方法的一个重载版本可以在过滤条件中使用列。

```
val filteredDF = customerDF.filter($"age" > 25)
```

就像之前所说的，上面的代码是下面代码的简化。

```
val filteredDF = customerDF.filter(customerDF("age") > 25)
```

groupBy

groupBy 方法根据作为参数的列来将源 DataFrame 中的行进行分组。可以在该方法返回的数据上做进一步的聚合操作。

```
val countByGender = customerDF.groupBy("gender").count
```

```
countByGender: org.apache.spark.sql.DataFrame = [gender: string, count: bigint]
```

```
countByGender.show
```

```
+------+-----+
|gender|count|
+------+-----+
|     F|    3|
|     M|    3|
+------+-----+
```

```
val revenueByProductDF = salesDF.groupBy("product").sum("revenue")
```

```
revenueByProductDF: org.apache.spark.sql.DataFrame = [product: string, sum(revenue): double]
```

```
revenueByProductDF.show
```

```
+-------+------------+
|product|sum(revenue)|
+-------+------------+
| iPhone|     85000.0|
|     S6|     45000.0|
+-------+------------+
```

intersect

intersect 方法的参数是一个 DataFrame 实例，它返回一个新的 DataFrame 实例，这个实例只包含源 DataFrame 和作为参数的 DataFrame 共有的行。

```
val customers2 = List(Customer(11, "Jackson", 21, "M"),
                      Customer(12, "Emma", 25, "F"),
                      Customer(13, "Olivia", 31, "F"),
                      Customer(4, "Jennifer", 45, "F"),
                      Customer(5, "Robert", 41, "M"),
                      Customer(6, "Sandra", 45, "F"))

val customer2DF = sc.parallelize(customers2).toDF()
val commonCustomersDF = customerDF.intersect(customer2DF)
```

```
commonCustomersDF.show
```

```
+---+-------+---+------+
|cId|   name|age|gender|
+---+-------+---+------+
|  6| Sandra| 45|     F|
|  4|Jennifer| 45|    F|
|  5| Robert| 41|     M|
+---+-------+---+------+
```

join

join 函数在源 DataFrame 和另外一个 DataFrame 上面执行 SQL 中的连接操作。它有三个参数：DataFrame、连接表达式、连接类型。

```
case class Transaction(tId: Long, custId: Long, prodId: Long, date: String, city: String)
val transactions = List(Transaction(1, 5, 3, "01/01/2015", "San Francisco"),
                        Transaction(2, 6, 1, "01/02/2015", "San Jose"),
                        Transaction(3, 1, 6, "01/01/2015", "Boston"),
                        Transaction(4, 200, 400, "01/02/2015", "Palo Alto"),
                        Transaction(6, 100, 100, "01/02/2015", "Mountain View"))

val transactionDF = sc.parallelize(transactions).toDF()
val innerDF = transactionDF.join(customerDF, $"custId" === $"cId", "inner")

innerDF.show
```

```
+---+------+------+----------+-------------+---+------+---+------+
|tId|custId|prodId|      date|         city|cId|  name|age|gender|
+---+------+------+----------+-------------+---+------+---+------+
|  1|     5|     3|01/01/2015|San Francisco|  5|Robert| 41|     M|
|  2|     6|     1|01/02/2015|     San Jose|  6|Sandra| 45|     F|
|  3|     1|     6|01/01/2015|       Boston|  1| James| 21|     M|
+---+------+------+----------+-------------+---+------+---+------+
```

```
val outerDF = transactionDF.join(customerDF, $"custId" === $"cId", "outer")
outerDF.show
```

```
+----+------+------+----------+-------------+----+--------+----+------+
| tId|custId|prodId|      date|         city| cId|    name| age|gender|
+----+------+------+----------+-------------+----+--------+----+------+
|   6|   100|   100|01/02/2015|Mountain View|null|    null|null|  null|
|   4|   200|   400|01/02/2015|    Palo Alto|null|    null|null|  null|
|   3|     1|     6|01/01/2015|       Boston|   1|   James|  21|     M|
|null|  null|  null|      null|         null|   2|     Liz|  25|     F|
|null|  null|  null|      null|         null|   3|    John|  31|     M|
|null|  null|  null|      null|         null|   4|Jennifer|  45|     F|
|   1|     5|     3|01/01/2015|San Francisco|   5|  Robert|  41|     M|
|   2|     6|     1|01/02/2015|     San Jose|   6|  Sandra|  45|     F|
+----+------+------+----------+-------------+----+--------+----+------+
```

```
val leftOuterDF = transactionDF.join(customerDF, $"custId" === $"cId", "left_outer")
```

`leftOuterDF.show`

```
+---+------+------+----------+-------------+---+------+----+------+
|tId|custId|prodId|      date|         city|cId|  name| age|gender|
+---+------+------+----------+-------------+---+------+----+------+
|  1|     5|     3|01/01/2015|San Francisco|  5|Robert|  41|     M|
|  2|     6|     1|01/02/2015|     San Jose|  6|Sandra|  45|     F|
|  3|     1|     6|01/01/2015|       Boston|  1| James|  21|     M|
|  4|   200|   400|01/02/2015|    Palo Alto|null|  null|null|  null|
|  6|   100|   100|01/02/2015|Mountain View|null|  null|null|  null|
+---+------+------+----------+-------------+---+------+----+------+
```

`val rightOuterDF = transactionDF.join(customerDF, $"custId" === $"cId", "right_outer")`
`rightOuterDF.show`

```
+----+------+------+----------+-------------+---+--------+---+------+
| tId|custId|prodId|      date|         city|cId|    name|age|gender|
+----+------+------+----------+-------------+---+--------+---+------+
|   3|     1|     6|01/01/2015|       Boston|  1|   James| 21|     M|
|null|  null|  null|      null|         null|  2|     Liz| 25|     F|
|null|  null|  null|      null|         null|  3|    John| 31|     M|
|null|  null|  null|      null|         null|  4|Jennifer| 45|     F|
|   1|     5|     3|01/01/2015|San Francisco|  5|  Robert| 41|     M|
|   2|     6|     1|01/02/2015|     San Jose|  6|  Sandra| 45|     F|
+----+------+------+----------+-------------+---+--------+---+------+
```

limit

limit 方法返回一个只包含源 DataFrame 中指定行数的 DataFrame。

`val fiveCustomerDF = customerDF.limit(5)`
`fiveCustomer.show`

```
+---+--------+---+------+
|cId|    name|age|gender|
+---+--------+---+------+
|  1|   James| 21|     M|
|  2|     Liz| 25|     F|
|  3|    John| 31|     M|
|  4|Jennifer| 45|     F|
|  5|  Robert| 41|     M|
+---+--------+---+------+
```

orderBy

orderBy 方法返回按照指定列排序的 DataFrame。它的参数是一个或多个列名。

`val sortedDF = customerDF.orderBy("name")`
`sortedDF.show`

```
+---+--------+---+------+
|cId|    name|age|gender|
+---+--------+---+------+
|  1|   James| 21|     M|
```

```
|  4|Jennifer| 45|     F|
|  3|    John| 31|     M|
|  2|     Liz| 25|     F|
|  5|  Robert| 41|     M|
|  6|  Sandra| 45|     F|
+---+--------+---+------+
```

默认情况下，orderBy 按照升序排列。可以像下面这样显式指定是升序还是降序。

```
val sortedByAgeNameDF = customerDF.sort($"age".desc, $"name".asc)
sortedByAgeNameDF.show
```

```
+---+--------+---+------+
|cId|    name|age|gender|
+---+--------+---+------+
|  4|Jennifer| 45|     F|
|  6|  Sandra| 45|     F|
|  5|  Robert| 41|     M|
|  3|    John| 31|     M|
|  2|     Liz| 25|     F|
|  1|   James| 21|     M|
+---+--------+---+------+
```

randomSplit

randomSplit 方法将源 DataFrame 分割成多个 DataFrame。它的参数是一个数组，数组的每个元素是权重。randomSplit 方法的返回值是一个 DataFrame 数组。randomSplit 方法在机器学习方面特别有用，特别是当你想要把原数据集分成训练集、验证集、测试集的时候。

```
val dfArray = homeDF.randomSplit(Array(0.6, 0.2, 0.2))
dfArray(0).count
dfArray(1).count
dfArray(2).count
```

rollup

rollup 方法以一列或多列的名称作为参数，并返回一个多维 rollup。当需要沿着诸如地理位置或时间这种分层维度对数据做子聚合时，rollup 方法就十分有用。

假设你有一个按照城市、州、国家记录年度销售额的数据集。rollup 方法可以用于从城市、州、国家各个维度统计销售额的总和。

```
case class SalesByCity(year: Int, city: String, state: String,
                       country: String, revenue: Double)
val salesByCity = List(SalesByCity(2014, "Boston", "MA", "USA", 2000),
                       SalesByCity(2015, "Boston", "MA", "USA", 3000),
                       SalesByCity(2014, "Cambridge", "MA", "USA", 2000),
                       SalesByCity(2015, "Cambridge", "MA", "USA", 3000),
                       SalesByCity(2014, "Palo Alto", "CA", "USA", 4000),
                       SalesByCity(2015, "Palo Alto", "CA", "USA", 6000),
                       SalesByCity(2014, "Pune", "MH", "India", 1000),
                       SalesByCity(2015, "Pune", "MH", "India", 1000),
                       SalesByCity(2015, "Mumbai", "MH", "India", 1000),
                       SalesByCity(2014, "Mumbai", "MH", "India", 2000))
```

```
val salesByCityDF = sc.parallelize(salesByCity).toDF()
val rollup = salesByCityDF.rollup($"country", $"state", $"city").sum("revenue")
rollup.show
```

```
+-------+-----+---------+------------+
|country|state|     city|sum(revenue)|
+-------+-----+---------+------------+
|  India|   MH|   Mumbai|      3000.0|
|    USA|   MA|Cambridge|      5000.0|
|  India|   MH|     Pune|      2000.0|
|    USA|   MA|   Boston|      5000.0|
|    USA|   MA|     null|     10000.0|
|    USA| null|     null|     20000.0|
|    USA|   CA|     null|     10000.0|
|   null| null|     null|     25000.0|
|  India|   MH|     null|      5000.0|
|    USA|   CA|Palo Alto|     10000.0|
|  India| null|     null|      5000.0|
+-------+-----+---------+------------+
```

sample

sample 方法返回一个 DataFrame，这个 DataFrame 包含源 DataFrame 中指定比例行数的数据。sample 方法有两个参数。第一个参数是一个布尔值，表示这是否是一个有取回的抽样。第二个参数指定抽样数据行的比例。

```
val sampleDF = homeDF.sample(true, 0.10)
```

select

select 方法返回一个 DataFrame，这个 DataFrame 只包含源 DataFrame 中指定列的数据。

```
val namesAgeDF = customerDF.select("name", "age")
namesAgeDF.show
```

```
+--------+---+
|    name|age|
+--------+---+
|   James| 21|
|     Liz| 25|
|    John| 31|
|Jennifer| 45|
|  Robert| 41|
|  Sandra| 45|
+--------+---+
```

select 方法的一个重载版本的参数可以是一个或多个列表达式。

```
val newAgeDF = customerDF.select($"name", $"age" + 10)
newAgeDF.show
```

```
+--------+----------+
|    name|(age + 10)|
```

```
+--------+----------+
|  James |       31|
|    Liz |       35|
|   John |       41|
|Jennifer|       55|
| Robert |       51|
| Sandra |       55|
+--------+----------+
```

selectExpr

selectExpr 方法的参数是一个或多个 SQL 表达式，返回值是执行这些 SQL 表达式而生成的 DataFrame。

```scala
val newCustomerDF = customerDF.selectExpr("name", "age + 10  AS new_age",
                                          "IF(gender = 'M', true, false) AS male")

newCustomerDF.show
```

```
+--------+-------+-----+
|    name|new_age| male|
+--------+-------+-----+
|   James|     31| true|
|     Liz|     35|false|
|    John|     41| true|
|Jennifer|     55|false|
|  Robert|     51| true|
|  Sandra|     55|false|
+--------+-------+-----+
```

withColumn

withColumn 方法会对源 DataFrame 做新增一列或替换一原有列的操作，并返回一个 DataFrame。withColumn 方法有两个参数。第一个参数是新列的名字，第二个参数是生成新列中数据的表达式。

```scala
val newProductDF = productDF.withColumn("profit", $"price" - $"cost")
newProductDF.show
```

```
+---+-------+------+-----+------+
|pId|   name| price| cost|profit|
+---+-------+------+-----+------+
|  1| iPhone| 600.0|400.0| 200.0|
|  2| Galaxy| 500.0|400.0| 100.0|
|  3|   iPad| 400.0|300.0| 100.0|
|  4| Kindle| 200.0|100.0| 100.0|
|  5|MacBook|1200.0|900.0| 300.0|
|  6|   Dell| 500.0|400.0| 100.0|
+---+-------+------+-----+------+
```

RDD 操作

DataFrame 类支持一些常用的 RDD 操作，比如 map、flatMap、foreach、foreachPartition、mapPartition、coalesce、repartition。这些操作做的事情类似于 RDD 类中同名操作所做的事情。

此外，如果需要使用 DataFrame 类中没有但是 RDD 类中有的方法，可以从 DataFrame 中创建 RDD。本节将介绍从 DataFrame 中创建 RDD 的常用方法。

rdd

rdd 是 DataFrame 类中定义的延迟初始化成员。它用一个由 Row 实例构成的 RDD 来代表源 DataFrame。

就像之前所说的，一个 Row 实例表示源 DataFrame 中的一个关系元组。可以使用通用方法或原生的初等方法通过序列号来访问其中的字段。

下面是一个例子。

```
val rdd = customerDF.rdd
```

```
rdd: org.apache.spark.rdd.RDD[org.apache.spark.sql.Row] = MapPartitionsRDD[405] at rdd at
<console>:27
```

```
val firstRow = rdd.first
```

```
firstRow: org.apache.spark.sql.Row = [1,James,21,M]
```

```
val name = firstRow.getString(1)
```

```
name: String = James
```

```
val age = firstRow.getInt(2)
```

```
age: Int = 21
```

可以使用 Scala 的模式匹配从 Row 实例中提取字段值。

```
import org.apache.spark.sql.Row
val rdd = customerDF.rdd
```

```
rdd: org.apache.spark.rdd.RDD[org.apache.spark.sql.Row] = MapPartitionsRDD[113] at rdd at
<console>:28
```

```
val nameAndAge = rdd.map {
              case Row(cId: Long, name: String, age: Int, gender: String) => (name, age)
          }
```

```
nameAndAge: org.apache.spark.rdd.RDD[(String, Int)] = MapPartitionsRDD[114] at map at
<console>:30
```

```
nameAndAge.collect
```

```
res79: Array[(String, Int)] = Array((James,21), (Liz,25), (John,31), (Jennifer,45),
(Robert,41), (Sandra,45))
```

toJSON

toJSON 方法将从源 DataFrame 中生成一个 RDD，这个 RDD 中的每一个元素都是一个 JSON 对象。

```
val jsonRDD = customerDF.toJSON
```

```
jsonRDD: org.apache.spark.rdd.RDD[String] = MapPartitionsRDD[408] at toJSON at
<console>:28
```

```
jsonRDD.collect
```

```
res80: Array[String] = Array({"cId":1,"name":"James","age":21,"gender":"M"},
{"cId":2,"name":"Liz","age":25,"gender":"F"},
{"cId":3,"name":"John","age":31,"gender":"M"},
{"cId":4,"name":"Jennifer","age":45,"gender":"F"},
{"cId":5,"name":"Robert","age":41,"gender":"M"},
{"cId":6,"name":"Sandra","age":45,"gender":"F"})
```

操作

与 RDD 中的操作（action）相类似，DataFrame 类中的操作方法将结果返回给驱动程序。本节将介绍 DataFrame 类中常用的操作方法。

collect

collect 方法返回一个数组，这个数组的每个元素就是 DataFrame 中的一行数据。

```
val result = customerDF.collect
```

```
result: Array[org.apache.spark.sql.Row] = Array([1,James,21,M], [2,Liz,25,F],
[3,John,31,M], [4,Jennifer,45,F], [5,Robert,41,M], [6,Sandra,45,F])
```

count

count 方法返回源 DataFrame 中的行数。

```
val count = customerDF.count
```

```
count: Long = 6
```

describe

describe 方法一般用于探索性数据分析。它返回源 DataFrame 中数值列的统计信息，这些统计信息包括最小值、最大值、个数、平均值、标准差。describe 方法的参数是一个或多个列名。

```
val summaryStatsDF = productDF.describe("price", "cost")
```

```
summaryStatsDF: org.apache.spark.sql.DataFrame = [summary: string, price: string, cost: string]
```

```
summaryStatsDF.show
```

```
+-------+------------------+------------------+
|summary|             price|              cost|
+-------+------------------+------------------+
|  count|                 6|                 6|
|   mean| 566.6666666666666| 416.6666666666667|
| stddev|309.12061651652357|240.94720491334928|
|    min|             200.0|             100.0|
|    max|            1200.0|             900.0|
+-------+------------------+------------------+
```

first

first 方法返回源 DataFrame 中的第一行。

```
val first = customerDF.first
```

```
first: org.apache.spark.sql.Row = [1,James,21,M]
```

show

show 方法将源 DataFrame 中的行以表格的形式显示在驱动程序的控制台上。show 方法会显示前 N 行，其中整数 N 为它的可选参数。如果不提供任何参数，show 方法会显示前 20 行。

```
customerDF.show(2)
```

```
+---+-----+---+------+
|cId| name|age|gender|
+---+-----+---+------+
|  1|James| 21|     M|
|  2|  Liz| 25|     F|
+---+-----+---+------+
only showing top 2 rows
```

take

take 方法将以数组的形式返回源 DataFrame 的前 N 行，其中整数 N 为该方法的参数。

```
val first2Rows = customerDF.take(2)
```

```
first2Rows: Array[org.apache.spark.sql.Row] = Array([1,James,21,M], [2,Liz,25,F])
```

输出操作

输出操作将 DataFrame 存储至存储系统中。在 Spark 1.4 之前，DataFrame 提供了各种各样的方法用于将 DataFrame 存储至各种各样的存储系统中。在 Spark 1.4 之后，这些方法都被 write 方法替代了。

write

write 方法返回 DataFrameWriter 类的一个实例。DataFrameWriter 类提供了多种用于将 DataFrame 内容保存至数据源的方法。下一节将介绍 DataFrameWriter 类。

7.4.5　保存 DataFrame

Spark SQL 为将 DataFrame 保存至各种各样的数据源提供了统一的接口。借由此接口可以将 DataFrame 保存至关系数据库、NoSQL 数据存储以及其他各种文件格式的文件中。

DataFrameWriter 类中定义了将数据写入数据源的接口。借由它提供的构造方法，可以设置存储数据的各个不同选项。举例来说，可以指定格式、分区，以及如何处理已有的数据。

下面的例子展示了如何将 DataFrame 存储至各个不同的存储系统中。

```
// save a DataFrame in JSON format
customerDF.write
  .format("org.apache.spark.sql.json")
  .save("path/to/output-directory")

// save a DataFrame in Parquet format
homeDF.write
  .format("org.apache.spark.sql.parquet")
  .partitionBy("city")
  .save("path/to/output-directory")

// save a DataFrame in ORC file format
homeDF.write
  .format("orc")
  .partitionBy("city")
  .save("path/to/output-directory")

// save a DataFrame as a Postgres database table
df.write
  .format("org.apache.spark.sql.jdbc")
  .options(Map(
    "url" -> "jdbc:postgresql://host:port/database?user=<USER>&password=<PASS>",
    "dbtable" -> "schema-name.table-name"))
  .save()

// save a DataFrame to a Hive table
df.write.saveAsTable("hive-table-name")
```

可以将 DataFrame 存储至任何 Hadoop 支持的存储系统中，包括本地文件系统、HDFS、Amazon S3，可以使用的格式包括 Parquet、JSON、OCR、CSV。

如果数据源支持分区，可以借由 DataFrameWriter 类中的 partitionBy 方法来指定。partitionBy 方法会按照指定的列对行进行分区，为指定列中每个不同的值创建一个子目录。如果分区存储，就可以在查询时进行分区修剪。如果谓词中恰好有分区的列，这个使用 Spark SQL 的查询能避免大量的磁盘 I/O 操作。

考虑下面这个例子。

```
homeDF.write
  .format("parquet")
  .partitionBy("city")
  .save("homes")
```

因为在上面的例子中根据城市这一列进行了分区，所以在 homes 目录下会为每一个唯一的城市创建一个子目录。比如，在 homes 目录下会创建城市为 Berkeley 的目录、城市为 Fremont 的目录、城市为 Oakland 的目录，等等。

下面的代码将仅仅读取城市为 Berkeley 的子目录，跳过 homes 目录下的其他城市子目录。对于一个有上百个城市的数据集而言，这将有若干个数量级的应用性能提升。

```
val newHomesDF = sqlContext.read.format("parquet").load("homes")
newHomesDF.registerTempTable("homes")
val homesInBerkeley = sqlContext.sql("SELECT * FROM homes WHERE city = 'Berkeley'")
```

在保存 DataFrame 时，如果目的路径或表已经存在，Spark SQL 默认将会抛出异常。可以通过 DataFrameWriter 类中的 mode 方法来改变这一行为。mode 方法只有一个参数，这个参数用于指定当目的路径或表存在的情况下，Spark SQL 如何处理。mode 方法支持下列几个选项。

❑ error：这是默认情况。如果目的路径或表存在，Spark SQL 将抛出异常。

❑ append：如果目的路径或表存在，Spark SQL 将保存的数据追加到已有的数据中。

❑ overwrite：如果目的路径或表存在，Spark SQL 将覆盖已有的数据。

❑ ignore：如果目的路径或表存在，Spark SQL 将忽略此操作。

下面是一些例子。

```
customerDF.write
  .format("parquet")
  .mode("overwrite")
  .save("path/to/output-directory")

customerDF.write
  .mode("append")
  .saveAsTable("hive-table-name")
```

除了这里展示出来的将数据写入数据源的方法以外，DataFrameWriter 类还提供了一些特别的方法用于将数据写入那些内置支持的数据源中。这些数据源包括 Parquet、ORC、JSON、Hive、兼容 JDBC 的数据库。

JSON

json 方法将以 JSON 格式保存 DataFrame 的内容。它的参数是一个路径，这个路径可以是本地文件系统、HDFS 或 S3 上。

```
customerDF.write.json("path/to/directory")
```

Parquet

parquet 方法的参数是一个路径，DataFrame 的内容将会以 Parquet 格式保存在该路径上。

```
customerDF.write.parquet("path/to/directory")
```

ORC

orc 方法将 DataFrame 保存成 ORC 文件。与 JSON 方法和 Parquet 方法类似，它的参数也是一个路径。

```
customerDF.write.orc("path/to/directory")
```

Hive

saveAsTable 方法将 DataFrame 的内容保存至 Hive 表中。它将 DataFrame 保存成一个文件并且将元数据当成表注册到 Hive metastore 中。

```
customerDF.write.saveAsTable("hive-table-name")
```

兼容 JDBC 的数据库

jdbc 方法使用 JDBC 接口将 Dataframe 存储至数据库中。它有 3 个参数：数据库的 JDBC URL、表名、连接属性。连接属性用于指定诸如用户名、密码之类的连接参数。

```
val jdbcUrl ="jdbc:mysql://host:port/database"
val tableName = "table-name"
val connectionProperties = new java.util.Properties
connectionProperties.setProperty("user","database-user-name")
connectionProperties.setProperty("password"," database-user-password")

customerDF.write.jdbc(jdbcUrl, tableName, connectionProperties)
```

7.5　内置函数

Spark SQL 自带了一组功能丰富的内置函数，这些函数都是为了执行效率而优化过的。Spark SQL 使用了代码生成技术来实现它们。这些函数既可以用于 DataFrame API，也可以用于 SQL 接口。

为了能在 DataFrame API 中使用它们，需要在代码中添加一行 import 语句。

```
import org.apache.spark.sql.functions._
```

这些内置函数可以分为如下几类：聚合操作、集合操作、日期 / 时间、数学、字符串、窗口操作、其他杂项。

7.5.1 聚合操作

聚合操作函数用于在一列上进行聚合操作。内置的聚合操作函数包括 approxCount-Distinct、avg、count、countDistinct、first、last、max、mean、min、sum、sumDistinct。

下面是如何使用这类内置函数的一个例子。

```
val minPrice = homeDF.select(min($"price"))
minPrice.show
```

```
+----------+
|min(price)|
+----------+
|   1100000|
+----------+
```

7.5.2 集合操作

集合操作函数作用于多列上，这些列都包含一个多元素的集合。内置的集合操作函数包括 array_contains、explode、size、sort_array。

7.5.3 日期 / 时间

对于包含时间类型的值的列而言，使用日期时间函数处理就方便多了。内置的日期时间函数可以进一步分为以下几类：转换、抽取、算术、其他杂项。

转换

转换函数将时间值从一个格式转换成另外一个格式。举例来说，可以使用 unix_time-stamp 函数将 yyyy-MM-dd HH:mm:ss 格式的时间戳字符串转换成 UNIX 时间戳。相反，from_unixtime 函数将 UNIX 时间戳准换成时间戳字符串。Spark SQL 还提供将时间戳从一个时区转换成另外一个时区的函数。

内置的转换函数包括 unix_timestamp、from_unixtime、to_date、quarter、day、dayofyear、weekofyear、from_utc_timestamp、to_utc_timestamp。

字段抽取

可以使用字段抽取函数从时间值中提取年份、月份、小时、分钟、秒钟。内置的字段抽取函数包括 year、quarter、month、weekofyear、dayofyear、dayofmonth、hour、minute、second。

时间算术运算

算术函数用于在包含时间值的列上进行算术运算。举例来说，可以计算两个日期的时间差，一个日期后几天的日子，一个日期前几天的日子。内置的日期算术函数包括 date-diff、date_add、date_sub、add_months、last_day、next_day、months_between。

杂项

除了上面提及的函数以外，Spark SQL 还提供了一些有用的与日期和时间相关的函数，比如 current_date、current_timestamp、trunc、date_format。

7.5.4　数学

数学函数用于处理数值类型的列。Spark SQL 本身就自带一些内置数学函数，这些数学函数包括 abs、ceil、cos、exp、factorial、floor、hex、hypot、log、log10、pow、round、shiftLeft、sin、sqrt、tan 以及其他一些常用的数学函数。

7.5.5　字符串

Spark SQL 为处理包含字符串的列提供各种各样的内置函数。举例来说，可以对一个字符串进行分割、大小写转换并删除首尾空白。这些内置的字符串函数包括 ascii、base64、concat、concat_ws、decode、encode、format_number、format_string、get_json_object、initcap、instr、length、levenshtein、locate、lower、lpad、ltrim、printf、regexp_extract、regexp_replace、repeat、reverse、rpad、rtrim、soundex、space、split、substring、substring_index、translate、trim、unbase64、upper 以及其他一些常用的字符串函数。

7.5.6　窗口

Spark SQL 提供分析所需的窗口函数。窗口函数将在当前窗口对应的行集合上进行计算。Spark SQL 提供的内置窗口函数包括 cumeDist、denseRank、lag、lead、ntile、percentRank、rank、rowNumber。

7.6　UDF 和 UDAF

Spark SQL 允许用户定义的函数（UDF）以及用户定义的聚合函数（UDAF）。UDF 和 UDAF 都在一个数据集上进行指定的计算。UDF 每次都在一行数据上进行指定的计算，返回一个值。UDAF 则在多行构成的分组上进行指定的聚合操作。

UDF 和 UDAF 一旦注册到 Spark SQL 中，就可以像内置函数那样使用了。

7.7　一个交互式分析的例子

就像我们之前所说的，可以把 Spark SQL 当成一个交互式分析的工具来使用。上一节中我们为了便于理解使用了玩具性质的例子来进行说明。本节将展示在一个真实的数据集上怎么使用 Spark SQL 来进行交互式数据分析。可以使用集成语言的查询或 SQL/HiveQL 来进行数据分析。本节将演示它们是如何等价地使用的。

我们使用的数据集是 Yelp 数据挑战赛提供的数据集。它可以从 www.yelp.com/dataset_challenge 下载。它包含一系列的数据文件。这里使用的是 yelp_academic_dataset_business.json 这个文件。这个文件的内容是一些商家数据，它的每一行都是一个 JSON 对象。每一个 JSON 对象表示一个商家，其中包含的信息有商家名称、所在城市、所在州、点评、平均排名、分类和其他一些属性。可以从 Yelp 网站了解这个数据集的详情。

如果 Spark shell 尚未运行，让我们从终端运行它。

```
path/to/spark/bin/spark-shell --master local[*]
```

就像之前所说的，--master 参数用于指定 Spark shell 需要连接的 Spark master。在本节的例子中，我们使用 Spark 本地模式。如果你使用的是一个真实的 Spark 集群，你需要将 master-URL 修改成指向你的 Spark master。除此以外，本节中的其他代码并不需要做任何的改动。

出于可读性的考虑，本节中的某些代码语句会写成多行。在 Spark shell 中一旦按下回车键，Spark shell 就会执行输入的语句。如果要输入多行语句，你需要使用 Spark shell 的复制模式。或者也可以单行输入一个完整的语句。

考虑下面的这个例子。

```
biz.filter("...")
   .select("...")
   .show()
```

在 Spark shell 中，可以像下面这样输入而不用换行。

```
biz.filter("...").select("...").show()
```

让我们来看看另外一个例子。

```
sqlContext.sql("SELECT x, count(y) as total FROM t
               GROUP BY x
               ORDER BY total")
          .show(50)
```

在 Spark shell 中可以将上面的代码像下面这样输入而不用换行。

```
sqlContext.sql("SELECT x, count(y) as total FROM t GROUP BY x ORDER BY total ").show(50)
```

让我们开始吧。

因为我们需要使用 Spark SQL 库中的类和函数，所以我们需要下面的 import 语句。

```
import org.apache.spark.sql._
```

让我们从 Yelp 的商家数据集中创建 1 个 DataFrame。

```
val biz = sqlContext.read.json("path/to/yelp_academic_dataset_business.json")
```

上面的代码与下面的等价。

```
val biz = sqlContext.read.format("json").load("path/to/yelp_academic_dataset_business.json")
```

在你操作时请确认文件路径是正确的。将 path/to 替换成解压 Yelp 数据集的目录。一旦找不到指定的文件，Spark SQL 会抛出异常。

Spark SQL 会从 JSON 文件中一次性读入整个数据集从而推断其数据格式。让我们检查 Spark SQL 自动推断出来的数据格式。

```
biz.printSchema()
```

部分输出如下所示。

```
root
 |-- attributes: struct (nullable = true)
 |    |-- Accepts Credit Cards: string (nullable = true)
 |    |-- Ages Allowed: string (nullable = true)
 |    |-- Alcohol: string (nullable = true)
 ...
 ...
 ...
 |-- name: string (nullable = true)
 |-- open: boolean (nullable = true)
 |-- review_count: long (nullable = true)
 |-- stars: double (nullable = true)
 |-- city: string (nullable = true)
 |-- state: string (nullable = true)
 |-- type: string (nullable = true)
```

为了能够使用 SQL/HiveQL 接口，我们需要将 biz 这个 DataFrame 注册为临时表。

```
biz.registerTempTable("biz")
```

现在我们可以使用 DataFrame API 或 SQL/HiveQL 来分析 Yelp 的商家数据集了。我们将分别展示使用二者来进行分析的代码，但是只展示 SQL/HiveQL 查询的输出。

由于我们将反复使用这笔数据，故让我们先将数据缓存到内存中。

语言集成的查询

```
biz.cache()
```

SQL

```
sqlContext.cacheTable("biz")
```

我们也可以像下面这样使用 CACHE TABLE 语句来缓存一个表。

```
sqlContext.sql("CACHE TABLE biz")
```

需要注意的是，一旦使用 CACHE TABLE 语句，Spark SQL 会立即缓存表。这与 RDD 的缓存是不同的。

由于本节的目的仅仅在于演示如何使用 Spark SQL 库来进行交互式数据查询，因此下面的这些步骤并没有严格的顺序要求。我们选取的查询略显凌乱。可以按照不同的顺序来对数据进行分析。在每个例子之前我们会先声明查询的目的，然后给出达成该目标的 Spark SQL 代码。

下面统计数据集中商家的个数。

语言集成的查询

```
val count = biz.count()
```

SQL

```
sqlContext.sql("SELECT count(1) as businesses FROM biz").show
```

```
+----------+
|businesses|
+----------+
|     61184|
+----------+
```

接下来，按州统计商家的个数。

语言集成的查询

```
val bizCountByState = biz.groupBy("state").count
bizCountByState.show(50)
```

SQL

```
sqlContext.sql("SELECT state, count(1) as businesses FROM biz GROUP BY state").show(50)
```

```
+-----+----------+
|state|businesses|
+-----+----------+
|  XGL|         1|
|   NC|      4963|
|   NV|     16485|
|   AZ|     25230|
...
...
|  MLN|       123|
|  NTH|         1|
|   MN|         1|
+-----+----------+
```

然后，按州统计商家的个数，并按照降序排列。

语言集成的查询

```
val resultDF = biz.groupBy("state").count
resultDF.orderBy($"count".desc).show(5)
```

SQL

```
sqlContext.sql("SELECT state, count(1) as businesses FROM biz GROUP BY state ORDER BY businesses DESC").show(5)
```

```
+-----+-------------+
|state|businesses   |
+-----+-------------+
|   AZ|        25230|
|   NV|        16485|
|   NC|         4963|
|   QC|         3921|
|   PA|         3041|
```

```
+-----+-------------+
only showing top 5 rows
```

也可以将集成语言的查询写成下面这样。

```
val resultDF = biz.groupBy("state").count
resultDF.orderBy(resultDF("count").desc).show(5)
```

这两个版本的区别在于你采用何种方式指定 resultDF 这个 DataFrame 中的 count 列。可以把 $count 看成 resultDF("count") 的缩写。如果一个方法或函数的参数是 Column 类型，就可以使用这种写法。

让我们找出哪些商家是 5 星排名的。

语言集成的查询

```
biz.filter(biz("stars") <=> 5.0)
    .select("name","stars", "review_count", "city",  "state")
    .show(5)
```

SQL

```
sqlContext.sql("SELECT name, stars, review_count, city, state FROM biz WHERE stars=5.0").show(5)
```

```
+--------------------+-----+------------+------------+-----+
|                name|stars|review_count|        city|state|
+--------------------+-----+------------+------------+-----+
|    Alteration World|  5.0|           5|    Carnegie|   PA|
|American Buyers D...|  5.0|           3|   Homestead|   PA|
|Hunan Wok Chinese...|  5.0|           4|West Mifflin|   PA|
|      Minerva Bakery|  5.0|           7|  McKeesport|   PA|
|                Vivo|  5.0|           3|    Bellevue|   PA|
+--------------------+-----+------------+------------+-----+
only showing top 5 rows
```

上面的代码首先使用 filter 方法来过滤出那些平均排名是 5 星的商家。用于判断是否相等的 <=> 操作符对于空值而言是安全的。过滤完商家之后，我们选取了我们感兴趣的列作为子集。最后，我们将其中的 5 个商家显示在控制台上。

下个例子中，我们将找出内华达州的 3 个 5 星商家。

语言集成的查询

```
biz.filter($"stars" <=> 5.0 && $"state" <=> "NV")
    .select("name","stars", "review_count", "city",  "state")
    .show(3)
```

SQL

```
sqlContext.sql("SELECT name, stars, review_count, city, state FROM biz WHERE state = 'NV'
AND stars = 5.0").show(3)
```

```
+--------------------+-----+------------+---------+-----+
|                name|stars|review_count|     city|state|
```

```
+-------------------+-----+------------+---------+-----+
|             Adiamo|  5.0|           4|Henderson|   NV|
|CD Young's Profes...|  5.0|           8|Henderson|   NV|
|Liaisons Salon & Spa|  5.0|           5|Henderson|   NV|
+-------------------+-----+------------+---------+-----+
only showing top 3 rows
```

接下来，统计每个州的点评数。

语言集成的查询

biz.groupBy("state").sum("review_count").show()

SQL

sqlContext.sql("SELECT state, sum(review_count) as reviews FROM biz GROUP BY state").show()

```
+-----+-------+
|state|reviews|
+-----+-------+
|  XGL|      3|
|   NC| 102495|
|   NV| 752904|
|   AZ| 636779|
...

...
|   QC|  54569|
|  KHL|      8|
|   RP|     75|
+-----+-------+
only showing top 20 rows
```

接下来，统计各个排名对应的商家的数量。

语言集成的查询

biz.groupBy("stars").count.show()

SQL

sqlContext.sql("SELECT stars, count(1) as businesses FROM biz GROUP BY stars").show()

```
+-----+----------+
|stars|businesses|
+-----+----------+
|  1.0|       637|
|  3.5|     13171|
|  4.5|      9542|
|  3.0|      8335|
|  1.5|      1095|
|  5.0|      7354|
|  2.5|      5211|
|  4.0|     13475|
|  2.0|      2364|
+-----+----------+
```

接下来，统计各自州每个商家的平均点评数。

语言集成的查询

```
val avgReviewsByState = biz.groupBy("state").avg("review_count")
avgReviewsByState.show()
```

SQL

```
sqlContext.sql("SELECT state, AVG(review_count) as avg_reviews FROM biz GROUP BY state").show()
```

```
+-----+------------------+
|state|       avg_reviews|
+-----+------------------+
|  XGL|               3.0|
|   NC|20.651823493854522|
|   NV| 45.67206551410373|
|   AZ|25.238961553705906|
...
...
|   QC|13.917112981382301|
|  KHL|               8.0|
|   RP| 5.769230769230769|
+-----+------------------+
only showing top 20 rows
```

接下来，找出前 5 个商家平均点评数最多的州。

语言集成的查询

```
biz.groupBy("state")
   .avg("review_count")
   .withColumnRenamed("AVG(review_count)", "rc")
   .orderBy($"rc".desc)
   .selectExpr("state", "ROUND(rc) as avg_reviews")
   .show(5)
```

SQL

```
sqlContext.sql("SELECT state, ROUND(AVG(review_count)) as avg_reviews FROM biz GROUP BY
state ORDER BY avg_reviews DESC LIMIT 5").show()
```

```
+-----+-----------+
|state|avg_reviews|
+-----+-----------+
|   NV|       46.0|
|   AZ|       25.0|
|   PA|       24.0|
|   NC|       21.0|
|   IL|       21.0|
+-----+-----------+
```

接下来，找出拉斯维加斯排名和点评数前 5 的商家。

语言集成的查询

```
biz.filter($"city" === "Las Vegas")
   .sort($"stars".desc, $"review_count".desc)
   .select($"name", $"stars", $"review_count")
   .show(5)
```

SQL

```
sqlContext.sql("SELECT name, stars, review_count FROM biz WHERE city = 'Las Vegas' ORDER BY
stars DESC, review_count DESC LIMIT 5 ").show
```

```
+--------------------+-----+------------+
|                name|stars|review_count|
+--------------------+-----+------------+
|     Art of Flavors|  5.0|         321|
|Free Vegas Club P...|  5.0|         285|
|Fabulous Eyebrow ...|  5.0|         244|
|Raiding The Rock ...|  5.0|         199|
|            Eco-Tint|  5.0|         193|
+--------------------+-----+------------+
```

将数据以 Parquet 格式保存。

```
biz.write.mode("overwrite").parquet("path/to/yelp_business.parquet")
```

像下面这样读取上一步创建的 Parquet 文件。

```
val ybDF = sqlContext.read.parquet("path/to/yelp_business.parquet")
```

7.8　使用 Spark SQL JDBC 服务器进行交互式分析

本节将展示如何仅使用 SQL/HiveQL 来探索 Yelp 数据集。其中 Scala 根本都用不上。在这次分析中，我们将使用 Spark SQL Thrift/JDBC/ODBC 服务器和 Beeline 客户端，二者都已经预先打包在 Spark 中了。

第 1 步，从终端启动 Spark SQL Thrift/JDBC/ODBC 服务器。Spark 的 sbin 目录包含了启动它的脚本。

```
path/to/spark/sbin/start-thriftserver.sh --master local[*]
```

第 2 步，启动 Beeline，它是连接 Spark SQL Thrift/JDBC 服务器的 CLI 客户端。从概念上看，它类似于 MySQL 的客户端 mysql 或 PostgreSQL 的客户器 psql。可以在其中输入 HiveQL 查询，它会将输入的查询发送给 Spark SQL Thrift/JDBC 服务器供其执行，然后将结果输出在控制台上。

Spark 的 bin 目录包含了启动 Beeline 的脚本。打开另外一个终端，并在此启动 Beeline。

```
path/to/spark/bin/beeline
```

现在我们就在 Beeline shell 中了，我们将会看到像下面这样的 Beeline 提示符。

```
Beeline version 1.5.2 by Apache Hive
beeline>
```

第 3 步，在 Beeline shell 中连接 Spark SQL Thrift/JDBC 服务器。

```
beeline>!connect jdbc:hive2://localhost:10000
```

connect 命令需要一个 JDBC URL 作为参数。默认用于连接 Spark SQL Thrift/JDBC 服务器的 JDBC 端口为 10000。

Beeline 将会询问你用户名和密码。此时，只须输入你用于登录系统的用户名即可。密码为空。

```
beeline> !connect jdbc:hive2://localhost:10000
```

```
scan complete in 26ms
Connecting to jdbc:hive2://localhost:10000
Enter username for jdbc:hive2://localhost:10000: your-user-name
Enter password for jdbc:hive2://localhost:10000:
Connected to: Spark SQL (version 1.5.2)
Driver: Spark Project Core (version 1.5.2)
Transaction isolation: TRANSACTION_REPEATABLE_READ
0: jdbc:hive2://localhost:10000>
```

此时，你在 Beeline 客户端和 Spark SQL 服务器之间已经有了一个可用连接。

然而，Spark SQL 服务器却对 Yelp 数据集一无所知。创建一个指向 Yelp 数据集的临时表。

```
0: jdbc:hive2://localhost:10000> CREATE TEMPORARY TABLE biz USING org.apache.spark.sql.json
OPTIONS (path "path/to/yelp_academic_dataset_business.json");
```

在操作时，请将 path/to 替换成你解压 Yelp 数据集的目录。一旦找不到指定的文件，Spark SQL 会抛出异常。

CREATE TEMPORARY TABLE 命令在 Hive metastore 中创建一个外部临时表，仅当 Spark SQL JDBC 服务器正在运行时，临时表才存在。

```
0: jdbc:hive2://localhost:10000> SHOW TABLES;
```

```
+-----------+-------------+--+
| tableName | isTemporary |
+-----------+-------------+--+
| biz       | true        |
+-----------+-------------+--+
```

```
0: jdbc:hive2://localhost:10000> SELECT count(1) from biz;
```

```
+--------+--+
|   _c0  |
+--------+--+
| 61184  |
+--------+--+
```

0: jdbc:hive2://localhost:10000> SELECT state, count(1) as cnt FROM biz GROUP BY state ORDER BY cnt DESC LIMIT 5;

```
+--------+--------+--+
| state  |  cnt   |
+--------+--------+--+
| AZ     | 25230  |
| NV     | 16485  |
| NC     | 4963   |
| QC     | 3921   |
| PA     | 3041   |
+--------+--------+--+
5 rows selected (3.241 seconds)
```

0: jdbc:hive2://localhost:10000> SELECT state, count(1) as businesses, sum(review_count) as reviews FROM biz GROUP BY state ORDER BY businesses DESC LIMIT 5;

```
+--------+------------+----------+--+
| state  | businesses |  reviews |
+--------+------------+----------+--+
| AZ     | 25230      | 636779   |
| NV     | 16485      | 752904   |
| NC     | 4963       | 102495   |
| QC     | 3921       | 54569    |
| PA     | 3041       | 72409    |
+--------+------------+----------+--+
5 rows selected (1.293 seconds)
```

0: jdbc:hive2://localhost:10000> SELECT name, review_count, stars, city, state from biz WHERE stars = 5.0 ORDER BY review_count DESC LIMIT 5;

```
+---------------------------+--------------+--------+-------------+--------+--+
|           name            | review_count | stars  |    city     | state  |
+---------------------------+--------------+--------+-------------+--------+--+
| Art of Flavors            | 321          | 5.0    | Las Vegas   | NV     |
| PNC Park                  | 306          | 5.0    | Pittsburgh  | PA     |
| Gaucho Parrilla Argentina | 286          | 5.0    | Pittsburgh  | PA     |
| Free Vegas Club Passes    | 285          | 5.0    | Las Vegas   | NV     |
| Little Miss BBQ           | 267          | 5.0    | Phoenix     | AZ     |
+---------------------------+--------------+--------+-------------+--------+--+
5 rows selected (0.511 seconds)
```

现在我们可以使用普通的 SQL/HiveQL 查询来分析 Yelp 数据集了。下面是一些例子。

7.9　总结

Spark SQL 是一个便于对结构化数据进行快速分析的 Spark 库。它不仅为 Spark 提供了 SQL 接口，还提高了 Spark 的可用性、开发者的生产力以及应用的性能。

Spark SQL 为处理各种数据源中的结构化数据提供了统一的接口。它处理的数据可以存储在本地文件系统、HDFS、S3、兼容 JDBC 的数据库、NoSQL 数据存储中。可以使用 SQL、HiveQL、DataFrame API 来处理这些数据源里的数据。

Spark SQL 还提供了支持 Thrift/JDBC/ODBC 客户端的分布式 SQL 查询服务器。可以仅使用 SQL/HiveQL 来进行交互式数据分析。Spark SQL Thrift/JDBC/ODBC 服务器可以与任何支持 JDBC 或 ODBC 接口的第三方 BI 系统或数据可视化应用一起使用。

Chapter 8 第 8 章

使用 Spark 进行机器学习

近几年来，人们对于机器学习的兴趣与日俱增。机器学习本身也获得了长足的进步，其原因如下。第一，无论是硬件性能还是算法效率都有了进一步的提升。机器学习是计算密集型的。随着多 CPU、多核设备的普及以及算法的效率提升，我们可以在一个合理的时间内完成机器学习的计算工作了。第二，机器学习软件已经变得可以免费得到了。任何人都可以下载那些开源的高质量机器学习软件。第三，MOOC 的普及让更多的人了解机器学习。懂机器学习的人已经不再局限于那些拥有统计学博士学位的人了。任何人现在都可以学习、使用机器学习技术。

在我们日常使用的应用的背后都能找到机器学习的影子。Apple、Google、Facebook、Twitter、Linkedin、Amazon、Microsoft 以及其他公司都在它们的产品中都使用了机器学习。使用了机器学习的应用包括无人驾驶、动作感应游戏机、医疗诊断、反垃圾邮件、图像识别、语音识别、欺诈检测、电影、歌曲、书籍推荐。

本章先介绍了一些关于机器学习的核心概念，然后介绍了 Spark 提供的机器学习库。机器学习涵盖的内容广泛，可以单独成书介绍。实际上，市面上已经有了许多介绍机器学习的书了。详细介绍机器学习的细节已经超出了本书所涵盖的范畴，因此下一节将只介绍其中的一些基本概念，以便读者能理解本章的剩余内容。如果你对机器学习已经相当熟悉，你可以跳过下一节。

8.1 机器学习简介

机器学习是一门科学，主要工作是训练一个能从数据和行为中学习的系统。机器学习系统所做出种种行为的背后逻辑并不是显式编码指定的，而是从数据中学习得来的。

　　一个与机器学习类似的例子就是婴儿通过观察别人学习说话。婴儿出生时并不拥有任何的语言技能，但是他们通过观察别人来学着理解别人说的话、尝试说话。类似地，在机器学习中我们用数据来训练系统，而不是通过显式的编码指定其行为。

　　准确地说，机器学习算法将推断数据集中固有的模式以及各个不同变量之间的关系。在从训练数据集学习到了知识之后，我们将这些知识运用到其他数据上。换句话说，机器学习算法学习根据数据做出预测。

　　这里介绍机器学习领域中几个广泛使用的术语。

8.1.1　特征

　　特征表示一个观察对象的属性，也可以称为变量。准确地说，特征就是一个自变量。

　　对于一个表格形式的数据集而言，一行就表示一个观察对象，一列就表示一个特征。举例来说，考虑一个包含用户信息的数据集，它有如下字段：年龄、性别、职业、城市、收入。在机器学习中，这里的每一个字段都是一个特征。每一个用户信息都是一个观察对象。

　　特征也可以统称为维度。一个数据集有很多维度也就意味着它拥有大量的特征。

类别特征

　　类别特征或类别变量实际上就是一个描述性的特征。它的值只能是固定的几个离散值中的一个。它表示一个特定的值，比如某个名字或某个标签。

　　类别特征的值通常没有次序。以上一节提到的用户信息数据集为例，性别就是一个类别特征。它只能是男、女这两个值中的一个，无论哪一个都是一个标签。在这个数据集中，职业也是一个类别特征，但是它的可选值有数百个。

数值特征

　　数值特征也称为数值变量，它是一个可以取任意数值的定性变量。它用数值来描述一个可测量的数量。数值特征中的值具有数学意义的次序。以上一节提到的用户信息数据集为例，收入就是一个数值特征。

　　数值特征可以进一步分为离散特征和连续特征。离散数值特征的值只能是某些特定的值。举例来说，一个家庭中卧室的数量就是一个离散数值特征。连续数值特征的取值范围可以是一个有限区间，也可以是一个无限区间。温度就是一个连续数值特征的例子。

8.1.2　标签

　　标签是机器学习系统学习预测的变量。它是数据集中的因变量。标签可以分成两大类：类别型和数值型。

　　类别标签表示一个等级或一个类别。举例来说，对于一个将新闻进行分类的机器学习应用而言，它将新闻分成诸如政治、商业、技术、体育、娱乐等多个不同类别。这里新闻的类别就是一个类别标签。

数值标签是一个数值型的因变量。举例来说，对于一个预测房价的机器学习应用而言，房价就是一个数值标签。

8.1.3 模型

模型是用于捕获数据集中模式的数学结构。它会评估数据集中自变量和因变量之间的关系。它可用于预测。给定自变量的值，它可以通过计算预测出因变量的值。举例来说，考虑这么一个用于预测公司每季度销售额的应用，其自变量包括销售员人数、历史销售额、宏观经济条件以及其他因素。对于上述因变量的任意给定的组合，使用机器学习训练出来的模型就可以预测出这一季度的销售额。

模型基本上可以认为是一个数学函数，它把特征值作为输入，输出一个值。在软件中，它可以表示成多种形式。比如，它可以用一个类实例来表示。本章稍后部分给出详细的例子。

模型以及机器学习算法构成了机器学习系统的核心。机器学习算法使用数据来训练模型，从而使得模型得以匹配数据。因此，训练出来的模型可以预测出新观察对象的标签。

训练模型是一个计算密集型的任务，使用模型却不是。模型通常保存在硬盘上，这样，在将来使用的时候就不用再次执行那些计算密集的训练了。一个序列化的模型可以与其他应用共享。比如，对于一个有两个应用的机器学习系统，一旦其中一个应用训练出了一个模型，另外一个应用就可以直接使用这个模型了。

8.1.4 训练数据

机器学习算法用来训练模型的数据称为训练数据或训练集。训练数据一般是历史数据或者那些已知数据。比如，垃圾邮件过滤算法使用的训练数据就包括垃圾邮件数据集和正常邮件数据集。

训练数据可以分成两类：已标注的和未标注的。

已标注数据

已标注数据集中每一个观察对象都有一个标签。数据集就有一列就包含这些标签信息。举例来说，一个包含过去 10 年房屋销售情况的数据库就是一个已标注数据集。机器学习应用使用这个数据集来预测房屋的售价。这个例子中，房屋的售价就是一个标签，对于那些已经销售出去的房屋而言，售价是已知的。类似地，垃圾邮件过滤应用使用一个包含有大量邮件的数据集来训练模型，这个数据集中的一部分邮件被标注为垃圾邮件，其他则是正常邮件。

未标注数据

未标注数据集并没有可以当成标签的列。举例来说，考虑这么一个电商网站交易数据库，它记录了通过这个电商网站达成的每一笔在线消费记录。这个数据库并没有一列用来标识这是一笔正常交易还是欺诈交易。所以对于欺诈检测而言，这是一个未标注数据集。

8.1.5　测试数据

测试数据是指用于评估模型的预测表现的数据，它也称为测试集。一旦一个模型已经训练好了，在它使用在新数据之前，应将它作用于一个已知数据集上以测试它的预测能力。

测试数据应该在训练模型之前就准备好。测试数据在整个训练阶段都不能使用。它既不能用于训练模型，也不能用于优化模型。实际上，它不能以任何方式影响模型的训练，更不用说在训练阶段查看测试数据了。不能将训练数据集用于测试。模型通常在训练集上表现良好。应当用训练阶段没用过的数据用于测试模型。

通常的做法是在训练模型之前保留数据集的一部分作为测试数据。具体的比例大小取决于数据集的大小、自变量的个数等因素。一个常用的做法是将 80% 的数据用于训练模型，剩余的 20% 用于测试。

8.1.6　机器学习应用

机器学习可以用在不同领域的方方面面。很多应用都使用了机器学习，而且这样的应用与日俱增。机器学习可以分为如下几类。

- ❏ 分类
- ❏ 回归
- ❏ 聚类
- ❏ 异常检测
- ❏ 推荐
- ❏ 降维

分类

分类问题的目标是预测一个观察对象的等级或类别。类别可以用一个标签来表示。对于训练数据中的观察对象而言，标签是已知的。分类的目的就是训练出一个模型，以预测一个没有标签的新观察对象的标签。用数学语言描述，就是对于一个分类问题，有这么一个模型能够预测类别变量的值。

分类问题在很多领域都很常见。举例来说，垃圾邮件过滤就是一个分类问题。垃圾邮件过滤系统的目标就是识别一封电子邮件是否为垃圾邮件。类似地，肿瘤诊断也可以当作一个分类问题。肿瘤可能是良性的，也有可能是恶性的。肿瘤诊断的目的就是预测肿瘤是良性的还是恶性的。另外一个分类的例子就是判断借款人的信用情况。可以利用诸如个人收入、未偿债务、净值等信息对个人做出信用评级。

机器学习既可以用于二元分类，也可以用于多元分类。在上一个段落中就给出的一些二元分类的例子。在二元分类中，数据集中的观察对象分成了两个互斥类。每一个观察对象只能属于其中的一类。

在多元分类中，数据集中的观察对象分成了两个以上的类别。举例来说，手写邮编识别就是一个有 10 个类的多元分类问题。每一个手写的数字都将被识别为 0～9 中的某个数字。每一个数字就是一类。类似地，应用广泛的图像识别中也是一个多元分类问题。图像识别中一个广为人知的应用就是自动驾驶，也称为无人驾驶。另外一个应用就是 Xbox Kinect360，它利用机器学习来推测哪一部分是人体以及人体所在位置。

回归

回归问题的目的是为一个无标签观察对象预测出其对应的数值标签。对于训练数据集中的观察对象而言，它们的数值标签是已知的。基于此我们对模型进行训练以为新观察对象预测其标签。

回归的例子包括房产估价、资产交易、预测。在房产评估中，房产的价值是一个数值变量，模型将会预测出这个变量的值。在资产交易中，回归用于预测诸如股票、证券、货币等资产的价值。类似地，售卖或投资预测也是一个回归问题。

聚类

在聚类中，一个数据集会划分成指定数目的几类。类与类之间的元素远不如同一类中的元素相似。类的数量取决于应用。举例来说，保险公司可能会将它的顾客分为三类：低风险、中等风险、高风险。再举另外一个例子，出于研究的目的，一个应用可能会将同一社交网络中的用户分成 10 类。

有些人会认为聚类和分类很像，其实它们是不同的。在分类问题中，机器学习算法使用标注数据集来训练模型。而聚类则使用未标注数据集。另外，虽然聚类算法将数据集按照指定的类别数进行聚类，但是它不会为每个类贴标签。用户可以自行决定每个类代表的意义。

一个流行的聚类例子就是顾客分类。许多机构把聚类当成一种数据驱动技术来创建顾客类别，这些顾客类别可以被不同的市场活动当成目标群体。

异常检测

异常检测的目的是找出数据集中的离群值。这里隐含的假设是离群值表示的是异常观察对象。异常检测算法使用的是未标注数据。

异常检测在多个不同领域有广泛应用。在制造业，它用于自动发现残次产品。在数据中心，它用于发现不良系统。网站将它用于欺诈检测。另外一个常见应用就是安全攻击检测。网络攻击的流量与正常的网络流量是不同的。类似地，黑客在机器上的行为也与正常用户的不同。

推荐

推荐系统的目的在于向用户推荐产品。它利用用户的历史行为数据进行学习，从而确定用户的喜好。用户可以对不同产品进行评级，日积月累，推荐系统就能够知晓用户的偏好了。在某些情景下，用户并没有显式地对产品进行评级，但是用户通过诸如购买、点击、查看、点赞、分享等行为提供了对产品的隐式反馈。

推荐系统是机器学习中一个著名的例子。在越来越多的应用中都能看到它的身影。推荐系统用于推荐新闻、电影、电视剧、歌曲、书籍以及其他产品。举例来说，Netflix 使用推荐系统来向它的订阅用户推荐电影和演出。类似地，Spotify、Pandora 以及 Apple 使用推荐系统向它们的订阅用户推荐歌曲。

推荐系统中两个常用的技术分别是协同过滤和基于内容的推荐。在协同过滤中，我们并不需要知晓产品属性或用户的偏好。协同过滤算法假设用户的喜好和产品之间有潜在的联系，它会从不同用户对不同产品的评级中自动学习这些关系。输入的数据集是表格式的，每一行包含用户 ID、产品 ID 和评级。协同过滤就从包含这三个字段的数据中学习用户和产品之间的潜在联系。它从中得知哪些用户有类似的偏好、哪些产品有类似的属性。训练出来的模型用于向用户推荐产品。它向用户推荐的产品都是那些和他有类似偏好的用户评级比较高的。

基于内容的推荐根据指定产品的显式属性来决定哪些是类似的产品并进行推荐。举例来说，电影的属性有类型、主演、导演、发行年份。在基于内容的推荐系统中，每一部电影的这些属性都会记录下来。如果某个用户经常观看喜剧片，基于内容的推荐系统将会向它推荐类型为喜剧的电影。

降维

降维是一项很有用的技术，它用于降低训练机器学习系统的花销和时间。机器学习是一项计算密集型的任务，随着数据集中特征数或者维度的增加，其计算复杂度和花销也会相应增加。降维的目的就在于减少数据集的特征数，并且不会显著影响模型的预测表现。

如果一个数据集有过多的维度，就很可能导致它用于机器学习的代价比较大。举例来说，一个数据集有上千个特征。使用它来训练系统可能需要数天乃至数周的时间。一旦使用了降维这一技术，我们就可以把用它来训练系统的时间缩减为一个更合理的时间。

降维的基本思想就是数据集中存在不少对预测毫无帮助的特征。降维算法能够自动去除这些数据集中无用的特征。只有那些对预测有贡献的特征才会在机器学习中用到。而且，降维还能减少计算复杂度和机器学习的开销。

8.1.7　机器学习算法

机器学习算法使用数据来训练模型。训练模型的过程也可以视为一个让模型匹配数据的过程。换句话说，机器学习算法让模型去匹配训练数据。

根据训练数据的类型，机器学习算法可以分为两大类：有监督的和无监督的。

有监督的机器学习算法

有监督的机器学习算法使用标注数据集来训练模型。它只能使用有标注数据集作为训练数据。

训练数据集中的每一个观察对象都拥有一堆特征以及一个标签。这里标签就是因变量，也称为响应变量。特征就是自变量，也称为解释变量或预测变量。有监督的机器学习算法将利用数据进行学习，从而对响应变量与这些预测变量之间的关系做出估计。

训练数据集中的标签可能是人工标注的，也有可能来源于其他系统。举例来说，在垃圾邮件过滤中，我们会收集一部分邮件，并人工标注它是否为垃圾邮件。另外一个例子就是售量预测。历史售量的标签可能就来源于销售数据库。

有监督的机器学习算法可以分为两大类：回归和分类。

回归算法

回归算法使用带有数值标签的数据集来训练模型。训练完的模型可以对一个新的未标注观察对象预测其数值标签。

根据预测变量以及响应变量的个数，回归可以分为三类：简单回归、多重回归、多元回归。简单回归只有一个响应变量和一个预测变量。多重回归有一个响应变量，但是有多个预测变量。多元回归则有多个响应变量以及多个预测变量。

在有监督的机器学习算法中，常用的回归算法有线性回归、决策树以及聚合。

线性回归

线性回归使用训练数据来调整线性模型的系数。这里说的线性模型是系数和解释变量的线性组合。线性回归算法会根据训练数据来估计这些未知系数的值，这些系数也称为模型变量。最后确定出来的系数会使得训练数据中预测值与实际值的差值的平方和最小。

下面是一个线性模型的简单例子。

$$y = \theta_0 + \theta_1 x_1 + \theta_2 x_2 + \theta_3 x_1 x_2$$

在这个等式中，y 是标签或者因变量，x_1 和 x_2 是特征或者说自变量。对于训练集中每一个观察对象，x_1 和 x_2 的值是已知的。线性回归算法会根据训练集中的观察对象来估计 θ_1、θ_2、θ_3、θ_4 的值。一旦 θ_1、θ_2、θ_3、θ_4 的值得以确认，就可以根据 x_1 和 x_2 计算 y 的值。

图 8-1 是一个线性回归函数的图像。

线性回归是最简单、最古老的机器学习算法之一。它已经被人们深入研究且应用广泛。它可以用于预测、计划安排、资产评估。举例来说，它可以用于预测销售额。它可以用在数据中心中的预测系统里。它还可以用于判断房屋的价格。

保序回归

保序回归算法将使用一个非下降函数来匹配训练数据集。它会在保证训练出来的模型是一个非下降函数的前提下找出匹配训练数据集的最佳误差平方和。最小平方和函数会将训练数据中预测值与实际值的差值的平方和最小化。与线性回归不同的是，保序回归算法并不会对目标函数有任何的假设，比如目标函数是线性的。

图 8-2 展示了保序回归训练出来的模型与线性回归训练出来的模型之间的差别。

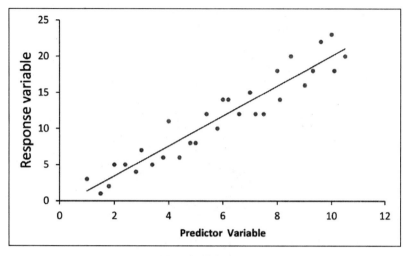

图 8-1　线性回归

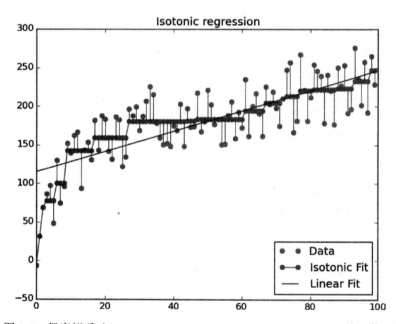

图 8-2　保序拟后（© Nelle Varoquaux and Alexandre Gramfort. 经许可使用）

决策树

决策树算法会根据训练数据集来推测出一组决策规则。从本质上说，它会创建一个用于预测观察对象数值标签的决策树（见图 8-3）。

树是一个由边和节点构成的分级结构。与图不同的是，树里面不存在回路。非叶子节点也称为内部节点或分裂节点。叶子节点也称为终止节点。

在决策树中，每一个内部节点会对某个特征或某个预测变量的值进行测试。训练数据集中的观察对象依据这些测试的结果划分成不同的组。一个叶子节点就代表一个组，它存储这个组内所有观察对象的平均值。

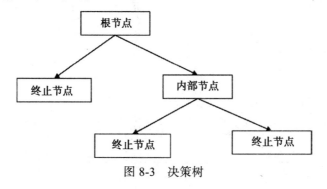

图 8-3 决策树

对于一个新的未标注对象，决策树模型会从根节点开始，根据内部节点的要求对该对象的特征进行测试。从顶至下遍历，直到抵达终止节点。这个终止节点存储的值就是预测的标签。从概念上看，可以用多级 if-else 语句实现决策树。决策树会对特征进行一系列的测试从而预测标签。

决策树可以用于回归，也可以用于分类。本节后面将会介绍如何用决策树进行分类。

相比于其他先进的机器学习算法，决策树算法有诸多优势。首先，用决策树训练出来的模型易于理解，也便于向别人解释介绍。其次，决策树既可以处理类别特征，也可以处理数值特征。再者，决策树并不需要很多的数据准备工作。举例来说，与其他算法不同，决策树并不需要特征缩放。

聚合

尽管决策树算法有如此之多的优势，但是它也有一个巨大的劣势。决策树没法达到那些用其他算法训练出来的模型的准确度。但是这个缺陷可以通过使用多棵决策树代替一颗决策树的方式来解决。

这种把多个模型结合在一起生成一个更强大模型的机器学习算法称为聚合学习算法。相比于单个模型，这种使用聚合学习算法得到的模型将会结合多个基础模型的预测值，以此来提高通用性与预测的准确性。聚合学习算法通常在分类和回归上表现良好。

常用的聚合算法包括随机森林和梯度提升树。这两种算法都由决策树聚合而来，但是区别在于决策树的生长方式不同。

- ❑ **随机森林**。随机森林算法使用训练数据中的一份随机抽样来训练决策树，每个决策树各自独立。而且每个决策树只使用部分特征进行训练。随机森林中决策树的数量都是数百棵这一量级的。使用随机森林算法创建的聚合模型的预测表现要优于单个决策树模型。

- ❑ **梯度提升树**。梯度提升算法也会训练出一批决策树。但是，它训练决策树时是依次进行的。在优化每一棵新的决策树时，它会使用上一棵训练出来的决策树的信息。

因而，随着一棵新决策树的产生，模型会越变越好。

由于 GBT 每次只训练一棵树的缘故，它在训练模型上需要花费大量的时间。另外，一旦聚合的树的数量过多，就很有可能发生过拟合。然而，GBT 中的每一个棵树都不高，训练起来比较快。

分类算法

分类算法会训练用于预测类别值的模型。在训练数据集中，因变量（或者响应变量）指的就是类别值。换句话说，标签就是一个类别值。

使用分类算法训练出来的模型可以是二分类、多分类、多标签分类这几种不同的分类器。

二分类会将观察对象分成两类：阳性的和阴性的。它预测出来的标签只能是这两类中的一类。

多分类会为给定的观察对象预测一个标签，这个标签可能的值有两个以上。举例来说，多分类可以用于对动物图片进行分类。这种情况下，标签的值可能是猫、狗、仓鼠、狮子或者其他动物。

多标签分类会为给定的观察对象贴上多个标签。举例来说，对于一篇涉及体育和经济的文章而言，新闻分类器会输出多个标签。

下面列出一些常用于分类的有监督的机器学习算法。

❑ logistic 回归
❑ 支持向量机
❑ 朴素贝叶斯
❑ 决策树
❑ 聚合
❑ 神经网络

logistic 回归

logistic 回归会训练出一个用于分类的线性模型。特殊的是，这个生成的模型还可以用于预测事件发生的概率。

logistic 回归使用 logistic 函数来为未标注观察对象预测每个标签值的可能性。logistic 函数也称为 sigmoid 函数。下面是一个 logistic 函数的例子。

$$P(Y=1|x;\theta)=\frac{1}{1+g^{(-\theta_0+\theta_1 x_1+\theta_2 x_2)}}$$

在上面的等式中，x_1、x_2、x_3 表示预测变量，Y 表示某个类别。logistic 回归算法将会使用训练数据集来估计 θ_1、θ_2、θ_3 的值。一旦 θ_1、θ_2、θ_3 的值确定下来，上面的这个等式就可以用于计算给定观察对象中每个标签的概率了。

图 8-4 是 logistic 函数的函数图像。

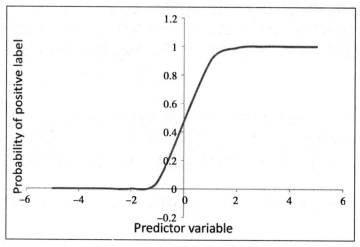

图 8-4　logistic 回归函数的图像

支持向量机

支持向量机算法会训练出一个最优分类器。从概念上看，它会从训练数据集中学着找到一个用于分类数据集的最优超平面（见图 8-5）。它最终找到的这个最佳超平面将训练数据集中的观察对象分为两类。其中，支持向量指的是那些最靠近分割平面的特征向量。

最佳超平面是那些与两类观察对象距离最远的平面之一。这里的距离指的是可以用于划分训练集中观察对象类别的间隔带的宽度。换句话说，就是让分割平面和两类中最近的特征向量之间的距离最大化。图 8-5 说明了这一点。

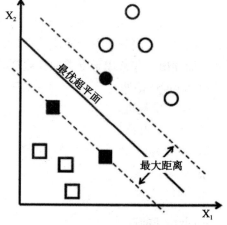

图 8-5　SVM 分类器

（图片来源：docs.opencv.org/2.4/doc/tutorials/ml/introduction_to_svm/introduction_to_svm.html）

可以把 SVM 当成一种基于核的方法来使用。基于核的方法往往意味着它会将特征向量映射到一个高维空间，从而使得它更容易找到分类观察对象的最优超平面（见图 8-6）。举例来说，在二维空间中，找到一个划分正面和负面对象的超平面是困难的。然而，如果把这些数据映射到三维或更高维空间，可能会更容易找到划分正面和负面对象的超平面。下面的例子展示了一过程。

基于核的方法会使用核函数，这个核函数就是相似度函数。核函数的输入是两个观察对象，输出的它们之间的相似度。

SVM 是一个强大的算法，但是相比于其他不那么高级的分类算法，它是技术密集型的。SVM 的一个优势就是哪怕数据集是非线性的，它也能工作得很好。

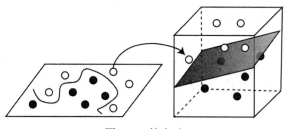

图 8-6　核方法

朴素贝叶斯

朴素贝叶斯算法使用贝叶斯理论来训练分类器。朴素贝叶斯算法训练出来的模型是一个概率分类器。对于一个给定的观察对象，它会计算出该对象为各个类别的概率。

贝叶斯理论主要描述了事件的条件概率，条件概率也称为先验概率。下面是贝叶斯理论的数学等式。

$$P(A|B) = \frac{P(B|A) \cdot P(A)}{P(B)}$$

在上面的等式中，A 和 B 都是事件。$P(A|B)$ 表示在 B 事件已经发生的情况下 A 事件发生的概率，这个概率就是先验概率，也称为条件概率。$P(B|A)$ 指的是在 A 事件已经发生的情况下 B 事件发生的概率。$P(A)$ 和 $P(B)$ 分别表示 A 事件和 B 事件各自发生的概率。

朴素贝叶斯算法假设所有的特征（预测变量）都是相互独立的。这也是它称为朴素的原因。理论上，只有预测变量在统计学上相互独立时才可以使用朴素贝叶斯算法。然而，在实际中，哪怕预测变量不相互独立，依旧可以使用朴素贝叶斯算法。

朴素贝叶斯特别适合高维数据集。尽管它是一个简单的算法，但是它的表现往往比其他高级的分类算法要好。

决策树

在介绍回归算法时，我们已经介绍了决策树算法。就像之前所说的，决策树既可以用于回归，也可以用于分类。除了在终止节点存储的值不一致以外，决策树在用于回归和用于分类时的工作方式是一样的。

用于回归时，终止节点存储的是数值，而用于分类时，终止节点存储的是类标签。多个终止节点存储的可能是同一个类标签。预测一个观察对象标签的流程如下，决策树模型从根节点开始，根据内部节点的要求，对该对象的特征进行测试。从顶至下遍历，直到抵达终止节点。终止节点存储的值就是预测的标签。

聚合

在介绍回归算法时，我们已经介绍了聚合算法。像随机森林和梯度提升这样的聚合算法也可以用于分类。

使用随机森林来预测类别标签的逻辑与其他的分类任务是不同的。随机森林会收集它的聚合集合中每一棵决策树的预测结果，然后输出占多数的预测结果作为它的预测结果。

神经网络

神经网络算法是受生物神经网络启发而产生的。它会尝试去模拟大脑。通常用于分类的神经网络是前馈神经网络。使用前馈神经网络算法训练出来的分类器也称为多层感知分类器。

多层感知分类器由一些相互连接的节点构成（见图 8-7）。节点也称为神经元。这个由相互连接的节点构成的网络可划分成多层。

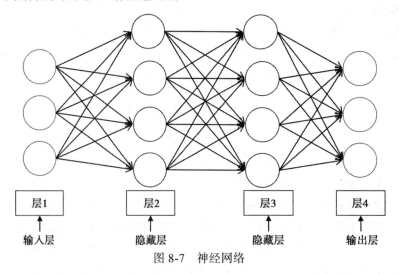

图 8-7　神经网络

第一层构成了分类器的输入。它表示观察对象的特征。而且第一层中节点的个数恰好就是输入特征的个数。

紧跟着输入层的是一个或多个隐藏层。拥有两个以上隐藏层的神经网络也称为深度神经网络。深度学习算法（最近又变得流行）使用这些隐藏层来训练模型。

一个隐藏层由若干个节点构成。通常来说，随着隐藏层中节点数的增加，模型的预测能力会随之提升。隐藏层的每一个节点把上一层中所有节点的输出作为输入，使用激活函数产生输出。

通常使用 logistic 函数（sigmoid 函数）作为激活函数。没有隐藏层的单层前馈神经网络和 logistic 回归模型类似。

最后一层也称为输出层，它表示不同类的标签。输出层节点的数量取决于类的标签数。一个二元分类器的输出层只有一个节点。一个 k 类分类器则会有 k 个输出节点。

在前馈神经网络中。输入数据从输入层经由隐藏层流向输出层，这期间不存在回路。

图 8-7 展示的就是一个前馈神经网络。

前馈神经网络算法使用一种称为反向传播的技术来训练模型。在训练阶段，预测的误差将会反馈回神经网络中。训练算法用根据这个信息来调整网络中连接节点的边的权重，从而减小预测误差。这个过程持续进行，直到预测误差小于预先定义的阈值为止。

通常情况下，使用只有一层隐藏层的神经网络就足以应付大部分的情况了。如果需要使用两层以上，建议每一个隐藏层中的节点数目都一样。

神经网络特别适合对那些非线性分隔的数据进行分类。图 8-8 就是一个对非线性分隔数据进行分类的例子。

神经网络也有若干缺点。使用它不便于解释说明。很难说明隐藏层的节点究竟代表什么。另外，相比于其他诸如 logistic 回归这样相对简单的分类算法而言，神经网络算法需要更多的计算，它是计算密集型的。

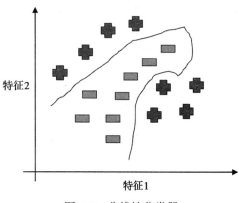

图 8-8　非线性分类器

无监督的机器学习算法

当数据集是未标注的时，使用无监督的机器学习算法。它会自动根据未标注数据进行分析。通常情况下，我们使用它的目的是找出未标注数据中的隐藏结构。无监督的机器学习算法广泛应用于聚类、异常检测、降维。

常用的无监督机器学习算法包括 k 均值、主成分分析、奇异值分解。

k 均值

k 均值算法会自动对数据中的数据进行聚类。它是一个迭代算法，它会将数据分成 k 个互斥的类。这里的 k 是用户指定的一个数值。

k 均值根据组内平方和这一标准来划分对象的类归属。它会反复找出类的质心，并划分对象的类归属，从而使得组内平方和尽可能最小。

对于 k 均值算法而言，将要划分成的类数目是其一个参数。

PCA

主成分分析（PCA）用于降维。它是一个统计方法，能够将大量可能互相关联的变量减少成少数几个互不相关的变量。这些互不相关的变量也就是主成分。主成分的数量不会比原变量的数量多。

PCA 的目的是找出最少的变量来代表原数据集中的主要变化。第一个主成分变量是方差最大的变量。第二个主成分变量是方差第二大的变量，并且它与第一个主成分在统计上相互独立。类似地，第三个主成分是方差第三大的变量，并且与前两个正交。对于后续的主成分而言，这就是其遵循的规则，每一个主成分都有尽可能大的方差，同时与之前的主成分相互独立。

SVD

奇异值分解（SVD）是用于 PCA 中的方法之一。它是一个数值方法，旨在尝试使用更少的维度去找出数据集的最佳近似。它通过矩阵分解将一个高维数据集转变成一个低维数据集，但不丢失其中的重要信息。换句话说，SVD 会识别出数据集中变化的主要维度并对其进行排序，这些维度在统计上是相互独立的。这样，它就将一大组互相关联的变量减少一小组相互独立的变量。

8.1.8 超参数

就像之前所说的，机器学习算法使得模型得以匹配数据集。在这个过程中，机器找到了合适的模型参数。然而，机器学习算法也需要一些输入参数，用于调整训练时间和模型预测效果。这些参数是无法通过学习得到的，它们是需要以输入的方式提供的，它们也称为超参数。8.4 节和 8.6 节会有相关的例子展示。

8.1.9 模型评价

在模型用于处理新数据之前，有一件重要的事就是在测试数据集上进行模型评价。模型预测的有效性以及模型的质量可以通过一些不同的指标来评估。

评价指标通常取决于机器学习任务。不同的算法使用不同的指标。线性回归、分类、聚类、推荐就各自不同。

一个简单的评价指标就是正确率。它的定义是模型预测的标签中正确的占比。举例来说，如果一个测试数据集有 100 个观察对象，模型为其中的 90 个预测出了正确的标签，那么这个模型的正确率就是 90%。

然而，正确率可能会是一个带有误导性的指标。举例来说，考虑这样一个肿瘤数据库，它里面的每一行要么是恶性肿瘤要么是良性肿瘤。在机器学习的语境下，我们把恶性肿瘤当成是阳性的样本，而良性肿瘤当成是阴性的样本。假设我们训练出了一个模型，它可以预测肿瘤是恶性的（阳性的）还是良性的（阴性的）。如果这么模型有 90% 的正确率，那么是否可以说这是一个好的模型呢？

这取决于测试数据集。如果测试数据集有 50% 的数据是阳性的，50% 的数据是阴性的，那么模型可以说是表现良好的。然而，如果测试数据集只有 1% 的数据是阳性的，99% 的数据是阴性的，那么模型就一文不值。我们甚至可以不用机器学习就能生成出一个更好的模型：对于任何的样本，都预测它是阴性的，这样这个模型的正确率就是 99%。尽管这个模型对于所有的阳性样本都预测错了，但是它的正确率比我们训练出来的模型要高。

对于分类模型，两个常用的验证指标是 AUC 和 F-measure。

AUC

AUC（Area Under Curve）也称为 ROC 曲线下方的面积，它是一个广泛用于验证二元分类器（见图 8-9）表现的指标。它表示的是对于随机抽取的一个阳性样本或阴性样本，模型成功预测其标签的概率。它根据模型预测的真阳性和伪阳性来画出图像。最好的分类器也就意味着它在曲线下方的面积最大。

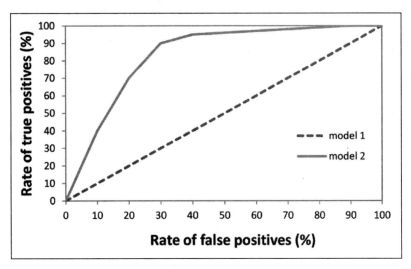

图 8-9　曲线下的面积

对于随机猜测观察对象标签的模型，其 AUC 值为 0.5。如果一个模型的 AUC 值为 0.5，那么这个模型是没有价值的。一个完美模型的 AUC 值为 1。它的伪阳性和伪阴性的数值都是 0。

F-measure

F-measure 也称为 F 值或 F1 值，它是另外一个评估分类的常用指标。在给出 F-measure 的定义之前，让我们先来看看另外两个术语的定义：召回率和准确率。

召回率指的是模型对阳性样本进行分类时分类正确的比例。下面是计算召回率的公式。

$$召回率＝TP/（TP＋FN）$$

其中，TP（True Positive）表示真阳性，RN（False Negative）表示伪阴性。

准确率指的是在所有预测为阳性的样本中真正为阳性的比例。它使用下面的公式进行计算。

$$准确度＝TP/（TP＋FP）$$

其中，TP（True Positive）表示真阳性，FP（False Positive）表示伪阳性。

模型的 F-measure 就是模型召回率和准确率的调和平均。它使用下面的公式进行计算。

$$F\text{-}measure＝2*（准确率 * 召回率）/（准确率＋召回率）$$

模型的 F-measure 的取值范围为 0～1。最佳模型的 F-measure 值为 1，而最差的则为 0。

均方根误差

均方根误差（RMSE）通常用于评估回归算法生成的模型。与其相关的另外一个指标是均方误差（MSE）。在回归算法的语境下，误差指的是对于一个观察对象真实值和预测值之间的差值。顾名思义，MSE 就是误差平方的平均值。它先计算每一个观察对象的误差的平方，而后再计算这些误差平方的平均值。要计算 RMSE，取 MSE 的平方根即可。

RMSE 和 MSE 都能表示训练误差。它们都代表了模型和训练集的匹配程度。它们都捕获了模型预测值与真实值之间的差异。

RMSE 或 MSE 越低越，说明模型更加匹配训练集。

8.1.10　机器学习的主要步骤

这是介绍 Spark 机器学习库之前的最后一个章节。这里将介绍机器学习的典型步骤。

机器学习的主要步骤取决于机器学习的类型，而不是使用的机器学习算法。对于一个给定的任务，无论使用何种机器学习算法，都会遵循一些相同的步骤。

有监督的机器学习通常包含下面几个步骤。

1. 将数据集划分成训练集、验证集、测试集三部分。

2. 选取用于训练模型的特征。

3. 使用有监督的机器学习算法在训练数据集上训练模型。

4. 使用验证数据集调整超参数。

5. 在测试数据集上评估模型。

6. 将模型用于新数据处理。

无监督的机器学习通常包含下面几个步骤。

1. 选择特征变量。

2. 使用无监督的机器算法训练模型。

3. 使用合适的评价指标来对模型进行评估。

4. 使用模型。

8.2　Spark 机器学习库

Spark 提供了两个机器学习库 MLlib 和 Spark ML（也称为 Pipelines API）。得益于这些库，Spark 能在大数据集上进行高效的机器学习计算。与那些只能在单机上处理本地数据集的机器学习库不同，MLlib 和 Spark ML 是可扩展的。它们可以使用多节点的集群来进行机器学习计算。另外，Spark 还允许应用在内存中缓存数据集，因此使用 Spark ML 或 MLlib 的机器学习应用都运行得很快。

MLlib 是 Spark 内置的第一个机器学习库。相比于 Spark ML，它更加成熟。Spark ML 和 MLlib 都提供比 core Spark API 更高层的用于机器学习的抽象（见图 8-10）。

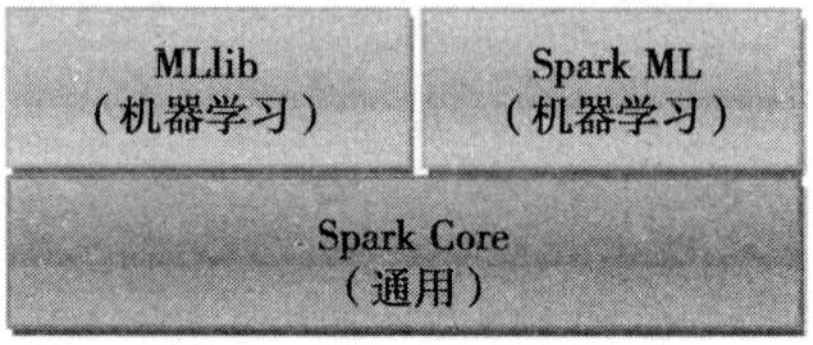

图 8-10　运行在 Spark 上的 MLlib 和 Spark ML

8.3　MLlib 概览

MLlib 将 Spark 的应用范围扩展到机器学习和统计分析领域。它提供了比 Spark Core API 用于机器学习和统计分析的更高层 API。它预先封装了若干常用的机器学习算法以应对各种各样的机器学习任务。它同样也适用于各种统计分析场景的统计工具。

8.3.1　与其他 Spark 库集成

MLlib 可以与诸如 Spark Steaming 和 Spark SQL 这样的其他 Spark 库进行集成（见图 8-11）。它既可以用于批量数据也可以用于流式数据。

由于有了 Spark SQL 提供的 DataFrame API，进行诸如数据清洗和特征工程这样的数据准备工作就变得容易多了。通常，借助机器学习可以直接使用原始数据。需要从原始数据中提取特征。

图 8-11　MLib 与其他 Spark 库一起使用

8.3.2　统计工具

MLlib 提供了一系列用于统计分析的类和函数。它支持汇总统计、相关性分析、分层抽样、假设检验、随即数据生成、核密度估计。

8.3.3　机器学习算法

MLlib 可以用于各种常见的机器学习任务，包括回归、分类、聚类、异常检测、降维、推荐。MLlib 内置的机器学习算法还在不断增加中。下面列出在本书写作之际 MLlib 内置的机器学习算法。

回归和分类

❑ 线性回归

❑ logistic 回归

❑ 支持向量机

❑ 朴素贝叶斯

❑ 决策树

❑ 随机森林

❑ 梯度提升树

❑ 保序回归

聚类

❑ k 均值

❑ 流式 k 均值

- ❑ 高斯混合
- ❑ 幂迭代集群（Power Iteration Clustering，PIC）
- ❑ 隐式狄利克雷分布（Latent Dirichlet Allocation，LDA）

降维

- ❑ 主成分分析（Principal Component Analysis，PCA）
- ❑ 奇异值分解（Singular Value Decomposition，SVD）

特征抽取与转换

- ❑ TF-IDF
- ❑ Word2Vec
- ❑ 标准化
- ❑ 归一化
- ❑ 卡方特征选择
- ❑ Elementwise product

频繁模式挖掘

- ❑ FP-growth
- ❑ 关联规则
- ❑ PrefixSpan

推荐

- ❑ 使用交替最小二乘的协同过滤

8.4 MLlib API

MLlib 可以用于应用中，它提供了各种语言的 API，包括 Scala、Java、Python、R。本节将介绍 Scala 版的 MLlIb API。MLlib 提供的类和单例对象都位于 org.apache.spark.mlib 这个包下。

可以尝试在 Spark REPL 下执行本节的例子。从终端运行 Spark shell。

```
path/to/SPARK_HOME/bin/spark-shell --master local[*]
```

8.4.1 数据类型

MLlib 主要的数据抽象包括 Vector、LabeledPoint、Rating。MLlib 中的机器学习算法和统计工具就作用于这些抽象表示的数据上。

Vector

Vector 代表一个由 Double 类型数值构成的有索引的集合，这个集合的索引值从 0 开始而且是 Int 类型的。Vector 通常用来表示数据集中一个观察对象的一组特征。从概念上说，一个长度为 n 的 Vector 可以表示一个有 n 个特征的观察对象。换句话说，它用 n 维空间来表示一个元素。

注意，不要将 MLlib 提供的 Vector 类型与 Scala 集合中的 Vector 类型混淆了。它们是不同的。MLlib 中的 Vector 是线性代数中的向量这一概念的实现。应用必须先导入 org.apache.spark.mllib.linalg.Vector 才能使用 MLlib 中的 Vector。

MLlib 支持两种类型的向量：紧密的和稀疏的。MLlib 的 Vector 被定义成特质，所以应用不能直接创建一个 Vector 实例。应用应该使用 MLlib 提供的工厂方法来创建 DenseVector 类或 SparseVector 类的一个实例。这两个类都实现了 Vector 这一特质。Vector 对象中定义了用于创建 DenseVector 类或 SparseVector 类的实例的工厂方法。

DenseVector

DenseVector 类的每一个索引位置存放的是一个 double 类型的值。它是基于数组实现的。紧密向量通常用于数据集中没有太多 0 值出现的情况。DenseVector 类实例可以像下面这样创建。

```
import org.apache.spark.mllib.linalg._
val denseVector = Vectors.dense(1.0, 0.0, 3.0)
```

dense 方法将根据提供给它的参数值创建一个 DenseVector 类实例。dense 的一个重载版本以一个元素类型是 Double 的 Array 作为参数，返回一个 DenseVector 类实例。

SparseVector

SparseVector 类表示的是稀疏向量，它只存储那些非零值。对于那些包含大量零值的数据集而言，它是一个合适且高效的数据类型。SparseVector 类实例中存在两个数组，一个存储那些非零值的索引，另外一个存储那些非零值。

稀疏向量可以像下面这样创建。

```
import org.apache.spark.mllib.linalg._
val sparseVector = Vectors.sparse(10, Array(3, 6), Array(100.0, 200.0))
```

sparse 方法返回一个 SparseVector 类实例。sparse 方法的第 1 个参数是这个稀疏向量的长度。第 2 个参数是一个数组，用于指明那些非零值的索引。第 3 个参数是一个数组，用于存储那些非零值。其中，索引值数组和非零值数组的长度必须一致。

稀疏向量也可以像下面这样通过指明长度和一个包含索引与值的序列而创建出来。

```
import org.apache.spark.mllib.linalg._
val sparseVector = Vectors.sparse(10, Seq((3, 100.0), (6, 200.0)))
```

LabeledPoint

LabeledPoint 类型表示带标签数据集中的观察对象。LabeledPoint 包含观察对象的标签（因变量）和特征（自变量）。其中，标签是一个 Double 类型的值，特征则是以 Vector 类型存储。

由 LabeledPoint 构成的 RDD 是 MLlib 中用来代表有标签数据集的主要抽象。MLlib 提供的回归算法和分类算法都只能作用于由 LabeledPoint 构成的 RDD 上。因此，在使用数据集训练模型之前，它必须被转换成一个由 LabeledPoint 构成的 RDD。

由于 LabeledPoint 中的标签是 Double 类型的，因此它可以用来表示数值标签，也可以用来表示类别标签。当我们将 LabeledPoint 用于回归算法时，LabeledPoint 中的标签存储的是数值。当我们将 LabeledPoint 用于二元分类时，标签要么是 1 要么是 0。其中，0 表示阴性标签，1 表示阳性标签。对于多元分类而言，标签存储的是一个从 0 开始的类别的索引值。

LabeledPoint 实例可以像下面这样创建出来。

```
import org.apache.spark.mllib.linalg.Vectors
import org.apache.spark.mllib.regression.LabeledPoint

val positive = LabeledPoint(1.0, Vectors.dense(10.0, 30.0, 20.0))
val negative = LabeledPoint(0.0, Vectors.sparse(3, Array(0, 2), Array(200.0, 300.0)))
```

这段代码创建了两个 LabeledPoint 实例。第 1 个实例表示 1 个有 3 个特征的阳性观察对象。第 2 个实例表示 1 个有 3 个特征的阴性观察对象。

Rating

Rating 类型是用于推荐算法中的。它表示用户对于某个产品或某个物品的评分。训练数据集在用于训练推荐模型之前必须先转换成由 Rating 构成的 RDD 才能使用。

Rating 类中定义了 3 个字段。第 1 个字段名为 user，它是 Int 类型的。它表示用户 ID。第 2 个字段名为 product，它也是 Int 类型的。它表示产品 ID 或物品 ID。第 3 个字段名为 rating，它是 Double 类型的。

Rating 实例可以像下面这样创建出来。

```
import org.apache.spark.mllib.recommendation._

val rating = Rating(100, 10, 3.0)
```

这段代码创建了一个 Rating 类实例。这个实例表示 ID 为 100 的用户对 ID 为 10 的产品评分为 3.0。

8.4.2 算法和模型

本节主要介绍 MLlib 中用于表示机器学习算法和模型的抽象。

MLlib 中用类来表示模型。对于使用不同机器学习算法训练出来的各自不同的模型 MLlib 使用不同类的来表示。

类似地，机器学习算法也用类来表示。MLlib 为每一个机器学习算法提供了一个同名的伴生单例对象。用单例对象来表示机器学习算法，训练模型会方便得多。

训练模型和使用模型通常都会涉及两个关键方法：train 和 predict。train 方法由单例对象提供，用于表示机器学习算法。它使用给定的数据集训练模型，返回一个算法对应的模型类实例。predict 方法由表示模型的类提供，它对于给定的一组特征返回一个标签。

Spark 本身预先打包了一些可以用于实验 MLlib API 的样例数据集。为简化起见，本章的例子将使用这些样例数据集。

这些样例数据集中有些数据文件是 LIBSVM 格式的。文件中的一行存储一个观察对象。第 1 列是标签。紧跟着的是特征，以 offset:value 的格式表示。这里 offset 对应的是特征向量中的索引值，value 对应的是特征值。

MLlib 提供了一系列的帮助函数。这些函数将从那些带标签的 LIBSVM 格式的数据文件中创建 RDD，创建的 RDD 由 LabeledPoint 构成。这些帮助函数由 MLUtils 对象提供。可以在包 org.apache.spark.mllib.util 内找到它。

回归算法

MLlib 中用于表示不同回归算法的类有 inearRegressionWithSGD、RidgeRegressionWith-SGD、LassoWithSGD、ElasticNetRegression、IsotonicRegression、DecisionTree、Gradient-BoostedTrees 和 RandomForest。MLlib 还提供了与它们同名的伴生单例对象。这些类和对象提供了用于训练回归模型的方法。

本节将介绍由单例对象提供的用于训练模型的方法。

train

回归算法对象的 train 方法会用输入的数据集来训练线性回归模型。train 方法的参数是一个由 LabeledPoint 构成的 RDD，它返回算法对应的回归模型。举例来说，Linear-RegressionWithSGD 对象的 train 方法返回一个 LinearRegressionModel 类实例。类似地，DecisionTree 对象的 train 方法返回一个 DecisionTreeModel 类实例。

train 方法还有一些额外的参数是算法指定的超参数。举例来说，RidgeRegression-WithSGD 对象的 train 方法的参数有梯度下降的迭代次数、每次梯度下降的步长、正则化参数、每次迭代使用的数据比例、初始的权重。类似地，BoostingStrategy 对象的 train 方法就把提升策略作为参数。

下面的例子展示了如何使用 LinearRegressionWithSGD 来训练模型。可以以类似的方式来使用其他回归算法。

```
import org.apache.spark.mllib.linalg.Vectors
import org.apache.spark.mllib.regression.LabeledPoint
import org.apache.spark.mllib.regression.LinearRegressionWithSGD

// create a RDD from a text file
val lines = sc.textFile("data/mllib/ridge-data/lpsa.data")
```

```
lines: org.apache.spark.rdd.RDD[String] = MapPartitionsRDD[1] at textFile at <console>:24
```

```
// transform the raw dataset into a RDD of LabelPoint
val labeledPoints = lines.map { line =>
                    // split each line into a label and features
                    val Array(rawLabel, rawFeatures) = line.split(',')
                    // extract individual features and convert them to type Double
                    val features = rawFeatures.split(' ').map(_.toDouble)
                    // create a LabeledPoint for each input line
                    LabeledPoint(rawLabel.toDouble, Vectors.dense(features))
                  }
```

```
labeledPoints: org.apache.spark.rdd.RDD[org.apache.spark.mllib.regression.LabeledPoint] =
MapPartitionsRDD[2] at map at <console>:26
```

```
// cache the dataset since the training step is iterative.
labeledPoints.cache

val numIterations = 100

// train a model
val lrModel = LinearRegressionWithSGD.train(labeledPoints, numIterations)
```

```
lrModel: org.apache.spark.mllib.regression.LinearRegressionModel = org.apache.spark.mllib.
regression.LinearRegressionModel: intercept = 0.0, numFeatures = 8
```

```
// check the model parameters
val intercept = lrModel.intercept
```

```
intercept: Double = 0.0
```

```
val weights = lrModel.weights
```

```
weights: org.apache.spark.mllib.linalg.Vector = [0.5808575763272221,0.1893000148294698,
0.2803086929991066,0.11108341817778758,0.4010473965597894,-0.5603061626684255,
-0.5804740464000983,0.8742741176970946]
```

这个模型将会在稍后使用。

trainRegressor

trainRegressor 方法由代表诸如 DecisionTree、RandomForest 这样基于树的算法的单例对象提供。它会用输入的数据集来训练非线性回归模型。它的参数有由 LabeledPoint 构成的 RDD 和算法对应的超参数。举例来说，RandomForest 中 trainRegressor 方法的参数就有树的数量、一棵树的最大深度、最大的箱子数、用于放回抽样的种子、类别特征、每个节点用于分裂的特征数。

trainRegressor 方法返回一个算法对应的非线性回归模型。举例来说，DecisionTree 对象的 trainRegressor 方法就返回一个 DecisionTreeModel 类实例。类似地，RandomForest 对象的 trainRegressor 方法返回一个 RandomForestModel 类实例。

下面的例子展示了如何使用 RandomForest 来训练模型。这里将使用的数据集就是之前使用 LinearRegressionWithSGD 训练模型所用的数据集。

```
import org.apache.spark.mllib.linalg.Vectors
import org.apache.spark.mllib.regression.LabeledPoint
import org.apache.spark.mllib.tree.RandomForest

val lines = sc.textFile("data/mllib/ridge-data/lpsa.data")

// transform the raw dataset into a RDD of LabelelPoint
val labeledPoints = lines.map { line =>
```

```scala
                    // split each line into a label and features
                    val Array(rawLabel, rawFeatures) = line.split(',')
                    // extract individual features and convert them to type Double
                    val features = rawFeatures.split(' ').map(_.toDouble)
                    // create a LabeledPoint for each input line
                    LabeledPoint(rawLabel.toDouble, Vectors.dense(features))
                }

// cache the dataset since the training step is iterative.
labeledPoints.cache

// Initialize the hyperparameters for the RandomForest algorithm

/*
categoricalFeaturesInfo input is a Map storing arity of categorical features.
An Map entry (n -> k) indicates that feature n is categorical with k categories indexed
from 0: {0, 1, ..., k-1}.
*/
val categoricalFeaturesInfo = Map[Int, Int]()  // all features are continuous.

// numTrees specifies number of trees in the random forest.
val numTrees = 3 // Use more in practice.

/*
featureSubsetStrategy specifies number of features to consider for splits at each node.
MLlib supports: "auto", "all", "sqrt", "log2", "onethird".
If "auto" is specified, the algorithm choses a value based on numTrees: if numTrees == 1,
featureSubsetStrategy is set to "all"; other it is set to "onethird".
*/
val featureSubsetStrategy = "auto"

/*
impurity specifies the criterion used for information gain calculation.
Supported values: "variance"
*/
val impurity = "variance"

/*
maxDepth specifies the maximum depth of the tree. Depth 0 means 1 leaf node; depth 1 means 1
internal node + 2 leaf nodes.
Suggested value: 4
*/
val maxDepth = 4

/*
maxBins specifies the maximum number of bins to use for splitting features.
Suggested value: 100
*/
val maxBins = 32

// Train a model.
val rfModel = RandomForest.trainRegressor(labeledPoints, categoricalFeaturesInfo,
  numTrees, featureSubsetStrategy, impurity, maxDepth, maxBins)
```

```
rfModel: org.apache.spark.mllib.tree.model.RandomForestModel =
TreeEnsembleModel regressor with 3 trees
```

回归模型

表示回归模型的类有 LinearRegressionModel、RidgeRegressionModel、LassoModel、IsotonicRegressionModel、DecisionTreeModel、GradientBoostedTreesModel 和 Random-ForestModel。这些类的实例可以通过调用上一节介绍的对象中的 train 方法或 trainRegressor 方法获得。

下面将介绍这些类中的常用方法。

predict

对于一组给定的特征，回归模型的 predict 方法将返回一个数值标签。predict 方法的参数是一个 Vector 类型的值，它返回一个 Double 类型的值。

predict 方法的一个重载版本把由 Vector 构成的 RDD 当作参数，返回一个由 Double 类型的值构成的 RDD。这个版本的 predict 方法既可以用于预测一个观察对象的标签，也可以用于预测一个数据集中所有观察对象的标签。

下面的代码片段使用上面例子中创建的 LinearRegressionModel 类实例。代码中还计算了这个模型的均方误差。

```
// get actual and predicted label for each observation in the training set
val observedAndPredictedLabels = labeledPoints.map { observation =>
  val predictedLabel = lrModel.predict(observation.features)
  (observation.label, predictedLabel)
}
```

```
observedAndPredictedLabels: org.apache.spark.rdd.RDD[(Double, Double)] =
MapPartitionsRDD[161] at map at <console>:32
```

```
// calculate square of difference between predicted and actual label for each observation
val squaredErrors = observedAndPredictedLabels.map{case(actual, predicted) =>
                          math.pow((actual - predicted), 2)
                        }
```

```
squaredErrors: org.apache.spark.rdd.RDD[Double] = MapPartitionsRDD[162] at map at
<console>:34
```

```
// calculate the mean of squared errors.
val meanSquaredError = squaredErrors.mean()
```

```
meanSquaredError: Double = 6.207597210613578
```

在上面例子中使用了 LinearRegressionModel 类实例，也可以类似地使用其他类实例，比如 DecisionTreeModel、RandomForestModel、其他模型类。

save

save 方法将训练出来的模型保存到磁盘中。它的参数有 SparkContext 实例和路径，它会将模型保存到这个路径上。保存的模型稍后可以通过 load 方法读取。

```
lrModel.save(sc, "models/lr-model")
```

load

laod 方法在伴生模型对象中定义。它会根据之前保存的模型生成一个模型实例。它的参数有 SparkContext 实例和保存模型的路径，其返回值是一个模型类实例。

```
import org.apache.spark.mllib.regression.LinearRegressionModel
val savedLRModel = LinearRegressionModel.load(sc, "models/lr-model")
```

```
savedLRModel: org.apache.spark.mllib.regression.LinearRegressionModel = org.apache.spark.
mllib.regression.LinearRegressionModel: intercept = 0.0, numFeatures = 8
```

```
// check the model parameters
val intercept = savedLRModel.intercept
```

```
intercept: Double = 0.0
```

```
val weights = savedLRModel.weights
```

```
weights: org.apache.spark.mllib.linalg.Vector = [0.5808575763272221,0.1893000148294698,
0.2803086929991066,0.11108341817778758,0.4010473965597894,-0.5603061626684255,
-0.5804740464000983,0.8742741176970946]
```

toPMML

toPMML 方法将模型以预测模型标记语言（PMML）的格式导出来。PMML 是一种基于 XML 的格式，用于将机器学习算法生成的模型序列化和反序列化。它使得不同的应用之间可以分享模型。有了 PMML，可以用一个应用训练模型，然后在另外一个应用中使用这个应用训练出来的模型。

toPMML 方法有多个重载版本。这些重载版本分别支持将模型导出到字符串、Output-Stream、本地文件、分布式文件系统。

下面的例子展示了如何将模型以 PMML 的格式导出成字符串。

```
val lrModelPMML = lrModel.toPMML
```

```
lrModelPMML: String =
"<?xml version="1.0" encoding="UTF-8" standalone="yes"?>
<PMML xmlns="http://www.dmg.org/PMML-4_2">
    <Header description="linear regression">
        <Application name="Apache Spark MLlib" version="1.5.2"/>
        <Timestamp>2015-11-21T09:51:52</Timestamp>
    </Header>
    <DataDictionary numberOfFields="9">
        <DataField name="field_0" optype="continuous" dataType="double"/>
        <DataField name="field_1" optype="continuous" dataType="double"/>
        <DataField name="field_2" optype="continuous" dataType="double"/>
        <DataField name="field_3" optype="continuous" dataType="double"/>
        <DataField name="field_4" optype="continuous" dataType="double"/>
```

```
<DataField name="field_5" optype="continuous" dataType="double"/>
...
```

分类算法

MLlib 中表示分类算法的类有 LogisticRegressionWithSGD、LogisticRegressionWith-LBFGS、SVMWithSGD、NaiveBayes、DecisionTree、GradientBoostedTrees、Random-Forest。MLlib 同时也提供了同名的伴生单例对象。这些类和对象提供了一系列用于训练分类模型的方法。其中分类模型也称为分类器。

本节主要介绍代表分类算法的单例对象提供的用于训练模型的方法。

train

分类对象的 train 方法会用输入的数据集来训练分类模型。train 方法的参数是一个由 LabeledPoint 构成的 RDD，返回一个算法对应的分类模型。例如，LogisticRegression-WithSGD 对象的 train 方法返回 LogisticRegressionModel 类的一个实例。类似地，NaiveBayes 对象中的 train 方法返回 NaiveBayesModel 类的一个实例。

除了由 LabeledPoint 构成的 RDD 以外，train 方法以算法对应的超参数作为参数。举例来说，NaiveBayes 对象的 train 方法就把平滑参数作为它的参数。类似地，SVMWithSGD 对象的 train 方法的参数分别是梯度下降的迭代次数、每次梯度下降的步长、正则化参数、每次迭代使用的数据比例、初始的权重。

下面是使用 SVMWithSGD 训练模型的例子。可以使用表示其他分类算法的单例对象以类似的方式来训练模型。

```
import org.apache.spark.mllib.linalg.Vectors
import org.apache.spark.mllib.regression.LabeledPoint
import org.apache.spark.mllib.classification.SVMWithSGD
import org.apache.spark.mllib.util.MLUtils

// Load binary labeled data from a file in LIBSVM format
val labeledPoints = MLUtils.loadLibSVMFile(sc, "data/mllib/sample_libsvm_data.txt")
```

```
labeledPoints: org.apache.spark.rdd.RDD[org.apache.spark.mllib.regression.LabeledPoint] =
MapPartitionsRDD[6] at map at MLUtils.scala:112
```

```
// Split data into training (60%), validation (20%) and test (20%) set.
val Array(trainingData, validationData, testData) = labeledPoints.randomSplit(Array(0.6,
0.2, 0.2))
```

```
trainingData: org.apache.spark.rdd.RDD[org.apache.spark.mllib.regression.LabeledPoint] =
MapPartitionsRDD[7] at randomSplit at <console>:27
validationData: org.apache.spark.rdd.RDD[org.apache.spark.mllib.regression.LabeledPoint] =
MapPartitionsRDD[8] at randomSplit at <console>:27
testData: org.apache.spark.rdd.RDD[org.apache.spark.mllib.regression.LabeledPoint] =
MapPartitionsRDD[9] at randomSplit at <console>:27
```

```
// Persist the training data in memory to speed up the training step
trainingData.cache()

val numIterations = 100

// Fit a SVM model on the training dataset
val svmModel = SVMWithSGD.train(trainingData, numIterations)
```

```
svmModel: org.apache.spark.mllib.classification.SVMModel = org.apache.spark.mllib.
classification.SVMModel: intercept = 0.0, numFeatures = 692, numClasses = 2,
threshold = 0.0
```

trainClassifier

代表诸如 DecisionTree 和 RandomForest 这样的基于树的算法的单例对象都提供 train-Classifier 方法。trainClassifier 方法会根据输入的数据集来训练非线性模型或分类器。与 trainRegressor 类似，它的参数是由 LabeledPoint 构成的 RDD 和算法对应的超参数。train-Classifier 方法返回一个算法对应的模型。

分类模型

表示分类模型的类有 LogisticRegressionModel、NaiveBayesModel、SVMModel、DecisionTreeModel、GradientBoostedTreesModel、RandomForestModel。这些类的实例可以通过调用对应分类算法中的 train 方法或 trainClassifier 方法获得。下面将介绍这些类中的常用方法。

predict

对于一组给定的特征，predict 方法将返回一个类或数值标签。predict 方法的参数是一个 Vector 类型的值，它返回一个 Double 类型的值。

下面的例子使用了之前训练出来的 SVMModel 类实例。它为测试数据集中的每一个观察对象预测出其标签。我们稍后将对这个模型进行评估。

```
// get actual and predicted label for each observation in the test set
val predictedAndActualLabels  = testData.map { observation =>
  val predictedLabel = svmModel.predict(observation.features)
  (predictedLabel, observation.label)
}
```

```
predictedAndActualLabels: org.apache.spark.rdd.RDD[(Double, Double)] = MapPartitionsRDD[213]
```

```
val fivePredAndActLabel = predictedAndActualLabels.take(5)
```

```
fivePredAndActLabel: Array[(Double, Double)] = Array((1.0,1.0), (0.0,0.0), (1.0,1.0),
(1.0,1.0), (1.0,1.0))
```

需要注意的是，你得到的 fivePredAndActLabel 的值可能会与上面例子中的不同。不同的原因在于把输入的数据集随机划分成训练集、验证集、测试集。每一次调用 randomSplit

函数返回的 testData 里面的观察对象都是不一样的。需要重点查看的是，预测出来的标签与实际的标签是否一致。

predict 方法的一个重载版本的参数是由 Vector 构成的 RDD，它返回一个由 Double 类型的值构成的 RDD。

```
val predictedLabels = svmModel.predict(testData.map(_.features))
```

```
predictedLabels: org.apache.spark.rdd.RDD[Double] = MapPartitionsRDD[215] at mapPartitions
at GeneralizedLinearAlgorithm.scala:69
```

```
val fivePredictedLabels = predictedLabels.take(5)
```

```
fivePredictedLabels: Array[Double] = Array(1.0, 0.0, 1.0, 1.0, 1.0)
```

save

save 方法将训练出来的模型保存到磁盘中。它的参数有 SparkContext 实例和路径，它会将模型保存到这个路径上。保存的模型稍后可以通过 load 方法读取。

```
svmModel.save(sc, "models/svm-model")
```

load

laod 方法在伴生模型对象中定义。它会根据之前保存的模型生成一个模型实例。它的参数有 SparkContext 实例和保存模型的路径，其返回值是一个模型实例。

```
import org.apache.spark.mllib.classification.SVMModel
val savedSVMModel = SVMModel.load(sc, "models/svm-model")
```

toPMML

toPMML 方法将训练过的模型以 PMML 的格式导出来。toPMML 方法有多个重载版本。这些重载版本分别支持将模型导出到字符串、OutputStream、本地文件、分布式文件系统。

```
val svmModelPMML = model.toPMML
```

```
svmModelPMML: String =
"<?xml version="1.0" encoding="UTF-8" standalone="yes"?>
<PMML xmlns="http://www.dmg.org/PMML-4_2">
    <Header description="linear SVM">
        <Application name="Apache Spark MLlib" version="1.5.2"/>
        <Timestamp>2015-11-21T17:45:09</Timestamp>
    </Header>
    <DataDictionary numberOfFields="693">
        <DataField name="field_0" optype="continuous" dataType="double"/>
        <DataField name="field_1" optype="continuous" dataType="double"/>
        <DataField name="field_2" optype="continuous" dataType="double"/>
        <DataField name="field_3" optype="continuous" dataType="double"/>
        <DataField name="field_4" optype="continuous" dataType="double"/>
        <DataField name="field_5" optype="continuous" dataType="double"/>
        ...
```

聚类算法

MLlib 中表示聚类算法的类有 KMeans、StreamingKMeans、GaussianMixture、LDA、PowerIterationClustering。MLlib 也提供了同名的伴生单例对象。

下面主要介绍用于训练聚类模型的方法。

train

train 方法由聚类相关的单例对象提供。它的参数是一个由 Vector 构成的 RDD 和算法对应的超参数，它返回一个算法对应的聚类模型。

超参数和返回的模型类别完全取决于聚类算法。举例来说，KMeans 对象中的 train 方法接受的超参数为类别的数量、每一次运行中最多的迭代次数、并行运行的个数、初始模型、用于集类初始化的随机数种子。它返回一个 KMeansModel 类实例。

下面是一个使用 KMeans 对象来训练 KMeansModel 的示例代码。

run

run 方法由聚类相关的类提供。与 train 方法类似，它的参数是一个由 Vector 构成的 RDD，返回 1 个算法对应的模型。举例来说，PowerIterationClustering 类中的 run 方法返回一个 PowerIterationClusteringModel 类实例。

下面的代码使用 KMeans 类实例训练一个 KMeansModel。

```
import org.apache.spark.mllib.clustering.KMeans
import org.apache.spark.mllib.linalg.Vectors

// Load data
val lines = sc.textFile("data/mllib/kmeans_data.txt")

// Convert each text line into an array of Double
val arraysOfDoubles = lines.map{line => line.split(' ').map(_.toDouble)}

// Transform the parsed data into a RDD[Vector]
val vectors = arraysOfDoubles.map{a => Vectors.dense(a)}.cache()

val numClusters = 2
val numIterations = 20

// Train a KMeansModel
val kMeansModel = KMeans.train(vectors, numClusters, numIterations)
```

run

run 由聚类相关的类提供。类似于 train 方法，它以一个由 Vector 构成的 RDD 作为参数，返回算法对应的模型。比如，PowerIterationClustering 类中的 run 方法返回 PowerIterationClusteringModel 类的一个实例。

下面的示例代码使用 KMeans 类的一个实例训练 KMeansModel。

```
import org.apache.spark.mllib.clustering.KMeans
import org.apache.spark.mllib.linalg.Vectors

// Load data
```

```
val lines = sc.textFile("data/mllib/kmeans_data.txt")

// Convert each text line into an array of Double
val arraysOfDoubles = lines.map{line => line.split(' ').map(_.toDouble)}

// Transform the parsed data into a RDD[Vector]
val vectors = arraysOfDoubles.map{a => Vectors.dense(a)}.cache()

val numClusters = 2
val numIterations = 20

// Create an instance of the KMeans class and set the hyperparameters
val kMeans = new KMeans().setMaxIterations(numIterations).setK(numClusters)

// Train a KMeansModel
val kMeansModel = kMeans.run(vectors)
```

聚类模型

表示聚类模型的类有 KMeansModel、GaussianMixtureModel、PowerIterationClustering-Model、StreamingKMeansModel、DistributedLDAModel。这些类的实例可以通过以下两个方式获得：调用聚类算法相关对象的 train 方法、调用聚类算法相关类的 run 方法。

下面主要介绍 KMeansModel 类中的常用方法。

predict

对于一个给定的观察对象，predict 方法返回一个类别的索引值。它的参数是一个 Vector，它返回一个 Int 类型的值。

下面的示例代码使用前面训练的 KMeans Model 确定一组观察对象的集群索引。

```
val obs1 = Vectors.dense(0.0, 0.0, 0.0)
val obs2 = Vectors.dense(9.0, 9.0, 9.0)

val clusterIndex1 = kMeansModel.predict(obs1)
```

```
clusterIndex1: Int = 1
```

```
val clusterIndex2 = kMeansModel.predict(obs2)
```

```
clusterIndex2: Int = 0
```

前面的代码展示了如何使用之前训练好的 KMeansModel 来预测观察对象的类别。

predict 方法的一个重载版本将对一组观察对象预测其每一个的类别。它的参数是一个由 Vector 构成的 RDD，它返回一个由 Int 类型的值构成的 RDD。

下面的代码为训练数据中的每一个观察对象预测其类别，这些训练数据之前用来训练 KMeansModel。

```
val clusterIndicesRDD = kMeansModel.predict(vectors)
val clusterIndices = clusterIndicesRDD.collect()
```

```
clusterIndices: Array[Int] = Array(1, 1, 1, 0, 0, 0)
```

cmputeCost

computeCost 方法会对每一个观察对象与其最近质心的距离平方求和，而后将和返回。它用于评估 KMeans 模型。

```
// Compute Within Set Sum of Squared Errors
val WSSSE = kMeansModel.computeCost(vectors)
```

```
WSSSE: Double = 0.11999999999994547
```

save

save 方法将训练出来的聚类模型保存到磁盘中。它的参数有 SparkContext 实例和路径，它会将源模型保存到这个路径上。保存的模型稍后可以通过 load 方法读取。

```
kMeansModel.save(sc, "models/kmean")
```

load

load 方法在伴生模型对象中定义。它会根据之前保存的模型生成一个模型实例。它的参数有 SparkContext 实例和保存模型的路径，其返回值是一个聚类模型的实例。

```
import org.apache.spark.mllib.clustering.KMeansModel
val savedKMeansModel = KMeansModel.load(sc, "models/kmean")
```

toPMML

toPMML 方法将训练过的模型以 PMML 的格式导出来。toPMML 方法有多个重载版本。这些重载版本分别支持将模型导出到字符串、OutputStream、本地文件、分布式文件系统。

```
val kMeansModelPMML = kMeansModel.toPMML()
```

```
kMeansModelPMML: String =
"<?xml version="1.0" encoding="UTF-8" standalone="yes"?>
<PMML xmlns="http://www.dmg.org/PMML-4_2">
    <Header description="k-means clustering">
        <Application name="Apache Spark MLlib" version="1.5.2"/>
        <Timestamp>2015-11-22T08:14:43</Timestamp>
    </Header>
    <DataDictionary numberOfFields="3">
        <DataField name="field_0" optype="continuous" dataType="double"/>
        <DataField name="field_1" optype="continuous" dataType="double"/>
        <DataField name="field_2" optype="continuous" dataType="double"/>
    </DataDictionary>
    <ClusteringModel modelName="k-means" functionName="clustering" modelClass="centerBased"
    numberOfClusters="2">
        <MiningSchema>
            <MiningField name="field_0" usageType="active"/>
            ...
```

推荐算法

MLlib 支持协同过滤。协同过滤将会从一个只有用户 ID、产品 ID、评分的数据集中学习用户和产品之间的隐含关系。基于协同过滤的推荐系统可以使用 MLlib 开发，其间使用交替最小二乘算法。MLlib 提供一个名为 ALS 的类，用于实现交替最小二乘矩阵分解。MLlib 也提供同名的伴生单例对象。

MLlib 支持评分和隐式反馈。评分可以通过用户对产品打分而获得。举例来说，用户对 Netflix 上的电影和演出打分。类似地，用户对 ITunes、Spotify、Pandora 和其他音乐服务上的歌曲打分。然而，有时候显式的评分无法获取，但是可以通过用户行为得到用户的隐式偏好。举例来说，用户的购买行为就是用户对产品的一个隐式反馈。类似地，用户点击"赞"或"分享"按钮也是对产品的一种隐式反馈。

下面主要介绍 ALS 对象提供的用于训练推荐模型的方法。

train

ALS 中的 train 方法根据一个由 Rating 构成的 RDD 训练出一个 MatrixFactorization-Model 模型。它的参数是由 Rating 构成的 RDD 以及 ALS 对应的超参数，它返回一个 MatrixFactorizationModel 类实例。ALS 对应的超参数有隐含特征数、迭代次数、正则化系数、并行程度、随机种子。最后 3 个参数是可选的。

下面的示例代码使用显式评分和 ALS 对象来训练推荐模型。

```
import org.apache.spark.mllib.recommendation.ALS
import org.apache.spark.mllib.recommendation.Rating

// Create a RDD[String] from a dataset
val lines = sc.textFile("data/mllib/als/test.data")

// Transform each text line into a Rating
val ratings = lines.map {line =>
                    val Array(user, item, rate) = line.split(',')
                    Rating(user.toInt, item.toInt, rate.toDouble)
            }

val rank = 10
val numIterations = 10

// Train a MatrixFactorizationModel
val mfModel = ALS.train(ratings, rank, numIterations, 0.01)
```

trainImplicit

只有在仅可得到对产品的隐式用户反馈的情况下，才可以使用 trainImpicit 方法。与 train 方法类似，trainImpicit 方法的参数是由 Rating 构成的 RDD 以及 ALS 对应的超参数，它返回一个 MatrixFactorizationModel 类实例。

下面的代码片段使用隐式反馈和 ALS 对象来训练推荐模型。

```
val rank = 10
val numIterations = 10
```

```
val alpha = 0.01
val lambda = 0.01

// Train a MatrixFactorizationModel
val mfModel = ALS.trainImplicit(feedback, rank, numIterations, lambda, alpha)
```

推荐模型

推荐模型用 MatrixFactorizationModel 类实例来表示。MLlib 也提供了同名的伴生对象。下面主要介绍一些常用的方法。

predict

MatrixFactorizationModel 类中的 predict 方法对于一对给定的用户和产品返回一个评分。它的参数是类型为 Int 的用户 ID 和产品 ID，其返回值是一个评分（类型为 Double）。

```
val userId = 1
val prodId = 1

val predictedRating = mfModel.predict(userId, prodId)
```

```
predictedRating: Double = 4.997277769473439
```

predict 方法的一个重载版本的参数是一个 RDD，这个 RDD 的每个元素都是一对用户 ID 和产品 ID，其返回值是一个由 Rating 构成的 RDD。它既可以对单个用户－产品对预测评分，也可以对多个用户－产品对预测评分。

```
// Create a RDD of user-product pairs
val usersProducts = ratings.map { case Rating(user, product, rate) => (user, product) }

// Generate predictions for all the user-product pairs
val predictions = mfModel.predict(usersProducts)

// Check the first five predictions
val firstFivePredictions = predictions.take(5)
```

```
firstFivePredictions: Array[org.apache.spark.mllib.recommendation.Rating] = Array(Rating
(4,4,4.9959530008728334), Rating(4,1,1.000928540744371), Rating(4,2,4.9959530008728334),
Rating(4,3,1.000928540744371), Rating(1,4,1.0006636186423625))
```

recommendProducts

recommendProducts 方法用于对于一个给定用户推荐指定数量的产品。它的参数是用户 ID 和推荐的产品数，其返回值是一个由 Rating 构成的数组。其中，每一个 Rating 对象包含给定的用户 ID、产品 ID 和预测的评分。返回的数组中的元素是按照评分降序排列的。评分越高，越值得推荐。

```
val userId = 1
val numProducts = 3

val recommendedProducts = mfModel.recommendProducts(userId, numProducts)
```

```
recommendedProducts: Array[org.apache.spark.mllib.recommendation.Rating] = Array(Rating
(1,1,4.997277769473439), Rating(1,3,4.997277769473439), Rating(1,4,1.0006636186423625)).
```

recommendProductsForUsers

recommendProductsForUsers 方法会对所有用户推荐指定数量的高评分产品。它的参数是推荐的产品数量，它返回一个由用户和相关高评分推荐产品构成的 RDD。

```
val numProducts = 2
val recommendedProductsForAllUsers = mfModel.recommendProductsForUsers(numProducts)
```

```
val rpFor4Users = recommendedProductsForAllUsers.take(4)
rpFor4Users: Array[(Int, Array[org.apache.spark.mllib.recommendation.Rating])] =
Array((1,Array(Rating(1,1,4.997277769473439), Rating(1,3,4.997277769473439))),
(2,Array(Rating(2,1,4.997277769473439), Rating(2,3,4.997277769473439))),
(3,Array(Rating(3,4,4.9959530008728334), Rating(3,2,4.9959530008728334))),
(4,Array(Rating(4,4,4.9959530008728334), Rating(4,2,4.9959530008728334))))
```

recommendUsers

recommendUsers 方法用于对于一个给定的产品推荐指定数量的用户。这个方法返回一个用户列表，列表中的用户都是有可能对这个给定产品感兴趣的。recommendUsers 方法的参数是产品 ID 和推荐的用户数，其返回值是一个由 Rating 构成的数组。其中，每一个 Rating 对象包含用户 ID、给定的产品 ID 和评分。返回的数组中的元素是按照评分降序排列的。

```
val productId = 2
val numUsers = 3

val recommendedUsers = mfModel.recommendUsers(productId, numUsers)
```

```
recommendedUsers: Array[org.apache.spark.mllib.recommendation.Rating] =
Array(Rating(4,2,4.9959530008728334), Rating(3,2,4.9959530008728334),
Rating(1,2,1.0006636186423625))
```

recommendUsersForProducts

recommendUsersForProducts 方法用于为所有的产品推荐指定数量的用户。它的参数是推荐的用户数，它返回的是一个由产品和相关推荐用户构成的 RDD。

```
val numUsers = 2
val recommendedUsersForAllProducts = mfModel.recommendUsersForProducts(numUsers)
val ruFor4Products = recommendedUsersForAllProducts.take(4)
```

```
ruFor4Products: Array[(Int, Array[org.apache.spark.mllib.recommendation.Rating])] =
Array((1,Array(Rating(1,1,4.997277769473439), Rating(2,1,4.997277769473439))),
(2,Array(Rating(4,2,4.9959530008728334), Rating(3,2,4.9959530008728334))),
(3,Array(Rating(1,3,4.997277769473439), Rating(2,3,4.997277769473439))),
(4,Array(Rating(4,4,4.9959530008728334), Rating(3,4,4.9959530008728334))))
```

save

save 方法将 MatrixFactorizationModel 保存到磁盘中。它的参数有 SparkContext 实例和

路径，它会将模型保存到这个路径上。保存的模型稍后可以通过 load 方法读取。

```
mfModel.save(sc, "models/mf-model")
```

load

laod 方法在 MatrixFactorizationModel 对象中定义。它会从文件中读取之前保存的模型。它的参数有 SparkContext 实例和保存模型的路径，其返回值是一个 MatrixFactorization-Model 类实例。

```
import org.apache.spark.mllib.recommendation.MatrixFactorizationModel
val savedMfModel = MatrixFactorizationModel.load(sc, "models/mf-model")
```

8.4.3　模型评价

就像之前所说的，在将训练出来的模型用于处理新数据之前，对模型进行评估是重要的一步。之前也介绍了一些评价模型有效性的常用量化指标。幸运的是，我们不需要人工计算这些指标。

MLlib 预先打包了一系列便于评价模型的类。这些类位于包 org.apache.spark.mllib.evaluation 下。这 些 类 分 别 是 BinaryClassificationMetrics、MulticlassMetrics、Multilabel-Metrics、RankingMetrics、RegressionMetrics。

回归相关指标

RegressionMetrics 类用于对回归算法生成的模型进行评价。它提供了若干方法用于计算如下指标：均方误差、均方根误差、平均绝对误差、R^2、其他指标。

下面的例子展示了如何使用一个 RegressionMetrics 类实例来对一个用回归算法训练出来的模型进行评价。

```
import org.apache.spark.mllib.linalg.Vectors
import org.apache.spark.mllib.regression.LabeledPoint
import org.apache.spark.mllib.regression.LinearRegressionWithSGD
import org.apache.spark.mllib.evaluation.RegressionMetrics

// create a RDD from a text file
val lines = sc.textFile("data/mllib/ridge-data/lpsa.data")

// Transform the raw dataset into a RDD of LabelelPoint
val labeledPoints = lines.map { line =>
                    // split each line into a label and features
                    val Array(rawLabel, rawFeatures) = line.split(',')
                    // extract individual features and convert them to type Double
                    val features = rawFeatures.split(' ').map(_.toDouble)

                    // create a LabeledPoint for each input line
                    LabeledPoint(rawLabel.toDouble, Vectors.dense(features))
                    }

// Cache the dataset
labeledPoints.cache

val numIterations = 100
```

```
// Train a model
val lrModel = LinearRegressionWithSGD.train(labeledPoints, numIterations)

// Create a RDD of actual and predicted labels
val observedAndPredictedLabels = labeledPoints.map { observation =>
  val predictedLabel = lrModel.predict(observation.features)
  (observation.label, predictedLabel)
}

// Create an instance of the RegressionMetrics class
val regressionMetrics = new RegressionMetrics(observedAndPredictedLabels)

// Check the various evaluation metrics
val mse = regressionMetrics.meanSquaredError
```

```
mse: Double = 6.207597210613578
```

```
val rmse = regressionMetrics.rootMeanSquaredError
```

```
rmse: Double = 2.491505009148803
```

```
val mae = regressionMetrics.meanAbsoluteError
```

```
mae: Double = 2.3439822940073354
```

二元分类相关指标

BinaryClassificationMetrics 类用于对二元分类器进行评价。它提供了若干方法用于计算接收者操作特性（ROC）曲线、接收者操作特性曲线下的面积（AUC）、其他指标。

下面的例子展示了如何使用一个 BinaryClassificationMetrics 实例来对二元分类器进行评价。

```
import org.apache.spark.mllib.linalg.Vectors
import org.apache.spark.mllib.regression.LabeledPoint
import org.apache.spark.mllib.classification.SVMWithSGD
import org.apache.spark.mllib.util.MLUtils
import org.apache.spark.mllib.evaluation.BinaryClassificationMetrics

// Load binary labeled data from a file in LIBSVM format
val labeledPoints = MLUtils.loadLibSVMFile(sc, "data/mllib/sample_libsvm_data.txt")

// Split data into training (80%) and test (20%) set.
val Array(trainingData, testData) = labeledPoints.randomSplit(Array(0.8, 0.2))

// Persist the training data in memory to speed up the training step
trainingData.cache()

val numIterations = 100

// Fit a SVM model on the training dataset
val svmModel = SVMWithSGD.train(trainingData, numIterations)
```

```
// Clear the prediction threshold so that the model returns probabilities
svmModel.clearThreshold

// get actual and predicted label for each observation in the test set
val predictedAndActualLabels   = testData.map { observation =>
  val predictedLabel = svmModel.predict(observation.features)
  (predictedLabel, observation.label)
}

// Create an instance of the BinaryClassificationMetrics class
val metrics = new BinaryClassificationMetrics(predictedAndActualLabels)

// Get area under curve
val auROC = metrics.areaUnderROC()
```

```
auROC: Double = 1.0
```

多元分类相关指标

MulticlassMetrics 类用于对多元分类器进行评价。在多元分类中，标签有多个。一个观察对象只属于其中的某个标签。举例来说，一个用于辨识图片中动物的模型就是一个多元分类器。一张图片的标签可以是猫、狗、狮子、大象或者其他标签中的一个。

MulticlassMetrics 类提供一系列方法来评价多元分类器，这些方法分别可以用于计算准确率、召回率、F-measure 和其他指标。

我们稍后将在本章中用一个例子来展示如何使用 MulticlassMetrics 类。

多标签分类相关指标

MultilabelMetrics 类用于对多元分类器进行评价。在多标签分类中，一个观察对象可能有不止一个标签。多元分类数据集与多标签分类的区别就在于标签是否是互斥的。在多标签分类中，标签不是互斥的。而在多元分类中，标签是互斥的。在多元分类中一个观察对象的标签只能是众多标签中的一个。

多标签分类器的一个例子就是一个能将动物划分成不同类别的模型，这些类别有哺乳动物、爬行动物、鱼类、鸟类、水生动物、陆生动物、两栖动物。一种动物可以同时属于两类，比如鲸鱼既是哺乳动物也是水生动物。

推荐相关指标

RankingMetrics 类用于对推荐模型进行评价。它提供了用于量化推荐模型预测有效性的一系列方法。

RankingMetrics 类支持的指标有平均正确率均值（Mean Average Precision，MAP）、归一化的折算累积收益（Normalized Discounted Cumulative Gain，NDCG）、k 值准确率。如果你想了解这些指标的详细信息，还请阅读 Kalervo Järvelin 和 Jaana Kekaälaäinen 发表的题为 "IR evaluation methods for retrieving highly relevant documents" 的论文。

8.5　MLlib 示例应用

本节我们将开发一个使用 MLlib API 的有监督机器学习应用。

8.5.1　数据集

我们将使用 Iris 数据集（https://archive.ics.uci.edu/ml/datasets/Iris）。这是一个在机器学习领域广泛用于测试分类算法的数据集。

Iris 数据集有 150 行，或者说有 150 个观察对象。每一行包含的信息有萼片长度、萼片宽度、花瓣长度、花瓣宽度。这个数据集有分属于 Setosa、Virginica、Versicolor 这 3 个种类的 50 个例子。

尽管 Iris 数据集很小，但是我们可以将同样的代码作用于大数据集上以训练模型。MLlib 可以方便地进行扩展。哪怕对于包含上千万观察对象的数据集，它也可以进行处理从而训练模型。

8.5.2　目标

Iris 植物的类别可以根据它的萼片长度、萼片宽度、花瓣长度、花瓣宽度进行判定。对于不同的类别，萼片长度、萼片宽度、花瓣长度、花瓣宽度各不同。我们的目标是训练出一个多元分类器，在给定一株 Iris 植物的萼片长度、萼片宽度、花瓣长度、花瓣宽度的情况下，这个分类器可以预测出它的类别。

我们将一株 Iris 植物的萼片长度、萼片宽度、花瓣长度、花瓣宽度作为特征。植物的种类则作为标签。

8.5.3　代码

从终端运行 Spark shell。有了 Spark shell，我们可以很方便地交互式训练和使用分类器。

```
path/to/spark/bin/spark-shell --master local[*]
```

从数据集创建 RDD。

```
val lines = sc.textFile("/path/to/iris.data")
```

机器学习算法需要反复使用数据集，所以我们将 RDD 缓存在内存中。

```
lines.persist()
```

过滤掉数据集中的空行。

```
val nonEmpty = lines.filter(_.nonEmpty)
```

接下来，我们抽取特征和标签。因为数据是 CSV 格式的，所以我们将每一行都划分成多个片段。

```
val parsed = nonEmpty map {_.split(",")}
```

　　因为 MLlib 算法作用的对象是由 LaleledPoint 构成的 RDD，所以我们需要将数据转换成一个由 LaleledPoint 构成的 RDD。你可能还记得在 LaleledPoint 中特征和标签都是 Double 类型的。但是这个例子中输入的数据集中无论特征还是标签都是字符串。幸运的是，特征是数值，只是以字符串的形式存储，所以将特征转换成 Double 类型的值是很显而易见的。然而，标签是以字母字符串形式储存的，我们需要将它转换成数值标签。为了将植物种类的名字转换成 Double 类型的值，我们需要使用 Map 数据结构将种类名字与数值一一对应起来。我们从 0 开始为数据集中的每一个种类分配一个唯一的值。

```
val distinctSpecies = parsed.map{a => a(4)}.distinct.collect
val textToNumeric = distinctSpecies.zipWithIndex.toMap
```

　　现在我们已经准备好了从 parsed 中创建由 LabeledPoint 构成的 RDD。

```
import org.apache.spark.mllib.regression.LabeledPoint
import org.apache.spark.mllib.linalg.{Vector, Vectors}

val labeledPoints = parsed.map{a =>
            LabeledPoint(textToNumeric(a(4)),
              Vectors.dense(a(0).toDouble, a(1).toDouble, a(2).toDouble, a(3).toDouble))}
```

　　接下来，我们将数据集划分成训练数据和测试数据。我们使用原来 80% 的数据来训练模型，剩余的 20% 用于测试。

```
val dataSplits = labeledPoints.randomSplit(Array(0.8, 0.2))
val trainingData = dataSplits(0)
val testData = dataSplits(1)
```

　　现在我们已经做好准备，可以开始训练模型了。在这一步可以使用任何分类算法。这里，我们使用朴素贝叶斯算法。

```
import org.apache.spark.mllib.classification.NaiveBayes
val model = NaiveBayes.train(trainingData)
```

　　这里训练出来的模型可以用来对 Iris 植物进行分类。给定一株 Iris 植物的特征，它可以告诉我们这株植物的种类。

　　如您所见，训练模型是件简单的事，你只需要调用你想要使用的算法的 train 方法即可。困难的地方在于将数据处理成能够被算法使用的格式。这个例子就体现了这一点，同时对于大多数的机器学习应用而言，这也是普遍现象。通常来说，数据科学家会在数据清洗、整理上花费大量的时间。

　　接下来，我们将用测试数据来对模型进行评价。评价模型的第一步就是使用模型为测试数据集中的每一个观察对象预测其标签。

```
val predictionsAndLabels = testData.map{d => (model.predict(d.features), d.label)}
```

　　上面的代码创建了一个由实际标签和预测标签构成的 RDD。我们可以使用这个信息来计算各个模型评价指标。举例来说，可以计算出模型的正确率，只需要将标签预测正确的观察对象数量除以测试数据集中观察对象的个数即可。也可以使用 MulticlassMetrics 类来计算模型的准确率、召回率、F-measure。

```
import org.apache.spark.mllib.evaluation.MulticlassMetrics
val metrics = new MulticlassMetrics(predictionsAndLabels)

val recall = metrics.recall
```

```
recall: Double = 0.9117647058823529
```

```
val precision = metrics.precision
```

```
precision: Double = 0.9117647058823529
```

```
val fMeasure = metrics.fMeasure
```

```
fMeasure: Double = 0.9117647058823529
```

8.6　Spark ML

Spark ML 是另外一个运行于 Spark 之上的机器学习库。它要比 MLlib 新。它是在 Apache Spark 1.2 才开始出现的。它也称为 Spark 机器学习 Pipelines API。

Spark ML 提供了比 MLlib 更高阶的抽象，这些抽象用于创建机器学习工作流或流水线。它使得使用者可以快速聚合、调校机器学习流水线。有了它，在做以下这些事的时候方便多了：创建一个用于训练模型的流水线、使用交叉验证来调校模型、使用不同的指标来评价模型。

MLlib 库提供的许多类和单例对象也可在 Spark ML 库中找到。实际上，许多与机器学习算法和模型相关的类在二者中都是同名的。这些由 Spark ML 提供的类和单例对象位于包 org.apache.spark.ml 下。

通常来说，一个机器学习任务由下面几步构成。

1. 读取数据。

2. 对数据进行预处理。

3. 抽取特征。

4. 将数据划分成训练集、验证集、测试集。

5. 使用训练集来训练模型。

6. 使用交叉验证的技术对模型进行调校。

7. 使用测试集对模型进行评价。

8. 使用模型。

这里的每一步代表机器学习流水线的一个阶段。Spark ML 为这些阶段提供了相应的抽象。相对于 MLlib，使用 Spark ML 能更方便地将上述这些阶段聚合成一个机器学习流水线。

Spark ML 引入的关键抽象有 Transformer、Estimator、Pipeline、Parameter Grid、Cross-Validator、Evaluator。本节将简要介绍这些抽象。下一节将给出一些具体的例子，同时也展

示这些抽象是怎么应用于机器学习应用中的。

8.6.1　ML 数据集

Spark ML 使用 DataFrame 作为主要的数据抽象。与 MLlib 不同，Spark ML 提供的机器学习算法与模型操作的对象都是 DataFrame。

就像第 7 章中所说的那样，DataFrame API 提供了比 RDD API 更高阶的抽象来表示结构化数据。它支持用有名列来表示不同的数据类型这样灵活的格式。举例来说，一个 DataFrame 可以用不同的列来存储原始数据、特征向量、实际的标签、预测的标签。另外，DataFrame API 还支持各种各样的数据源。

与 RDD API 相比，使用 DataFrame API 进行数据预处理、特征抽取、特征工程会更加方便。在将数据用于训练模型之前，进行数据清洗和特征工程的工作往往是必要的。这些工作占据了机器学习任务的大部分工作量。使用 DataFrame API 就能够很轻松地从现有的列中创建一个新列并将它添加到原 DataFrame 中。

8.6.2　Transformer

Transformer 会从已有 DataFrame 创建出一个新的 DataFrame。它实现了一个名为 transform 的方法，这个方法把一个 DataFrame 作为输入，返回一个新的 DataFrame，这个新的 DataFrame 是在输入的 DataFrame 上新增一列或多列构成的。DataFrame 是一种不可变数据结构，所以 Transformer 不会对输入的 DataFrame 进行修改。它会返回一个包含了输入 DataFrame 和新列的新的 DataFrame。

Spark ML 提供了两类 Transformer：特征转换器和机器学习模型。

特征转换器

特征转换器会创建一个或多个新列，返回一个包含了这些新列的 DataFrame。这些新列是通过对输入数据集上的某一列进行转换操作而得到的。举例来说，如果输入数据集有一列包含了若干各句子，那么就可以执行将句子中的单词拆分出来的特征转换操作，从而创建一个存储单词数组的新列。

模型

一个模型代表一个机器学习模型。它以一个 DataFrame 作为输入，输出一个新的 DataFrame，这个新的 DataFrame 包含为每一个输入的特征 Vector 预测出来的标签。输入的数据集必须包含表示特征 Vector 的列。模型读取表示特征 Vector 的列，为其预测标签，返回一个包含预测标签列的新的 DataFrame。

8.6.3　Estimator

Estimator 将在训练数据集上训练机器学习模型。它表示一个机器学习算法。它实现一个名为 fit 的方法，这个方法的参数是一个 DataFrame，它返回一个机器学习模型。

Estimator 的一个例子就是 LinearRegression 类，它的 fit 方法返回一个 LinearRegression-Model 类实例。

8.6.4　Pipeline

一个 Pipeline 将多个 Transformer 和 Estimator 以指定的顺序连接起来，从而形成一个机器学习工作流。从概念上看，它将机器学习工作流中的数据预处理、特征抽取、模型训练这几步串联起来了。

一个 Pipeline 由一系列的阶段构成，每一个阶段要么是 Transformer，要么是 Estimator。它以指定的顺序依次执行。

Pipeline 本身也是 Estimator。它实现了 fit 方法，这个方法的参数是一个 DataFrame，它把这个参数通过流水线阶段传递下去。在每一个阶段都会对输入的 DataFrame 做转换操作。fit 方法返回一个 PipelineModel，PipelineModel 也是一个 Transformer。

当创建一个 Pipeline 时，Pipeline 的 fit 方法会按照创建时指定的顺序调用每一个 Transformer 的 transform 方法和每一个 Estimator 的 fit 方法。每一个 Transformer 都把一个 DataFrame 当作输入，并返回一个新的 DataFrame，这个新的 DataFrame 会被当成 Pineline 中下一个阶段的输入。如果一个阶段是 Estimator，就会调用它的 fit 方法来训练模型。fit 方法返回的模型也是一个 Transformer，它将会对上一个阶段的输出进行转换操作，它的输出则当成下一阶段的输入。

8.6.5　PipelineModel

PipelineModel 表示一个确定的流水线。它由 Pipeline 的 fit 方法生成。除了 Estimator 以外，它与生成它的 Pipeline 有同样的阶段。这些 Estimator 被自己训练出来的模型代替掉了。换句话说，所有的 Estimator 都被 Transformer 代替了。

与 Pipeline 不同，PipelineModel 是一个 Transformer，而 Pipeline 却是一个 Estimator。它可以用于对数据集中的每一个观察对象做预测。实际上，一个 PipelineModel 就是一个 Transformer 序列。当把一个 DataFrame 作为参数调用 PipelineModel 的 transform 方法时，它会依次调用序列中每一个 Transformer 的 transform 方法。每一个 Transformer 的 tranform 方法会输出一个新的 DataFrame，这个 DataFrame 会被当作序列中下一个 Transformer 的输入。

8.6.6　Evaluator

Evaluator 用来对模型的预测表现进行评价。它提供了一个名为 evaluate 的方法，这个方法的参数是一个 DataFrame，它返回一个标量指标。作为参数的 DataFrame 必须包含名为 label 和 prediction 的列。

8.6.7　网格搜索

机器学习模型的表现取决于在训练阶段用户提供给机器学习算法的超参数。举例来说，使用 logistic 回归算法训练的模型表现就取决于每次梯度下降的步长和迭代的次数。

但是，要找出用于训练最佳模型的超参数组合往往是困难的。一个用来寻找最佳超参数的技术就是在超参数空间进行网格搜索。在网格搜索中，我们使用超参数空间的一个指定子集中的每一个超参数组合来训练模型。

举例来说，考虑这样一个需要两个实数超参数 p1、p2 的训练算法。相对于直接猜测 p1、p2 的最佳值，我们可以进行网格搜索。这里设置 p1 的可取值为 0.01、0.1、1，p2 的可取值为 20、40、60。这样，p1 和 p2 一共就有 9 种不同组合。我们分别用每一种组合来训练模型，然后选取其中评价指标最好的。

网格搜索是一个费时操作，但是它是一种比猜测超参数最优值更好的调校超参数的方法。通常来说，在寻找表现最佳的模型的过程中，这是必需的一步。

8.6.8　CrossValidator

CrossValidator 会针对当前的机器学习任务找到用于训练最优模型的最佳超参数组合。它需要一个 Estimator、一个 Evaluator、一组超参数。

CrossValidator 使用 k 折交叉验证和对超参数进行网格搜索的方式来调校模型。它将训练数据集分成 k 份，这里 k 的值由用户指定。举例来说，如果 k 为 10，那么 CrossValidator 将会从输入数据集生成 10 对训练数据集和测试数据集。在每一对中，90% 的数据用于训练，剩余的 10% 用于测试。

接下来，它根据用户指定的超参数集合生成所有的超参数组合。对于每一个组合，它都会使用训练数据集来训练模型，这里使用 Estimator。同时，它还使用测试数据集对生成的模型进行评价，这里使用 Evaluator。对所有的 k 对训练数据集和测试数据集，都执行这一步，并且为每个超参数组合计算出它的指定评价指标的平均值。

我们选取其中平均评价指标最佳的超参数组合作为最佳超参数。最后，CrossValidator 使用这个最佳超参数在整个数据集上训练模型。

需要注意的是，CrossValidator 是一个相当费时的操作，因为它会尝试指定参数集合中所有的超参数组合。然而，它却是一个选择最佳超参数值的行之有效的方法。从统计上看，它是一个比启发式手动调校更好的方法。

8.7　Spark ML 示例应用

本节我们将开发一个使用 Spark ML API 的有监督机器学习应用。

8.7.1 数据集

我们将使用带有情绪标签的句子数据集，它可以从 https://archive.ics.uci.edu/ml/datasets/Sentiment+Labelled+Sentences 获取。它用于论文"From Group to Individual Labels Using Deep Features"中。这片论文的作者是 Dimitrios Kotzias、Misha Denil、Nando de Freitas、Padhraic Smyth。这片论文发表于 KDD 2015 上。如果你想要尝试运行本节所展示的代码，请将整个数据集下载到电脑中。

这个数据集包含了来自以下三个网站的评价样本：imdb.com、amazon.com、yelp.com。它从每个网站司机选择 500 个正面评价和 500 个负面评价。负面评价的标签为 0，正面评价的标签为 1。评价和标签用制表符隔开。

为简单起见，我们只使用来自 imdb.com 的评价。这些评价位于文件 imdb_labelled.txt 中。

8.7.2 目标

我们的目标是训练一个预测模型，这个模型可以预测一个评价是正面的还是负面的。详细地说，我们将使用文件 imdb_labelled.txt 作为数据集来训练、评价一个二元分类器。

8.7.3 代码

我们使用 Spark shell 来交互式地开发一个机器学习工作流。从终端运行 Spark shell。

```
/path/to/spark/bin/spark-shell --master local[*]
```

我们开始从下载的数据集中创建 RDD。请确认输入文件的路径是正确的。

```
val lines = sc.textFile("/path/to/imdb_labelled.txt")
```

就像我们之前所说的，机器学习算法会反复使用数据集，所以我们为了能让它运行得更快，我们将输入数据集缓存在内存中。

```
lines.persist()
```

为了将数据物化在内存中，我们调用了行动方法。

```
lines.count()
```

```
res1: Long = 1000
```

由于操作会触发计算，而计算就需要从磁盘读取数据，因此上面的步骤就能帮助我们检验我们传递给 SparkContext 的 textFile 方法的文件路径是否正确。

原始格式的数据是无法直接被机器学习算法所使用的，所以我们需要做特征抽取的工作（也可以称为特征工程）。特征工程的第一步处理就是将评价和标签分割出来。就像之前所说的，评价和标签以制表符隔开。

```
val columns = lines.map{_.split("\\t")}
```

```
columns: org.apache.spark.rdd.RDD[Array[String]] = MapPartitionsRDD[2] at map at
<console>:23
```

上面的代码生成了一个由字符串数组构成的 RDD。每一个数组的第一个元素是评价，第二个元素是标签。可以像下面这样检查 RDD 中的一项。

```
columns.first
```

```
res2: Array[String] = Array("A very, very, very slow-moving, aimless movie about a
distressed, drifting young man.  ", 0)
```

与 MLlib 不同，Spark ML 作用于 DataFrame 上，而 MLlib 作用于 RDD 上。所以创建一个 DataFrame。

```
import sqlContext.implicits._
case class Review(text: String, label: Double)
val reviews = columns.map{a => Review(a(0),a(1).toDouble)}.toDF()
```

```
reviews: org.apache.spark.sql.DataFrame = [text: string, label: double]
```

import 语句是不可或缺的。有了它，才能将一个 RDD 隐式转换成 DataFrame。创建一个 Review 样本类来定义数据集的格式。首先，从一个由字符串数组构成的 RDD 创建一个由评价构成的 RDD。然后，调用 toDF 方法，用于从 RDD 创建 DataFrame。

下一步，进行完整性检查。验证数据格式并计算正面评价和负面评价各自的条数。

```
reviews.printSchema
```

```
root
 |-- text: string (nullable = true)
 |-- label: double (nullable = false)
```

```
reviews.groupBy("label").count.show
```

```
+-----+-----+
|label|count|
+-----+-----+
|  1.0|  500|
|  0.0|  500|
+-----+-----+
```

为了评价训练出来模型的表现情况，需要一个测试数据集。因此，预留一部分数据用于模型测试。

```
val Array(trainingData, testData) = reviews.randomSplit(Array(0.8, 0.2))
trainingData.count
testData.count
```

至此，数据还未格式化成适用于机器学习算法的格式。需要为数据集中的每一个评价创建一个特征 Vector。Spark ML 提供了一系列 Transformer 来做这事。

```
import org.apache.spark.ml.feature.Tokenizer
val tokenizer = new Tokenizer()
                    .setInputCol("text")
                    .setOutputCol("words")
```

需要注意的是，如果需要复制、粘贴代码片段到 Spark shell 中，就需要使用 REPL 中的 :paste 命令。

tokenizer 是一个 Transformer，它能够将输入的字符串转化成小写，并以空格作为分隔符将输入的字符串切分成一堆单词。这里创建的 tokenizer 把一个 DataFrame 当作输入，这个输入的 DataFrame 必须包含名为 text 的列。tokenizer 会输出一个新的 DtaFrame，这个 DataFrame 包含一个名为 words 的新列。对于 text 列中的每一个评价，words 列以数组的形式存储评价句子中的单词。

可以像下面这样调用 tokenizer 的 transform 方法来检查其输出 DataFrame 的格式。

```
val tokenizedData = tokenizer.transform(trainingData)
```

```
tokenizedData: org.apache.spark.sql.DataFrame = [text: string, label: double,
words: array<string>]
```

接下来，创建表示评价的特征 Vector。

```
import org.apache.spark.ml.feature.HashingTF
val hashingTF = new HashingTF()
                    .setNumFeatures(1000)
                    .setInputCol(tokenizer.getOutputCol)
                    .setOutputCol("features")
```

HashingTF 是一个 Transformer，它将一系列单词转换成一个定长的特征向量。它会使用哈希函数将评价中的单词与它们的频率对应起来。

上面的代码首先创建一个 HashingTF 类实例。然后设置特征的数量，输入 DataFrame 中用于生成特征 Vector 的列名，HashingTF 将要生成的包含特征 Vector 的新列名。

可以像下面这样调用 hashingTF 的 transform 方法来检查其输出 DataFrame 的格式。

```
val hashedData = hashingTF.transform(tokenizedData)
```

```
hashedData: org.apache.spark.sql.DataFrame = [text: string, label: double, words:
array<string>, features: vector]
```

现在我们有了能够将原始数据转换成可以被机器学习算法所使用格式的 Transformer 了。由 hashingTF 的 transform 方法生成的 DataFrame 将有 label 列和列，features 前者用于存储每一个标签为 Double 类型，后者用于存储每一个观察对象的特征为 Vector 类型。

接下来，需要一个 Estimator 以在训练数据集上训练模型。举例来说，我们将使用

Spark ML 库提供的 LogisticRegression 类。它位于包 org.apache.spark.ml.classification 下。

```
import org.apache.spark.ml.classification.LogisticRegression
val lr = new LogisticRegression()
                .setMaxIter(10)
                .setRegParam(0.01)
```

这段代码创建了一个 LogisticRegression 类实例，并设置了最大迭代次数以及正则化参数。这里我们试着猜测最大迭代次数和正则化参数的最佳值。这些参数都是 Logistic 回归的超参数。稍后会展示如何找到这些参数的最优值。

现在我们拥有了聚合一个机器学习流水线所需的所有部分了。

```
import org.apache.spark.ml.Pipeline
val pipeline = new Pipeline()
                    .setStages(Array(tokenizer, hashingTF, lr))
```

这段代码创建了一个有三个阶段的 Pipeline 类实例。前面两个阶段是 Transformer，第三个阶段是 Estimator。pipeline 对象首先使用指定的 Transformer 将包含原始数据的 Data-Frame 转换成包含特征 Vector 的 DataFrame。最后，它使用指定的 Estimator 在训练数据集上训练模型。

现在我们准备开始训练模型了。

```
val pipeLineModel = pipeline.fit(trainingData)
```

下面评估生成的模型在训练数据集和测试数据集上的表现。为此，首先获得模型对训练数据集和测试数据集中每一个观察对象的预测。

```
val testPredictions = pipeLineModel.transform(testData)
```

```
testPredictions: org.apache.spark.sql.DataFrame = [text: string, label: double,
words: array<string>, features: vector, rawPrediction: vector, probability: vector,
prediction: double]
```

```
val trainingPredictions = pipeLineModel.transform(trainingData)
```

```
trainingPredictions: org.apache.spark.sql.DataFrame = [text: string, label: double,
words: array<string>, features: vector, rawPrediction: vector, probability: vector,
prediction: double]
```

需要注意的是，pipeLineModel 对象的 transform 方法将会创建一个有额外三列的 Data-Frame。这额外的三列分别是 rawPrediction、probability、prediction。

我们使用二元分类器的评价器来对模型进行评估。它需要两列作为输入：rawPrediction 和 label。

```
import org.apache.spark.ml.evaluation.BinaryClassificationEvaluator
val evaluator = new BinaryClassificationEvaluator()
```

现在使用 AUC 指标来评估模型。

```
import org.apache.spark.ml.param.ParamMap
val evaluatorParamMap = ParamMap(evaluator.metricName -> "areaUnderROC")

val aucTraining = evaluator.evaluate(trainingPredictions, evaluatorParamMap)
```

```
aucTraining: Double = 0.9999758519725919
```

```
val aucTest = evaluator.evaluate(testPredictions, evaluatorParamMap)
```

```
aucTest: Double = 0.6984384037015618
```

模型在训练数据集上的 AUC 值接近 1，在测试数据集上的 AUC 值为 0.69。就像之前所说的，AUC 的值越接近 1，模型越完美；越接近 0.5 模型，越没有价值。模型在训练数据集上表现良好，而在测试数据集上表现一般。模型通常都会在训练数据集上表现良好。只有模型在没有见过的测试数据集上的表现情况才能反映模型真正的预测能力。这也是我们预留一部分数据集用于测试的原因。

提升模型能力的一种方式就是调校它的超参数。Spark ML 提供了 CrossValidator 类来帮我们做这件事。它需要一个参数集合，它会在这个集合上以 k 折交叉验证的方式进行网格搜索来查找最佳超参数。

使用 CrossValidator 类实例来创建一个参数集合。

```
import org.apache.spark.ml.tuning.ParamGridBuilder
val paramGrid = new ParamGridBuilder()
  .addGrid(hashingTF.numFeatures, Array(10000, 100000))
  .addGrid(lr.regParam, Array(0.01, 0.1, 1.0))
  .addGrid(lr.maxIter, Array(20, 30))
  .build()
```

```
paramGrid: Array[org.apache.spark.ml.param.ParamMap] =
Array({
        logreg_0427de6fa5fc-maxIter: 20,
        hashingTF_24e660c4963c-numFeatures: 10000,
        logreg_0427de6fa5fc-regParam: 0.01
}, {
        logreg_0427de6fa5fc-maxIter: 20,
        hashingTF_24e660c4963c-numFeatures: 100000,
        logreg_0427de6fa5fc-regParam: 0.01
}, {
        logreg_0427de6fa5fc-maxIter: 20,
        hashingTF_24e660c4963c-numFeatures: 10000,
        logreg_0427de6fa5fc-regParam: 0.1
},...
```

这段代码创建了一个参数集合。在这个集合中特征的数量有两个可取值，正则化参数的可取值有三个，最大迭代次数的可取值有三个。因此，它将在这 12 个超参数的不同组合上进行网格搜索。可以指定更多的可选项，但是因为网格搜索是一种穷举方法，它会尝试参数集合中所有的不同组合，所以用它训练模型会花费更多的时间。就像之前所说的那样，使用 CrossValidator 进行网格搜索会耗费大量的 CPU 时间。

现在我们有了为 Transformer 和 Estimator 上的超参数进行调校所需的所有部分。这些 Transformer 和 Estimator 位于机器学习流水线上。

```
import org.apache.spark.ml.tuning.CrossValidator
val crossValidator = new CrossValidator()
                            .setEstimator(pipeline)
                            .setEstimatorParamMaps(paramGrid)
                            .setNumFolds(10)
                            .setEvaluator(evaluator)
```

```
val crossValidatorModel = crossValidator.fit(trainingData)
```

CrossValidator 类的 fit 方法将返回一个 CrossValidatorModel 类实例。与其他模型类类似，它可以当成一个能对给定特征 Vector 预测出标签的 Transformer 使用。

在测试数据集上评估这个模型的表现。

```
val newPredictions = crossValidatorModel.transform(testData)
```

```
newPredictions: org.apache.spark.sql.DataFrame = [text: string, label: double, words:
array<string>, features: vector, rawPrediction: vector, probability: vector, prediction:
double]
```

```
val newAucTest = evaluator.evaluate(newPredictions, evaluatorParamMap)
```

```
newAucTest: Double = 0.8182764603817234
```

诚如你所见，新模型的预测能力要比旧模型强 11%。

最后，找出由 crossValidator 生成的最佳模型。

```
val bestModel = crossValidatorModel.bestModel
```

可以使用这个模型来对评价进行分类。

8.8　总结

机器学习是一种用于构建回归、分类、聚类、异常检测、推荐系统的有效的技术。它包括使用历史数据来训练模型以及使用训练后的模型来对新数据做出预测。

Spark 提供两个用于大规模机器学习的库：MLlib 和 Spark ML。两个库都提供了比 RDD API 用于机器学习任务的更高阶的 API。它们在内部使用的是 Spark core API。MLlib 是首个集成到 Spark 中的机器学习库。Spark ML 是在 Spark 1.2 中才开始出现的。

Spark ML 提供了比 MLlib 用于开发机器学习流水线的更高阶的抽象。相对于 MLlib，使用 Spark ML 能更方便的做这些事情：聚合一个机器学习流水线，使用 k 折交叉验证和网格搜索来找到最佳模型，对模型进行评估。

第 9 章

使用 Spark 进行图处理

数据通常以记录集合或行集合的形式存储、处理。我们可以将数据划分成行和列并以二维表格的形式表示出来。然而，集合或表格并不是用来表示数据的唯一方式。有时候，图是一种比集合更好地表现数据的形式。

图是普遍存在的。图在我们的生活中无处不在。举例来说，因特网就是由互相连接的电脑、路由器、交换机构成的一张大图。万维网也是一张大图。网页通过超链接连接到一起形成一张图。诸如 Facebook、LinkedIn、Twitter 这样的网站上的社交网络也是图。诸如机场、地铁站、公交站这样的交通枢纽也可以用图来表示。

对于面向图的数据而言，图提供了一种更加易于理解和直观的模型来对数据进行处理。而且，还有专门的图算法可以用来处理面向图的数据。这些算法是处理不同分析任务的有效工具。

本章将介绍 Spark 提供的用于处理面向图的大规模数据的库。但是先对本章将会使用到的一些与图相关的术语进行介绍。

9.1　图简介

图是一种由顶点和边构成的数据结构（见图 9-1）。顶点就是图中的节点。边将图中的顶点连接在一起。通常来说，一个顶点代表一个实体，边则代表两个实体之间的关系。从概念上看，图可以等价于一个包含边和顶点的集合。

9.1.1　无向图

无向图是其中边没有方向的图（见图 9-2）。无向图中的边既没有源顶点，也没有目的顶点。

9.1.2　有向图

有向图是其中边有方向的图（见图 9-3）。有向图中的边既有源顶点，也有目的顶点。

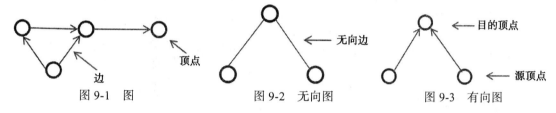

图 9-1　图　　　　　　图 9-2　无向图　　　　　图 9-3　有向图

9.1.3　有向多边图

有向多边图是一个有向图，在这个有向图中存在多对由两条以上平行边连接在一起的顶点（见图 9-4）。有向多边图中的平行边指的是那些拥有相同源顶点和目的顶点的边。它们通常用于表示一对顶点之间的多重关系。

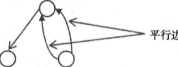

图 9-4　有向多边图

9.1.4　属性图

属性图是将数据与边和顶点关联的有向多边图（见图 9-5）。属性图中的每一个顶点都有若干属性。类似地，每一条边也有一个标签或某些属性。

图 9-5　属性图

属性图为处理面向图的数据提供了丰富的抽象。它是用图对数据进行建模的最流行格式。

另外一个属性图的例子就是用来表示 Twitter 上社交网络的图。一个用户的属性包括名字、年龄、性别、位置。另外，用户可以关注其他用户，也可以被其他用户关注。如果用图表示 Twitter 上，顶点代表用户，边代表用户之间的关注关系。一个简单的例子如图 9-6 所示。

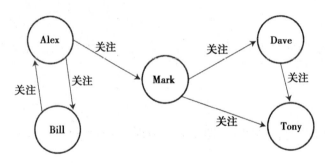

图 9-6　社交网络图

现在你已经了解了与图有关的术语。下面一节将介绍 GraphX。

9.2　GraphX 简介

GraphX 是一个分布式图分析框架。它是一个将 Spark 用途扩展至大规模图处理的 Spark 库。它提供了比 Spark Core API 用于图分析的更高阶的抽象。

GraphX 不仅提供了基本的图操作符，还提供了实现诸如 PageRank、强联通分量、三角形计数之类图算法的高级操作符。它还实现了 Google Pregel API。这些操作符能简化图分析。

GraphX 操作的数据既可以是分布式图的，也可以是分布式集合的。它提供类似于 RDD API 所提供的集合操作符，以及类似于专门处理图的库所提供的图操作符。而且它将集合和图都当作头等可组合对象。

使用 GraphX 的一个主要好处就是它提供了一个适用于完整的图分析工作流或流水线的集成平台。一个图分析流水线通常由以下步骤构成。

a）读取原始数据。

b）对数据进行预处理（数据清洗）。

c）抽取顶点和边来创建一个属性图。

d）划分子图。

e）执行图算法。

f）分析结果。

g）在另外一个子图上重复步骤 e）和步骤 f）。

这其中有些步骤涉及数据计算，有些则涉及图计算。原始数据可以是 XML 文件、数据库表、CSV 文件或其他形式。通常来说，原始数据比较杂乱，所以需要先进行预处理。然后，顶点和边被抽取出来，从而创建一个属性图。而后使用图分析库对这个图或其中的子图进行处理。这是图计算阶段。对数据进行预处理以及抽取顶点和边都是数据计算阶段。类似地，对图算法生成的结果进行分析也是数据计算阶段。因此，一个图处理流水线由数据处理阶段和图处理阶段构成。

因为 GraphX 是集成到 Spark 中的，所以 GraphX 的使用者既可以使用 GraphX，也可以使用包含 RDD API 和 DataFrame API 的 Spark API。RDD API 和 DataFrame API 能简化数据计算阶段，而 GraphX API 可以简化图分析阶段。有了 GraphX，就可以在单个平台上实现一个完整的图分析流水线。

9.3　GraphX API

GraphX API 提供了用于表示面向图的数据的数据类型和用于图分析的操作符。它使得我们对同一份数据既可以当成图来处理，也可以当成集合来处理。

在本书写作之际，GraphX 还处于 alpha 阶段并且还在快速的开发中。在未来的版本中 API 可能会有所变动。

9.3.1　数据抽象

GraphX 提供的用于处理属性图的数据类型有 VertexRDD、Edge、EdgeRDD、Edge-Triplet、Graph。

VertexRDD

VertexRDD 表示关系图中一组顶点的分布式集合。它以集合的视角来处理属性图中的顶点。VertexRDD 仅仅将一个顶点存储为一个条目。而且，它为每个条目建立索引以方便快速连接。

每一个顶点用一个键值对表示，其中键为一个唯一 ID，值为与顶点相关联的数据。键的数据类型为 VerteId，它本质上是一个 64 位的 Long。值可以是任何类型。

VertexRDD 是一个范型或者参数化类，它需要一个参数用于表示类型。它被定义为 VertexRDD[VD]，其中类型参数 VD 表示与图中的边相关联的属性的数据类型。举例来说，VD 可以是 Int、Long、Double、String、用户定义的类型。因此图中的顶点可以用 Vertex-RDD[String]、VertexRDD[Int]、用户定义的类型的 VertexRDD 表示。

Edge

Edge 类是属性图中有向边的抽象。一个 Edge 类实例包含源顶点 ID，目的顶点、边属性。

Edge 也是一个需要类型参数的泛型类。类型参数指定边属性的数据类型。比如，边可以具有 Int、Long、Double、String 类型或者用户定义的类型的属性。

EdgeRDD

EdgeRDD 表示属性图中一个边的分布式集合。EdgeRDD 类的泛型参数是代表边属性的数据类型。

EdgeTriplet

一个 EdgeTriplet 类实例代表了一条边及其连接的两个顶点的组合（见图 9-7）。它存储边以及它所连接的两个顶点的属性。它也存储这条边源顶点和目的顶点的唯一 ID。

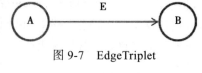

图 9-7　EdgeTriplet

一个 EdgeTriplet 集合实际上就是以表格的形式表示属性图。

EdgeContext

EdgeContext 类实际上就是 EdgeTriplet 类再附加上用来给源顶点和目的顶点发送消息的方法。

Graph

Graph 是 GraphX 中表示属性图的抽象。一个 Graph 类实例表示一个属性图。与 RDD 类似，它也是不可变的、分布式的、可容错的。GraphX 会使用启发式顶点分区算法将一个图分区并分布在集群中。如果一个机器崩溃，它会在另外的机器上重建这个分区。

Graph 类将属性图和集合都当成头等可组合对象。从概念上看，一个属性图就是一对类型 RDD，其中有一个 RDD 是顶点的分区集合，另外一个是边的分区集合。不管是顶点 RDD 还是边 RDD，都可以被当成和其他一样的 RDD 来处理。所有的 RDD 方法都可以用来对其中与顶点和边相关联的数据进行转换、分析。Graph 类也提供了一系列方法以图的角度来对顶点和边进行转换、分析。而且，一个 Graph 类实例还可以被当成一个类或一组集合来处理。

Graph 类不仅提供了用于修改顶点和边属性的方法，它还提供了用于修改属性图结构的方法。由于 Graph 是一种不可变的数据结构，因此任何修改属性或结构的操作符都会返回一个新的属性图。

最重要的是，Graph 类提供了丰富的操作符用来对属性图进行处理、分析。它不仅提供了基础的图操作符，还提供了可以实现自定义图算法的高级操作符。它还内置了实现了诸如 PagePank、强连通分量、三角计算之类的图算法的方法。

9.3.2　创建图

创建 Graph 类实例的方式有很多。GraphX 库提供了一个名为 Graph 的对象，这个对象提供了一个从 RDD 创建图的工厂方法。举例来说，GraphX 库提供了一个从一对表示顶点和边的 RDD 创建一个 Graph 类实例的工厂方法。它还提供了另外一个方法用于从边 RDD 创建一个图。这个方法会为边上的顶点赋予一个用户提供的默认值。

GraphX 库还提供了一个名为 GraphLoader 的对象。它包含一个名为 edgeListFile 的方法。edgeListFile 方法会从包含一组有向边的文件中创建一个 Graph 类实例。这个文件的每一行包含两个整数。默认情况下，第一个整数代表源顶点 ID，第二个代表目的顶点 ID。默认方向可以通过设置 edgeListFile 方法的 Boolean 类型的参数指定。edgeListFile 方法会自动创建边所涉及的顶点。它还会将边和顶点的属性值设为 1。

创建一个类似于 Twitter 用户网络的表示社交网络的属性图。在这个属性图中，一个顶点表示一个用户，一条有向边表示用户之间的关注关系。让这个图保持简单的状态，以便于理解和处理。

我们将要创建的属性图如图 9-8 所示。顶点中的数字表示顶点 ID。

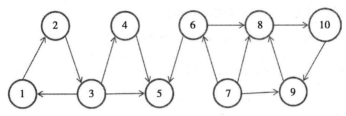

图 9-8　社交网络

可以使用 Spark shell 来交互式地探索 GraphX API。首先，启动 Spark shell。

```
$/path/to/spark/bin/spark-shell
```

一旦你处于 Spark shell 中，请导入 GraphX 库。

```
import org.apache.spark.graphx._
```

接下来，创建一个表示用户的样本类。每个用户都有两个属性：name 和 age。

```
case class User(name: String, age: Int)
```

现在创建一个由 ID 和用户对构成的 RDD。

```
val users = List((1L, User("Alex", 26)), (2L, User("Bill", 42)), (3L, User("Carol", 18)),
                 (4L, User("Dave", 16)), (5L, User("Eve", 45)), (6L, User("Farell", 30)),
                 (7L, User("Garry", 32)), (8L, User("Harry", 36)), (9L, User("Ivan", 28)),
                 (10L, User("Jill", 48))
                )

val usersRDD = sc.parallelize(users)
```

上面的代码创建了一个由键值对构成的 RDD。其中，键为唯一 ID，值为用户属性。这里的键也代表顶点 ID。

接下来，创建一个由用户之间连接构成的 RDD。一个连接可以用一个样本类 Edge 的类实例表示。一条边可以有任意数量的属性，然而，为简化起见，赋予每条边单个类型为 Int 的属性。

```
val follows = List(Edge(1L, 2L, 1), Edge(2L, 3L, 1), Edge(3L, 1L, 1), Edge(3L, 4L, 1),
                   Edge(3L, 5L, 1), Edge(4L, 5L, 1), Edge(6L, 5L, 1), Edge(7L, 6L, 1),
                   Edge(6L, 8L, 1), Edge(7L, 8L, 1), Edge(7L, 9L, 1), Edge(9L, 8L, 1),
                   Edge(8L, 10L, 1), Edge(10L, 9L, 1), Edge(1L, 11L, 1)
                  )

val followsRDD = sc.parallelize(follows)
```

在上面的代码片段中，Edge 的第一个参数是源顶点的 ID，第二个参数是目的顶点的 ID，最后一个参数是边的属性。

需要注意的是，上面有一条边是连接顶点 1 和顶点 11 的。然而，顶点 11 并没有任何的属性。GraphX 在遇到这种情况时会创建一个默认的属性集合。对于没有显式赋予任何属性的顶点，GraphX 会将这个默认属性赋予它。

```
val defaultUser = User("NA", 0)
```

现在我们拥有了创建属性图所需的所有元素。

```
val socialGraph = Graph(usersRDD, followsRDD, defaultUser)
```

```
socialGraph: org.apache.spark.graphx.Graph[User,Int] = org.apache.spark.graphx.impl.
GraphImpl@315576db
```

上面代码片段中的 Graph 对象将从由顶点和边构成的 RDD 中创建一个 Graph 类实例。

9.3.3　图属性

本节主要介绍如何获得一个属性图的有用信息。

可以像下面这样获得一个属性图的顶点个数和边条数。

```
val numEdges = socialGraph.numEdges
```

```
numEdges: Long = 15
```

```
val numVertices = socialGraph.numVertices
```

```
numVertices: Long = 11
```

也可以很方便地得到一个属性图中顶点的度数。一个顶点的度数指的是以该顶点为起点或终点的边的条数。

```
val inDegrees = socialGraph.inDegrees
```

```
inDegrees: org.apache.spark.graphx.VertexRDD[Int] = VertexRDDImpl[19] at RDD at VertexRDD.
scala:57
```

```
inDegrees.collect
```

```
res0: Array[(org.apache.spark.graphx.VertexId, Int)] = Array((4,1), (8,3), (1,1), (9,2),
(5,3), (6,1), (10,1), (2,1), (11,1), (3,1))
```

上面的输出说明了 ID 为 4 的顶点有 1 条入边，ID 为 8 的顶点有 3 条入边等诸如此类的信息。

```
val outDegrees = socialGraph.outDegrees
```

```
outDegrees: org.apache.spark.graphx.VertexRDD[Int] = VertexRDDImpl[23] at RDD at
VertexRDD.scala:57
```

```
outDegrees.collect
```

```
res1: Array[(org.apache.spark.graphx.VertexId, Int)] = Array((4,1), (8,1), (1,2), (9,1),
(6,2), (10,1), (2,1), (3,3), (7,3))
```

上面的输出说明了 ID 为 4 的顶点有 1 条出边，ID 为 8 的顶点有 1 条出边等诸如此类的信息。

```
val degrees = socialGraph.degrees
```

```
degrees: org.apache.spark.graphx.VertexRDD[Int] = VertexRDDImpl[27] at RDD at VertexRDD.
scala:57
```

```
degrees.collect
```

```
res2: Array[(org.apache.spark.graphx.VertexId, Int)] = Array((4,2), (8,4), (1,3), (9,3),
(5,3), (6,3), (10,2), (2,2), (11,1), (3,4), (7,3))
```

下面的代码片段展示了如何分别得到属性图的顶点集合、边集合、三元组集合。

```
val vertices = socialGraph.vertices
```

```
vertices: org.apache.spark.graphx.VertexRDD[User] = VertexRDDImpl[11] at RDD at VertexRDD.
scala:57
```

```
val edges = socialGraph.edges
```

```
edges: org.apache.spark.graphx.EdgeRDD[Int] = EdgeRDDImpl[13] at RDD at EdgeRDD.scala:40
```

```
val triplets = socialGraph.triplets
```

```
triplets: org.apache.spark.rdd.RDD[org.apache.spark.graphx.EdgeTriplet[User,Int]] =
MapPartitionsRDD[32] at mapPartitions at GraphImpl.scala:51
```

```
triplets.take(3)
```

```
res7: Array[org.apache.spark.graphx.EdgeTriplet[User,Int]] = Array(((1,User(Alex,26)),(2,U
ser(Bill,42)),1), ((2,User(Bill,42)),(3,User(Carol,18)),1), ((3,User(Carol,18)),(1,User(Al
ex,26)),1))
```

属性图中的三元组视角使得你可以把图当成一个由源顶点、目的顶点、边属性构成的表格处理。下面是一个例子。

```
val follows = triplets.map{ t => t.srcAttr.name + " follows " + t.dstAttr.name}
```

```
follows: org.apache.spark.rdd.RDD[String] = MapPartitionsRDD[35] at map at <console>:40
```

```
follows.take(5)
```

```
res8: Array[String] = Array(Alex follows Bill, Bill follows Carol, Carol follows Alex,
Carol follows Dave, Carol follows Eve)
```

9.3.4 图操作符

本节主要介绍 Graph 类中的几个关键方法。这些方法也称为操作符。这些图操作符可以分为下面几类。

- ❑ 属性转换
- ❑ 结构转换
- ❑ 连接
- ❑ 聚合
- ❑ 图并行计算
- ❑ 图算法

属性转换操作符

属性转换操作符使得你可以修改图中边或顶点的属性。因为 Graph 是不可变的，所以可变操作符从来不会在原地修改一个图。相反，它会返回一个具有修改后属性的新图。

mapVertices

mapVertices 方法将一个用户指定的转换作用于属性图的每一个顶点上。这是一个高阶方法，它的参数是一个函数，它返回一个新图。作为 mapVertices 方法参数的函数把顶点 ID 和顶点属性作为参数，返回一组新的顶点属性。

下面的例子展示了如何使用 maVertices 方法增加之前创建的社交网络图中每个用户的年龄。

```
val updatedAges = socialGraph.mapVertices( (vertexId, user) =>
                    User(user.name, user.age + 1 ))
```

```
updatedAges: org.apache.spark.graphx.Graph[User,Int] = org.apache.spark.graphx.impl.
GraphImpl@1b8f47c6
```

```
socialGraph.vertices.take(5)
```

```
res9: Array[(org.apache.spark.graphx.VertexId, User)] = Array((4,User(Dave,16)),
(8,User(Harry,36)), (1,User(Alex,26)), (9,User(Ivan,28)), (5,User(Eve,45)))
```

```
updatedAges.vertices.take(5)
```

```
res10: Array[(org.apache.spark.graphx.VertexId, User)] = Array((4,User(Dave,17)),
(8,User(Harry,37)), (1,User(Alex,27)), (9,User(Ivan,29)), (5,User(Eve,46) ))
```

mapEdges

mapEdges 方法将一个用户指定的转换作用于属性图的每一条边上。与 mapVertices 方法类似，它是一个高阶方法，它的参数是一个函数，它返回一个新图。作为 mapEdges 方法参数的函数把边的属性作为参数，返回一组新的边属性。

下面的例子将每条边的标签从整数修改成字符串。

```
val followsGraph = socialGraph.mapEdges( (n) => "follows")
```

```
followsGraph: org.apache.spark.graphx.Graph[User,String] = org.apache.spark.graphx.impl.
GraphImpl@57be3dc2
```

```
socialGraph.edges.take(5)
```

```
res11: Array[org.apache.spark.graphx.Edge[Int]] = Array(Edge(1,2,1), Edge(2,3,1),
Edge(3,1,1), Edge(3,4,1), Edge(3,5,1))
```

```
followsGraph.edges.take(5)
```

```
res12: Array[org.apache.spark.graphx.Edge[String]] = Array(Edge(1,2,follows),
Edge(2,3,follows), Edge(3,1,follows), Edge(3,4,follows), Edge(3,5,follows))
```

mapTriplets

mapTriplets 方法将一个用户指定的转换作用于属性图的每一个三元组上。它是一个高阶方法，它的参数是一个函数，它返回一个新图。

mapTriplets 方法与 mapEdges 方法类似。它们二者都返回其中每一条边的属性都被修改过的新图。而 mapTriplets 方法的参数函数把一个 EdgeTriplet 当作参数，mapEdges 方法的参数函数却一个 Edge 当作参数。

示例社交网络图中的每一条都有一个值永远为 1 的整型属性值。假设你想要根据边的源顶点和目的顶点来修改边的标签。下面的代码片段会将那些关注者年龄大于 30 的用户的出边标签改为 2。

```
val weightedGraph = socialGraph.mapTriplets{ t =>
                                  if (t.srcAttr.age >= 30)
                                    2
                                  else
                                    1
                                }
```

```
weightedGraph: org.apache.spark.graphx.Graph[User,Int] = org.apache.spark.graphx.impl.
GraphImpl@15c484a1
```

```
socialGraph.edges.take(10)
```

```
res15: Array[org.apache.spark.graphx.Edge[Int]] = Array(Edge(1,2,1), Edge(2,3,1),
Edge(3,1,1), Edge(3,4,1), Edge(3,5,1), Edge(4,5,1), Edge(6,5,1), Edge(6,8,1), Edge(7,6,1),
Edge(7,8,1))
```

```
weightedGraph.edges.take(10)
```

```
res16: Array[org.apache.spark.graphx.Edge[Int]] = Array(Edge(1,2,1), Edge(2,3,2),
Edge(3,1,1), Edge(3,4,1), Edge(3,5,1), Edge(4,5,1), Edge(6,5,2), Edge(6,8,2), Edge(7,6,2),
Edge(7,8,2))
```

结构转换操作符

这类操作将返回一个与操作符作用于的图结构不同的图。从概念上看，它改变一个图的结构或者返回一个子图。然而，需要记住的是，Graph 是不可变的，这些操作符会创建一个新图。

reverse

reverse 方法将属性图中所有边的方向反转。它会返回一个新的属性图。

下面的代码片段将示例社交网络图中的粉丝关系反转了过来。

```
val reverseGraph = socialGraph.reverse
```

```
reverseGraph.triplets.map{ t => t.srcAttr.name + " follows " + t.dstAttr.name}.take(10)
```

```
res21: Array[String] = Array(Alex follows Carol, Bill follows Alex, Carol follows Bill,
Dave follows Carol, Eve follows Carol, Eve follows Dave, Eve follows Farell, Farell
follows Garry, Harry follows Farell, Harry follows Garry)
```

```
socialGraph.triplets.map{ t => t.srcAttr.name + " follows " + t.dstAttr.name}.take(10)
```

```
res22: Array[String] = Array(Alex follows Bill, Bill follows Carol, Carol follows Alex,
Carol follows Dave, Carol follows Eve, Dave follows Eve, Farell follows Eve, Farell
follows Harry, Garry follows Farell, Garry follows Harry)
```

subgraph

subgraph 方法把一个用户定义的过滤操作作用于每一个顶点和边上。它会返回原图的一个子图。从概念上看，它与 RDD 的 filter 方法类似。

subgraph 方法以两个谓词（返回值为 Boolean 类型的函数）作为参数。第一个谓词的参数是一个 EdgeTriplet。第二个谓词的参数是一对顶点 ID 和顶点属性。返回的子图值包括那些满足谓词条件的顶点和边。

下面的代码片段将会创建一个只包含边权重大于 1 的边的子图。

```
val subgraph = weightedGraph.subgraph( edgeTriplet => edgeTriplet.attr > 1,
                                        (vertexId, vertexProperty) => true)

subgraph.edges.take(10)
```

```
res23: Array[org.apache.spark.graphx.Edge[Int]] = Array(Edge(2,3,2), Edge(6,5,2),
Edge(6,8,2), Edge(7,6,2), Edge(7,8,2), Edge(7,9,2), Edge(8,10,2), Edge(10,9,2))
```

```
weightedGraph.edges.take(10)
```

```
res24: Array[org.apache.spark.graphx.Edge[Int]] = Array(Edge(1,2,1), Edge(2,3,2),
Edge(3,1,1), Edge(3,4,1), Edge(3,5,1), Edge(4,5,1), Edge(6,5,2), Edge(6,8,2), Edge(7,6,2),
Edge(7,8,2))
```

mask

mask 方法以一个图作为参数，返回原图的一个子图，这个子图包含输入图中所有的顶点和边。返回的图包含输入图与原图共有的顶点和边。然而，返回图中顶点和边的属性都来自于原图。

下面的代码使用 mask 方法来获得社交网络图的一个子图。这是一个人为的例子。它假设你有一组边，但是没有这些边属性或这些边所连接的顶点的属性。

```
val femaleConnections = List(Edge(2L, 3L, 0), Edge(3L, 1L, 0), Edge(3L, 4L, 0),
              Edge(3L, 5L, 0), Edge(4L, 5L, 0), Edge(6L, 5L, 0),
              Edge(8L, 10L, 0), Edge(10L, 9L, 0)
              )

val femaleConnectionsRDD =  sc.parallelize(femaleConnections)

val femaleGraphMask = Graph.fromEdges(femaleConnectionsRDD, defaultUser)
```

```
femaleGraphMask: org.apache.spark.graphx.Graph[User,Int] = org.apache.spark.graphx.impl.
GraphImpl@9df22e0
```

```
val femaleGraph = socialGraph.mask(femaleGraphMask)
```

```
femaleGraph: org.apache.spark.graphx.Graph[User,Int] = org.apache.spark.graphx.impl.
GraphImpl@38c13d96
```

```
femaleGraphMask.triplets.take(10)
```

```
res31: Array[org.apache.spark.graphx.EdgeTriplet[User,Int]] = Array(((2,User(NA,0)),
(3,User(NA,0)),0), ((3,User(NA,0)),(1,User(NA,0)),0), ((3,User(NA,0)),(4,User(NA,0)),0),
((3,User(NA,0)),(5,User(NA,0)),0), ((4,User(NA,0)),(5,User(NA,0)),0), ((6,User(NA,0)),
(5,User(NA,0)),0), ((8,User(NA,0)),(10,User(NA,0)),0), ((10,User(NA,0)),(9,User(NA,0)),0))
```

```
femaleGraph.triplets.take(10)
```

```
res32: Array[org.apache.spark.graphx.EdgeTriplet[User,Int]] = Array(((2,User(Bill,42)),(3
,User(Carol,18)),1), ((3,User(Carol,18)),(1,User(Alex,26)),1), ((3,User(Carol,18)),(4,Use
r(Dave,16)),1), ((3,User(Carol,18)),(5,User(Eve,45)),1), ((8,User(Harry,36)),(10,User(Ji
ll,48)),1), ((10,User(Jill,48)),(9,User(Ivan,28)),1))
```

groupEdges

groupEdges 是一个高阶方法，它会合并属性图中的平行边。它的参数是一个函数，它返回一个新图。作为参数的函数把一对边属性作为参数，将它们合并，返回一个新的属性。

下面的示例代码通过将连接相同顶点的平行边合并的方式缩减了图的大小。

```
val multiEdges = List(Edge(1L, 2L, 100), Edge(1L, 2L, 200),
                      Edge(2L, 3L, 300), Edge(2L, 3L, 400),
                      Edge(3L, 1L, 200), Edge(3L, 1L, 300)
                  )

val multiEdgesRDD = sc.parallelize(multiEdges)

val defaultVertexProperty = 1

val multiEdgeGraph = Graph.fromEdges(multiEdgesRDD, defaultVertexProperty)

import org.apache.spark.graphx.PartitionStrategy._

val repartitionedGraph = multiEdgeGraph.partitionBy(CanonicalRandomVertexCut)

val singleEdgeGraph = repartitionedGraph.groupEdges((edge1, edge2) => edge1 + edge2)
```

```
singleEdgeGraph: org.apache.spark.graphx.Graph[Int,Int] = org.apache.spark.graphx.impl.
GraphImpl@234a8efe
```

```
multiEdgeGraph.edges.collect
```

```
res44: Array[org.apache.spark.graphx.Edge[Int]] = Array(Edge(1,2,100), Edge(1,2,200),
Edge(2,3,300), Edge(2,3,400), Edge(3,1,200), Edge(3,1,300))
```

```
singleEdgeGraph.edges.collect
```

```
res45: Array[org.apache.spark.graphx.Edge[Int]] = Array(Edge(3,1,500), Edge(1,2,300),
Edge(2,3,700))
```

需要注意的是，groupEdges 方法要求平行边位于同一个分区。因此，必须在调用 groupEdges 方法之前，调用 partitionBy 方法；否则，将得到错误的结果。

partitionBy 方法将根据用户指定的分区策略来对原图中的边进行重新分区。上面的代码中使用 CanonicalRandomVertexCut 这一策略来做这件事。CanonicalRandomVertexCut 策略将根据源顶点和目的顶点的哈希值来对边进行分区。它会将相同源顶点和目的顶点的所有边分到同一个分区。

连接操作符

连接操作符用来更新图中顶点的已有属性或给图中顶点添加新的属性。

joinVertices

joinVertices 方法将会根据作为参数的顶点集合来更新原图中的顶点。它需要两个参数。第一个参数是由顶点 ID 和顶点数据对构成的 RDD。第二个参数是一个用户指定的函数，它使用当前属性和新输入数据来更新顶点。那些不在输入 RDD 中的顶点将会维持原来的属性不变。

假设你发现示例社交网络图中顶点 ID 为 3 和 4 的用户年龄不对。下面的示例代码使用 joinVertices 方法来纠正这两个用户的年龄。

```
val correctAges = sc.parallelize(List((3L, 28), (4L, 26)))
val correctedGraph = socialGraph.joinVertices(correctAges)((id, user, correctAge) =>
                                User(user.name, correctAge))
```

```
correctedGraph: org.apache.spark.graphx.Graph[User,Int] = org.apache.spark.graphx.impl.
GraphImpl@f3cb93
```

```
correctedGraph.vertices.collect
```

```
res53: Array[(org.apache.spark.graphx.VertexId, User)] = Array((4,User(Dave,26)),
(8,User(Harry,36)), (1,User(Alex,26)), (9,User(Ivan,28)), (5,User(Eve,45)),
(6,User(Farell,30)), (10,User(Jill,48)), (2,User(Bill,42)), (11,User(NA,0)),
(3,User(Carol,28)), (7,User(Garry,32)))
```

```
socialGraph.vertices.collect
```

```
res54: Array[(org.apache.spark.graphx.VertexId, User)] = Array((4,User(Dave,16)),
(8,User(Harry,36)), (1,User(Alex,26)), (9,User(Ivan,28)), (5,User(Eve,45)),
(6,User(Farell,30)), (10,User(Jill,48)), (2,User(Bill,42)), (11,User(NA,0)),
(3,User(Carol,18)), (7,User(Garry,32)))
```

下面的代码片段能很方便地比较 socialGraph 和 correctedGraph 中 ID 为 3 和 4 的顶点的属性。

```
val incorrectSubGraph = socialGraph.subgraph( edgeTriplet => true,
        (vertexId, vertexProperty) => (vertexId == 3) || (vertexId == 4))

val correctedSubGraph = correctedGraph.subgraph( edgeTriplet => true,
        (vertexId, vertexProperty) => (vertexId == 3) || (vertexId == 4))
```

```
incorrectSubGraph.vertices.collect
```

```
res50: Array[(org.apache.spark.graphx.VertexId, User)] = Array((4,User(Dave,16)),
(3,User(Carol,18)))
```

```
correctedSubGraph.vertices.collect
```

```
res51: Array[(org.apache.spark.graphx.VertexId, User)] = Array((4,User(Dave,26)),
(3,User(Carol,28)))
```

outerJoinVertices

outerJoinVertices 方法将会为原图的顶点添加新的属性。与 joinVertices 方法类似，它需要两个参数。第一个参数是由顶点 ID 和顶点数据对构成的 RDD。第二个参数是一个用户指定的函数，这个函数的参数为一个包含输入 RDD 中的顶点 ID、当前顶点属性、可选属性的三元组。outerJoinVertices 方法为每一个顶点返回一组新属性。

原图中的每一个顶点在输入 RDD 最多只能有一项。如果原图中的顶点并没有出现在输入 RDD 中，那么当用户指定的函数作用于这个顶点上时这个函数的第三个参数为 None。

joinVertices 方法和 outerJoinVertices 方法的区别在于前者会更新当前顶点的属性，而后者不仅会更新当前顶点的属性，它还会为原图中的顶点添加新的属性。

假设你想为示例社交网络图中的每一个用户添加一个名为 city 的属性。下面的示例代码使用 outerJoinVertices 方法来创建一个新属性图，在这个新属性图中每一个用户都有 name、age 和 city 这三字段。

```
case class UserWithCity(name: String, age: Int, city: String)

val userCities = sc.parallelize(List((1L, "Boston"), (3L, "New York"), (5L, "London"),
                                     (7L, "Bombay"), (9L, "Tokyo"), (10L, "Palo Alto")))
val  socialGraphWithCity = socialGraph.outerJoinVertices(userCities)((id, user, cityOpt) =>
                        cityOpt match {
                          case Some(city) => UserWithCity(user.name, user.age, city)
                          case None => UserWithCity(user.name, user.age, "NA")
                        })
```

```
socialGraphWithCity: org.apache.spark.graphx.Graph[UserWithCity,Int] = org.apache.spark.
graphx.impl.GraphImpl@b5a2596
```

```
socialGraphWithCity.vertices.take(5)
```

```
res55: Array[(org.apache.spark.graphx.VertexId, UserWithCity)] = Array((4,UserWithCity
(Dave,16,NA)), (8,UserWithCity(Harry,36,NA)), (1,UserWithCity(Alex,26,Boston)),
(9,UserWithCity(Ivan,28,Tokyo)), (5,UserWithCity(Eve,45,London)))
```

聚合操作符

这类操作符暂时只有一个方法，介绍如下。

aggregateMessages

aggregateMessages 方法根据每一个顶点的相邻顶点及与其相连的边来对该顶点的值进行聚合操作。它使用两个用户定义的函数来做聚合操作。它会在属性图的每一个三元组上调用这些函数。

第一个用户定义的函数的参数是一个 EdgeContext。EdgeContext 类不仅提供了用于访问三元组中连接边的源顶点、目的顶点这两个顶点属性的方法，还提供了用于给三元组中源顶点、目的顶点发送消息的方法。一条消息本质上就是一些数据。用户定义的函数使用 EdgeContext 类提供的发送消息函数来把消息发送给相邻的顶点。

第二个用户定义的函数的参数是两条消息，它返回一条消息。它将两条消息聚合成一条。aggregateMessages 方法使用这个函数来对第一个函数发送给顶点的消息来进行聚合操作。aggregateMessages 方法返回一个由顶点 ID 和聚合的消息对构成的 RDD。

下面的代码展示了如何使用 aggregateMessages 方法来计算示例社交网络图中每一个用户分别被多少人关注。

```
val followers = socialGraph.aggregateMessages[Int]( edgeContext => edgeContext.sendToDst(1),
                                                     (x, y) => (x + y))
```

```
followers: org.apache.spark.graphx.VertexRDD[Int] = VertexRDDImpl[231] at RDD at
VertexRDD.scala:57
```

```
followers.collect
```

```
res56: Array[(org.apache.spark.graphx.VertexId, Int)] = Array((4,1), (8,3), (1,1), (9,2),
(5,3), (6,1), (10,1), (2,1), (11,1), (3,1))
```

这段代码是一个如何使用 aggregateMessages 方法的简单例子。然而，用 aggregate-Messages 方法来计算每个用户有多少个关注者是大材小用。下面是另外一种计算方式。

```
val followers = socialGraph.inDegrees
```

```
followers: org.apache.spark.graphx.VertexRDD[Int] = VertexRDDImpl[19] at RDD at VertexRDD.
scala:57
```

```
followers.collect
```

```
res57: Array[(org.apache.spark.graphx.VertexId, Int)] = Array((4,1), (8,3), (1,1), (9,2),
(5,3), (6,1), (10,1), (2,1), (11,1), (3,1))
```

用 aggregateMessages 方法去解决一个稍微困难点的问题。下面的代码片段展示了如何找出每一个用户最年老的关注者的年龄。

```
val oldestFollower = socialGraph.aggregateMessages[Int]( edgeContext =>
                                 edgeContext.sendToDst(edgeContext.srcAttr.age),
                                 (x, y) => math.max(x,y))
oldestFollower.collect
```

```
res58: Array[(org.apache.spark.graphx.VertexId, Int)] = Array((4,18), (8,32), (1,18),
(9,48), (5,30), (6,32), (10,36), (2,26), (11,26), (3,42))
```

图并行计算操作符

图并行计算操作符使得你可以实现一些用于处理面向图的大规模数据的自定义的迭代式图算法。

pregel

pregel 方法实现了 Google Pregel 算法。Pregel 是一个用于处理有数十亿个顶点、数百亿条边这样的大图的分布式计算模型。它基于整体同步并行（Bulk Synchronous Parallel，BSP）算法。

在 Pregel 中，一个图计算由一系列的迭代构成，每个也称为超步。在一个超步中，用户定义的函数也称为顶点程序，它会在每一个顶点上并行调用。顶点程序会对在上一个超步中发给顶点的消息的聚合结果做处理，它会更新顶点及其出边的属性，并给其他顶点发送消息。在超步中发送的消息会在下一个超步中处理。如果在一个超步中没有给顶点发送任何消息，那么在下一个超步中就不会在这个顶点上调用顶点程序。在框架执行算法的下一次迭代之前，所有的顶点程序都可以结束对上一个超步中发送过来的消息的处理。这些迭代或者超步将持续进行下去，一直到没有消息发送出去，并且所有的顶点都处于未激活状态。当一个顶点没有进一步的事务需要处理时，它就处于未激活状态。当它收到其他顶点发送来的消息时，它会被重新激活。

GraphX 实现的 Pregel 与标准实现稍稍有些不同。在每一个超步中调用的顶点程序有一个参数是一个 EdgeTriplet。顶点程序会访问这个 EdgeTriplet 中源顶点和目的顶点的属性以及连接两个顶点的边。另外，GraphX 只允许将消息发送给相邻顶点。

pregel 方法的参数是两个集合，它返回一个图。第一个集合包含三个参数：在第一个超步中每个顶点将会接收到的初始消息、迭代的最大次数、消息发送的方向。

第二个集合也包含三个参数：在超步中在每一个点上并行执行的用户定义的顶点程序，一个用来计算发送给相邻顶点的可选消息的用户定义的函数，一个用来对在上一个超步中发送过来的消息做聚合的用户定义的函数。

用户定义的顶点程序有三个参数：顶点 ID、顶点的属性、在上一个超步中发给顶点的消息的聚合结果。它为每一个顶点返回一组新属性。在第一个超步或者第一次迭代中，所有的顶点将接收到作为 pregel 方法参数传递的初始消息。在接下来的迭代中，每一个顶点将接收到在上一次迭代中发给它的消息的聚合结果。如果一个顶点没有接收到任何消息，那么顶点程序将不会作用在这个顶点上。

在所有顶点上并行执行顶点程序之后，pregel 方法将在所有的出边上调用用户定义的发送消息函数。发送消息函数将会计算出发送给相邻顶点的可选消息。这个发送消息函数的参数是一个 EdgeTriplet，它返回一个迭代器，每次调用这个迭代器返回的是一个目的顶点 ID 和消息构成的二元组。发送消息函数只作用于在上一个超步中接收过消息的顶点构成的边。

用户定义的消息聚合函数把一对消息当成参数，然后将它们进行合并，返回一条与接收到的消息类型相同的消息。这个函数必须满足交换律和结合律。

pregel 方法将不断进行迭代，直到没有消息产生或者迭代次数达到用于定义的最大次数。它在计算结束时返回结果图。

pregel 操作符适用于那些需要反复计算顶点属性的图并行计算。在这类计算中，一个顶点的属性取决于其相邻顶点的属性，而相邻顶点的属性取决于它们的相邻顶点属性，如此这般。这类算法天生就是迭代性的。每次迭代计算依赖于上一次迭代的结果。每一次迭代都会对顶点的属性进行重新计算，直到终止条件满足为止。

图并行计算的一个例子就是 PageRank 算法。它最初被 Google 搜索引擎所使用。介绍 PageRank 算法的细节已经超出了本书的范围，但是这里简单介绍这个算法。因为下一个例子就使用 pregel 操作符来实现 PageRank 算法。

文档的 PageRank 表示文档的重要程度。有高 PageRank 值的文档要比低 PageRank 值的文档重要。文档的 PageRank 值取决于链接到它的那些文档的 PageRank 值。而且，PageRank 是一个迭代算法。在 RageRank 中，在计算文档 a 对文档 b 的 RageRank 值的贡献值时，a 文档中外链的数量会是其中的一个影响因子。如果文档 a 的外链数量巨大，那么它对它所链接的文档的 PageRank 值的贡献值还不如有与它同样 PageRank 值但是外链数更少的文档。

使用 pregel 方法和 PageRank 算法来计算示例社交网络图中的用户影响力排名。一个用户的影响力排名取决于其关注者的影响力排名以及每个关注者自身的关注者数量。

下面的例子使用了与上面例子中同样的社交网络图。为了能够使用 pregel 操作符，你需要对 socialGraph 所表示的社交网络图做一些修改。目前，每条边都有同样的属性。相反，我们将根据每条边上顶点的出边数来赋予每条边不同的权重。

```
val outDegrees = socialGraph.outDegrees
```

```
outDegrees: org.apache.spark.graphx.VertexRDD[Int] = VertexRDDImpl[23] at RDD at
VertexRDD.scala:57
```

```
val outDegreesGraph = socialGraph.outerJoinVertices(outDegrees) {
                    (vId, vData, OptOutDegree) =>
                          OptOutDegree.getOrElse(0)
                }
```

```
outDegreesGraph: org.apache.spark.graphx.Graph[Int,Int] = org.apache.spark.graphx.impl.
GraphImpl@75cffddf
```

```
val weightedEdgesGraph = outDegreesGraph.mapTriplets{EdgeTriplet =>
                                1.0 / EdgeTriplet.srcAttr
                          }
```

```
weightedEdgesGraph: org.apache.spark.graphx.Graph[Int,Double] = org.apache.spark.graphx.
impl.GraphImpl@95cd375
```

接下来，为每个用户分配初始影响力排名。

```
val inputGraph = weightedEdgesGraph.mapVertices((id, vData) => 1.0)
```

你将要在 inputGraph 上调用 pregel 方法。然而，在你这么做之前，让我们先对传递给 pregel 方法的参数进行初始化。

下面的代码片段展示了三个参数，这三个参数构成了将要传递给 pregel 方法的第一个集合。

```
val firstMessage = 0.0

val iterations = 20

val edgeDirection = EdgeDirection.Out
```

然后，定义三个函数，这三个函数将作为参数传递给 pregel 方法。

```
val updateVertex = (vId: Long, vData: Double, msgSum: Double) => 0.15 + 0.85 * msgSum
```

```
updateVertex: (Long, Double, Double) => Double = <function3>
```

```
val sendMsg = (triplet: EdgeTriplet[Double, Double]) =>
                    Iterator((triplet.dstId, triplet.srcAttr * triplet.attr))
```

```
sendMsg: org.apache.spark.graphx.EdgeTriplet[Double,Double] => Iterator[(org.apache.spark.
graphx.VertexId, Double)] = <function1>
```

```
val aggregateMsgs = (x: Double, y: Double ) => x + y
```

```
aggregateMsgs: (Double, Double) => Double = <function2>
```

现在，调用 pregel 方法。

```
val influenceGraph = inputGraph.pregel(firstMessage, iterations, edgeDirection)(updateVertex,
                              sendMsg, aggregateMsgs)
```

```
influenceGraph: org.apache.spark.graphx.Graph[Double,Double] = org.apache.spark.graphx.
impl.GraphImpl@ad6a671
```

通过输出每个用户姓名及其影响力排名的方式来检查计算的结果。

```
val userNames = socialGraph.mapVertices{(vId, vData) => vData.name}.vertices

val userNamesAndRanks = influenceGraph.outerJoinVertices(userNames) {
                          (vId, rank, optUserName) =>
                                  (optUserName.get, rank)
                        }.vertices

userNamesAndRanks.collect.foreach{ case(vId, vData) =>
                        println(vData._1 +"'s influence rank: " + vData._2)
                      }
```

```
Dave's influence rank: 0.2546939612521768
Harry's influence rank: 0.9733813220346056
Alex's influence rank: 0.2546939612521768
Ivan's influence rank: 0.9670543985781628
Eve's influence rank: 0.47118379300959834
Farell's influence rank: 0.1925
Jill's influence rank: 0.9718993399637271
Bill's influence rank: 0.25824491587871073
NA's influence rank: 0.25824491587871073
Carol's influence rank: 0.36950816084343974
Garry's influence rank: 0.15
```

图算法

aggregateMessages 和 pregel 操作符是用于实现自定义图算法的强大工具。通过使用这些操作符，一些复杂的图算法可以用几行代码就得以实现。然而，在某些情况下，这是不必要的。GraphX 内置了一些常用图算法的实现。这些算法以 Graph 类的方法的方式调用。

pageRank

pageRank 方法实现了 PageRank 算法的动态版本。它有两个参数。第一个参数是收敛阈值（或者叫作容差）。动态版本的 PageRank 算法在当排名的变化幅度超过了用户指定的容差时停止运行。第二个参数是可选的。它用于指定 PageRank 算法所使用的随机重置概率。它的默认值是 0.15。pageRank 方法返回一个图，这个图的顶点有一个属性是 PageRank 值，边有一个属性是归一化的权重。

下面是一个例子。它在为了演示 pregel 方法而创建的 inputGraph 上执行动态版本的 PageRank 算法。

```
val dynamicRanksGraph = inputGraph.pageRank(0.001)

dynamicRanksGraph.vertices.collect
```

```
res63: Array[(org.apache.spark.graphx.VertexId, Double)] = Array((4,0.2544208826877713),
(8,1.4102365771190497), (1,0.2544208826877713), (9,1.3372775106440455),
(5,0.5517909837066515), (6,0.1925), (10,1.3487010905511918), (2,0.2577788005094401),
(11,0.2577788005094401), (3,0.36854429183919274), (7,0.15))
```

```
dynamicRanksGraph.edges.collect
```

```
res64: Array[org.apache.spark.graphx.Edge[Double]] = Array(Edge(1,2,0.5), Edge(2,3,1.0),
Edge(3,1,0.3333333333333333), Edge(3,4,0.3333333333333333), Edge(3,5,0.3333333333333333),
Edge(4,5,1.0), Edge(6,5,0.5), Edge(6,8,0.5), Edge(7,6,0.3333333333333333),
Edge(7,8,0.3333333333333333), Edge(7,9,0.3333333333333333), Edge(1,11,0.5),
Edge(8,10,1.0), Edge(9,8,1.0), Edge(10,9,1.0))
```

staticPageRank

staticPageRank 方法实现了静态版本的 PageRank 算法。它有两个参数。第一个参数是迭代的次数，第二个参数是可选的，用于指定随机重置概率。staticPageRank 方法执行了指定次数的迭代之后返回一个图，这个图的顶点有一个属性是 PageRank 值，边有一个属性是归一化的权重。

```
val staticRanksGraph = inputGraph.staticPageRank(20)
```

```
staticRanksGraph.vertices.collect
```

```
res66: Array[(org.apache.spark.graphx.VertexId, Double)] = Array((4,0.2546939612521768),
(8,1.3691322478088301), (1,0.2546939612521768), (9,1.2938371623789482),
(5,0.5529962930095983), (6,0.1925), (10,1.3063496503175922), (2,0.25824491587871073),
(11,0.25824491587871073), (3,0.36950816084343974), (7,0.15))
```

```
staticRanksGraph.edges.collect
```

```
res67: Array[org.apache.spark.graphx.Edge[Double]] = Array(Edge(1,2,0.5), Edge(2,3,1.0),
Edge(3,1,0.3333333333333333), Edge(3,4,0.3333333333333333), Edge(3,5,0.3333333333333333),
Edge(4,5,1.0), Edge(6,5,0.5), Edge(6,8,0.5), Edge(7,6,0.3333333333333333),
Edge(7,8,0.3333333333333333), Edge(7,9,0.3333333333333333), Edge(1,11,0.5),
Edge(8,10,1.0), Edge(9,8,1.0), Edge(10,9,1.0))
```

connectedComponents

connectedComponents 方法实现了连通分量算法，它会计算出构成连通分量的顶点。它返回一个图，这个图中每个顶点的属性为顶点 ID，这个顶点 ID 是构成连通分量的所有顶点中最小的那个。

```
val connectedComponentsGraph = inputGraph.connectedComponents()
```

```
connectedComponentsGraph.vertices.collect
```

```
res68: Array[(org.apache.spark.graphx.VertexId, org.apache.spark.graphx.VertexId)] =
Array((4,1), (8,1), (1,1), (9,1), (5,1), (6,1), (10,1), (2,1), (11,1), (3,1), (7,1))
```

stronglyConnectedComponents

强连通分量（SCC）是图中的一个子图，在这个子图中的顶点互相连通。在一个强连通分量中，任意一个顶点都可以经由图中的有向边到达其他的每一个顶点。

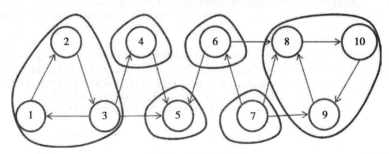

图 9-9　强连通分量

stronglyConnectedComponents 方法将为每个顶点找到其对应的强连通分量并返回一个

图，在这个图中每个顶点的属性是顶点 ID，这个顶点 ID 是构成该连通分量的顶点中最小的那个。

```
val sccGraph = inputGraph.stronglyConnectedComponents(20)
sccGraph.vertices.collect
```

```
res69: Array[(org.apache.spark.graphx.VertexId, org.apache.spark.graphx.VertexId)] =
Array((4,4), (8,8), (1,1), (9,8), (5,5), (6,6), (10,8), (2,1), (11,11), (3,1), (7,7))
```

triangleCount

triangleCount 方法为每一个顶点计算包含该顶点的三角形的个数。如果一个顶点有两个相邻顶点并且它们通过边相连，那么这个顶点就是三角形的一部分。triangleCount 方法返回一个图，在这个图中每个顶点的属性是包含它的三角形的个数。

```
val triangleCountGraph = inputGraph.triangleCount()
triangleCountGraph.vertices.collect
```

```
res70: Array[(org.apache.spark.graphx.VertexId, Int)] = Array((4,1), (8,3), (1,1), (9,2),
(5,1), (6,1), (10,1), (2,1), (11,0), (3,2), (7,2))
```

9.4　总结

有时候用图来表示数据要比用集合表示更好。对于这类面向图的数据，图算法提供了比作用于集合的算法更好的分析工具。

GraphX 是一个将 Spark 扩展到用于分布式图分析的库。它运行于 Spark 之上，并且为图处理任务提供了一系列高层 API。它提供了用于表示属性图的抽象，并且还原生支持诸如 PageRank、强连通分量、三角计数这样的图算法。另外，它不仅提供了用于处理图的基础操作符，还提供了用于复杂图分析的变种 Pregel API。

第 10 章

集群管理员

集群管理员管理着整个计算机集群。更确切地说，它管理着各种资源，比如 CPU、内存、存储空间、端口以及集群中节点的其他可用资源。它会将每一个集群节点的可用资源聚合起来，并且让不同的应用可以共享这些资源。它将一个由商用计算机构成的集群转变成一个可以由多个应用共享的虚拟超级计算机。

分布式计算框架要么使用内置的集群管理员，要么使用外部的集群管理员。举例来说，在 2.0 版本之前，Hadoop MapReduce 使用内置的集群管理员。在 Hadoop 2.0 中，集群管理员与计算引擎分离开了，它变成了一个独立的组件。它可以与任意计算引擎一起使用，包括 MapReduce、Spark、Tez。

Spark 预先打包好了一个集群管理员，但是也可以使用其他的开源集群管理员。本章将介绍一些 Spark 支持的不同的集群管理员。

需要注意的是，Spark API 与集群管理员各自独立。一个 Spark 应用可以被任意一个 Spark 支持的集群管理员部署到集群中，而不需要做任何的代码改动。对于 Spark 应用而言，它并不知道集群管理员的存在。

Spark 支持三种集群管理员：Apache Mesos、Hadoop YARN、独立集群管理员。Spark 提供了脚本供它支持的这些集群管理员来部署 Spark 应用。

10.1 独立集群管理员

Spark 预先打包了独立集群管理员。独立集群管理员提供了一种建立 Spark 集群的最为便捷的方式。

10.1.1　架构

独立集群管理员由两个关键组件构成：master 和 worker（见图 10-1）。worker 进程管理单个集群节点上的资源。master 进程将所有 worker 的计算资源聚合起来并将这些资源分配给应用。master 进程既可以运行在一个单独的服务器上，也可以和 worker 进程一起运行在某个 worker 节点上。

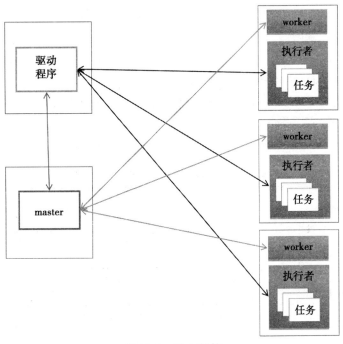

图 10-1　独立架构

使用独立集群管理员部署 Spark 应用涉及下面几个关键实体：驱动程序、执行者、任务。驱动程序是一个使用 Spark 库的应用程序，它提供数据处理逻辑。执行者是运行在 worker 节点上的一个 JVM 进程，它执行提交给驱动程序的数据处理作业。一个执行者可以同时执行多个任务，它还提供了用于缓存数据的内存。

驱动程序使用 SparkContext 对象连接到集群中。SparkContext 对象也是 Spark 库的入口点。SparkContext 对象使用 master 来获得 worker 节点上的计算资源。接下来，它在 worker 节点上运行执行者并将应用代码发送给执行者。最后，它把一个数据处理作业分解成多个任务并将这些任务发送给执行者执行。

10.1.2　建立一个独立集群

建立一个独立集群是件简单的事。在集群的每一个节点上将 Spark 下载下来并将其中的二进制文件抽取出来。接下来，启动 master 和 worker。master 和 worker 可以分别人工启动，也可以用 Spark 提供的脚本同时启动它们两个。

人工启动集群

首先，在一台服务器上启动 master 进程，然后在每一个集群节点上启动 worker 进程。可以像下面这样启动 master 进程。

```
$ /path/to/spark/sbin/start-master.sh
```

默认情况下，master 进程会绑定非本地 IP 地址，监听 7077 端口。其中，绑定的 IP 地址和端口都是可以配置的。

接下来，你 Spark 集群中每个节点启动 worker。worker 可以像下面这样启动。

```
$ /path/to/spark/sbin/start-slave.sh <master-URL>
```

master-URl 的格式形如 spark://HOST:PORT。其中，HOST 是运行 master 进程的主机名或 IP 地址，PORT 是 master 监听的 TCP 端口。

启动 master 和 worker 的脚本可以接受命令行参数。表 10-1 列出了一些常用的参数。

表 10-1　独立 master 和 worker 的命令行选项

选　　项	描　　述
--h HOST	master 或 worker 监听的主机名或 IP 地址
--p PORT	master 或 worker 监听的 TCP 端口。默认情况下，master 监听 7077 端口，worker 监听随意端口
--webui-port PORT	从浏览器监听 master 或 worker 的 TCP 端口，对于 master 默认端口是 8080，对于 worker 默认端口是 8081
--cores CORES	worker 分配给 Spark 应用的 CPU 内核数，默认情况下，一个 worker 分配所有内核
--memory MEM	一个 worker 分配给 Spark 应用的内存量，默认情况下，一个 worker 分配的内存量等于总系统内存减去 1GB

一旦 master 进程和 worker 进程都启动了，那么 Spark 就已经准备好运行 Spark 应用了。可以通过在浏览器中连接到 master 的 WebUI 端口（默认为 8080）来检查集群的状态。第 11 章将会介绍 Spark 提供的基于 Web 的监控接口。

人工停止集群

可以像下面这样使用 Spark 提供的脚本停止 Spark worker。

```
$ /path/to/spark/sbin/stop-slave.sh
```

必须在每个 worker 节点上手动执行这个操作。

Spark 提供的脚本也可以用来停止 Spark master。

```
$ /path/to/spark/sbin/stop-master.sh
```

使用脚本启动集群

随着 Spark 集群中 worker 数量的增加，采用人工方式起停 master、worker 会越来越烦琐。幸运的是，Spark 脚本提供了同时起停 master 和所有 worker 的脚本。

为了使用这些脚本，需要先在 Spark 的 /path/to/spark/conf 目录下创建一个名为 slaves 的文件。这个文件包含了所有 worker 的主机名或 IP 地址，每行一个。

而且，需要在所有 worker 节点上允许 master 使用私钥进行 ssh 访问。启动集群的脚本将会让 master 并行使用 ssh 连接到 worker 上。

一旦满足了这些必须条件，就可以像下面这样在 master 节点上通过执行 start-all.sh 脚本来启动 Spark 集群。

```
$ /path/to/spark/sbin/start-all.sh
```

start-all.sh 脚本将会使用默认配置来启动 master 和 worker。可以通过设置位于 Spark 的 /path/to/spark/conf 目录下的 spark-env.sh 文件中的环境变量来指定自定义的配置。Spark 在 Spark 的 /path/to/spark/conf 目录下提供了一个名为 spark-env.sh.template 的模板文件。这个文件列出了所有的配置项及其相关的说明。复制这个文件，将它重命名为 spark-env.sh，然后根据你自己的需求去修改它。需要在 master 节点和所有 worker 节点上做这件事。

使用脚本停止集群

可以像下面这样在 master 节点上运行 stop-all.sh 脚本来停止集群。

```
$ /path/to/spark/sbin/stop-all.sh
```

10.1.3　在独立集群中运行 Spark 应用

可以使用 spark-submit 脚本来将 Spark 应用部署到独立集群上。首先，为应用创建一个 JAR 文件。如果它依赖于其他外部库，那么请创建一个包含了应用代码以及它所有外部依赖的 uber JAR。

可以像下面这样在集群上部署 Spark 应用。

```
$ /path/to/spark/bin/spark-submit --master <master-URL> </path/to/app-jar> [app-arguments]
```

spark-submit 脚本是可配置的。它接受一系列的命令行参数。可以通过将 spark-submit 配合 help 选项使用来了解 spark-submit 的所有选项。

```
$ /path/to/spark/bin/spark-submit --help
```

将 Spark 应用部署在集群上有两种模式：客户端模式和集群模式。spark-submit 脚本提供了命令行选项 --deploy-mode 供用户指定以何种模式运行 Spark 应用。默认情况下是客户端模式。

 注意　在本章中 Spark 应用也称为驱动程序，这两个术语是可以互换的。

客户端模式

在客户端模式中，驱动程序是在客户端进程中运行的。其中客户端进程用来将 Spark

应用部署到 Spark 集群上。举例来说，如果你使用 spark-submit 脚本来部署 Spark 应用，spark-submit 脚本就是客户端。在这种情况下，所谓的驱动程序实际上就是你的 Spark 应用。它在运行 spark-submit 脚本的进程中运行。

在客户端模式中，驱动程序的标准输入和标准输出就是启动它时所处的控制台。而且驱动程序能读写启动它的设备上的本地文件。

当客户端设备和 Spark 集群处于同一个网络中时，推荐使用客户端模式。可以使用调度节点或者同一网络中的其他设备来以客户端模式运行 Spark 应用。

Spark 应用可以像下面这样以客户端模式运行。

```
$ /path/to/spark/bin/spark-submit --deploy-mode client \
                          --master <master-URL> \
                          </path/to/app-jar> [app-arguments]
```

就像上面所说的，默认的模式是客户端模式，所以如果你想以客户端模式运行应用，你可以不使用 deploy-mode 选项。

集群模式

在集群模式中，驱动程序运行在 Spark 集群中的某一个 worker 节点上。spark-submit 脚本向调度节点发送请求，从而得知驱动程序运行在哪个 worker 节点上。然后，在这个 worker 节点上启动驱动程序。

当部署 Spark 应用的设备与 Spark 集群不处于同一个网络中时，推荐使用集群模式。这能帮你减少驱动程序与执行者之间的网络延迟。它还能让你设置成驱动程序一旦异常退出则它自动重启。

需要注意的是，如果使用 spark-submit 脚本以集群模式部署应用，spark-submit 脚本将在部署完应用后退出。另外，因为驱动程序运行在某一个 worker 节点上，所以它无法访问部署它的设备的控制台。它需要将它的输出存储成文件或存储至数据库中。

Spark 应用可以像下面这样以集群模式运行。

```
$ /path/to/spark/bin/spark-submit --deploy-mode cluster \
                          --master <master-URL> \
                          </path/to/app-jar> [app-arguments]
```

当驱动程序以集群模式部署完了之后，spark-submit 脚本将会输出一个提交 ID。这个提交 ID 可以用来检查驱动程序的状态或者用来停止驱动程序。

可以像下面这样检查运行在集群模式下的驱动程序的状态。

```
$ /path/to/spark/bin/spark-submit --status <submission-id>
```

可以像下面这样停止运行在集群模式下的驱动程序。

```
$ /path/to/spark/bin/spark-submit --kill <submission-id>
```

如果你想要当驱动程序异常退出时自动重启它，那么可以像下面这样使用 --supervise 标记。

```
$ /path/to/spark/bin/spark-submit --deploy-mode cluster --supervise \
                                  --master <master-URL> \
                                  </path/to/app-jar> [app-arguments]
```

10.2　Apache Mesos

Apache Mesos 是一个开源的集群管理员。从概念上看，可以把它当成一个集群计算机的操作系统内核。它将集群设备的计算资源汇总到一起，并且让这些资源能被多种应用程序共享。

Mesos 为 Java、C++、Python 提供了用于获取集群资源、在集群中调度任务的 API。它还提供了一个用于监控集群的 Web UI。

使用 Mesos 的一大好处就在于它使得各种不同的分布式计算框架可以动态地分享集群资源。它可以让 Spark 应用和非 Spark 应用同时运行在同一个集群上。举例来说，Mesos 可以在一个动态的节点共享资源池上运行 Spark、Hadoop、MPI、Kafka、Elastic Search、Storm 以及其他应用。

为了能够让多种计算框架动态地共享集群，Mesos 不仅能充分利用集群资源，还会尽可能地防止数据重复。某个计算框架输出的数据可以直接被其他框架处理，而不用将这些数据从一个集群拷贝到另外一个集群。

Mesos 提供了比 Spark 独立集群管理员多得多的功能。它不仅让不同框架可以共享集群资源，还使开发分布式计算框架容易多了。

下面是 Mesos 的一些其他重要特性。

❑ 能扩展至数万个节点。
❑ 可容错的 master 和 slave。
❑ 多种资源（CPU、内存、磁盘、端口）调度。
❑ 支持 Docker 容器。
❑ 任务之间相互独立。

10.2.1　架构

Mesos 集群管理员由两个关键组件构成：master 和 slave（见图 10-2）。与独立集群中的 worker 类似，Mesos slave 管理单一集群节点上的计算资源。Mesos master 管理 Mesos slave 并且将每一个 slave 所管理的资源汇总到一起。

使用 Mesos 实现的框架或应用程序都由 master 和执行者两部分构成。执行者运行在 slave 节点上并执行应用任务。

为了防止单点故障，Mesos 支持多个 master。无论何时，都只有一个 master 处于激活状态，而其他的则处于待命状态。如果一个处于激活状态的 master 崩溃了，那么一个新的 master 会被选举出来。Mesos 使用 Zookeeper 来进行 master 故障转移。

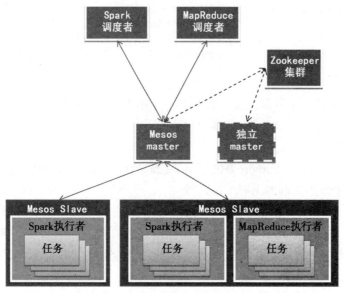

图 10-2   Mesos 架构

当一个应用被部署到 Mesos 集群上时，该应用的 master 组件会连接到提供资源的 Mesos master 上。提供的资源是 slave 节点上的诸如 CPU 内核、内存、磁盘、端口这样的计算资源。由 Mesos master 提供给应用程序的资源数量是可配置的。

master 可以接受或拒绝 Mesos master 提供的资源。如果 master 接受，它将会从中选择。然后，它将要使用这些资源的应用任务发给 Mesos master。Mesos master 将这些任务转发给 slave，slave 会为执行者分配合适的资源，然后由执行者运行应用任务。这个过程往复进行，直到任务结束并且有新的空闲资源为止。

10.2.2　建立一个 Mesos 集群

每一个节点都需要安装 Mesos，这样每个节点要么是 Mesos master，要么是 Mesos slave。下载及安装 Mesos 的说明文档位于 http://mesos.apache.org/gettingstarted/。

可以运行单 master 的 Mesos 集群。在这种情况下，就不需要安装 Zookeeper。然而，还是推荐安装 Zookeeper，从而使得 Mesos 集群有故障转移的功能。安装 Zookeeper 的说明文档位于 http://zookeeper.apache.org/。

可以通过浏览器的 5050 端口连接 Mesos master，然后检查 Mesos master 和所有的 Mesos slave 是否正确安装。

10.2.3　在 Mesos 集群上运行 Spark 应用

在 Mesos 集群上部署 Spark 应用之前必须先完成以下步骤。

1. 确保 Spark 二进制文件可以能被所有的 Mesos slave 访问。当一个 Mesos slave 执行

Spark 任务时，它需要访问 Spark 二进制文件以启动 Spark 执行者。请将 Spark 二进制文件置于 Mesos slave 节点中任意 Hadoop 可访问的 URI 或本地文件系统中。另外，还需要设置 Spark 配置文件 /path/to/spark/conf/spark-default.conf 中的变量 spark.mesos.executor.home 指明 Spark 二进制文件的路径。默认情况下，spark.mesos.executor.home 指向的目录为环境变量 SPARK_HOME 所指向的目录。

2. 在 Spark 配置文件 /path/to/spark/conf/spark-env.sh 中设置如下环境变量。

```
MESOS_NATIVE_JAVA_LIBRARY=/path/to/libmesos.so
SPARK_EXECUTOR_URI=/path/to/spark-x.y.z.tar.gz
```

3. 在 Spark 配置文件 /path/to/spark/conf/spark-default.conf 中设置如下变量。

```
spark.executor.uri = /path/to/spark-x.y.z.tar.gz
```

可以使用 spark-submit 脚本在 Mesos 集群上启动 Spark 应用。一个 Spark 应用可以像下面这样在单 master Mesos 集群上启动。

```
$ /path/to/spark/bin/spark-submit --master mesos://host:5050 </path/to/app-jar> [app-args]
```

需要注意的是，master URL 指向 Mesos master。在多 master Mesos 集群上，可以像下面这样启动 Spark 应用。

```
$ /path/to/spark/bin/spark-submit \
        --master mesos://zk://host1:2181,host2:2181,host3:2181 \
        </path/to/app-jar> [app-args]
```

在这种情况下，master URL 指向 Zookeeper 节点。

部署模式

对于部署应用而言，Mesos 既支持客户端模式也支持集群模式。在客户端模式中，驱动程序运行于部署应用的设备上的客户端进程中。在集群模式中，驱动程序运行在某一个 Mesos slave 节点上。然而，在本书写作之际，Spark 尚不支持 Mesos 集群的集群模式。

运行模式

运行在 Mesos 集群上的 Spark 应用有两种模式：细粒度模式和粗粒度模式。

细粒度模式

在细粒度模式中，每一个应用任务被当成一个单独的 Mesos 任务执行。这种模式下，不同的应用可以动态共享集群资源。而且，它能高效地利用集群资源。

然而，与粗粒度模式相比，细粒度模式会有更多的开销。因此它不适合那些迭代的或交互式应用。

默认情况下，Spark 应用在 Mesos 集群上以细粒度模式运行。

粗粒度模式

在粗粒度模式中，Spark 在每一个 Mesos slave 上为每一个 Spark 应用启动一个长期运行的任务。应用提交的作业将会分解成多个任务，这些任务将在这个长期运行的任务中执行。在这种模式下，Spark 为应用的执行预留了集群资源。

粗粒度模式不会有过高的开销，但是无法高效利用集群资源。举例来说，如果你在 Mesos 集群上启动 Spark shell，那么那些为 Spark shell 所预留的集群资源就无法被其他的应用所使用了，哪怕 Spark shell 处于空闲状态也是如此。

为了能够使用粗粒度模式，我们需要在 Spark 的配置文件 /path/to/spark/conf/spark-default.conf 中设置如下变量。

```
spark.mesos.coarse=true
```

在粗粒度模式中，Spark 默认会将 Mesos master 提供的所有资源分配给应用。因此，你没法同时运行多个应用。可以通过对 Spark 分配给应用的资源做限制的方式来改变这一默认行为。一个应用可以使用的最多 CPU 内核数可以像下面这样在 Spark 的配置文件 /path/to/spark/conf/spark-default.conf 中设置。

```
spark.cores.max=N
```

将 N 替换成你所要求的数值。

10.3　YARN

YARN 也是一个通用的开源集群管理员。自 Hadoop MapReduce 2.0 开始它才出现。实际上，Hadoop MapReduce 2.0 也称为 YARN。

第一代 Hadoop MapReduce 只支持 MapReduce 计算引擎。它带有一个称为 JobTracker 的组件，这个组件既提供集群管理功能，也具有作业调度、监控功能。集群管理员和计算引擎是紧密结合在一起的。

在 Hadoop MapReduce 2.0 中，集群管理员和作业调度、监控是分开的进程。YARN 提供了集群管理功能，应用指定的 master 则提供作业调度、监控的功能。在这种新架构下，YARN 不仅支持 MapReduce 计算引擎，还支持诸如 Spark、Tez 这样的其他计算引擎。

10.3.1　架构

YARN 集群管理员由两个关键组件构成：ResourceManager 和 NodeManager（见图 10-3）。YARN 的 ResourceManager 相当于 Mesos 的 master。YARN 的 NodeManager 相当于 Mesos 的 slave。

NodeManager 管理单个节点上可以使用的资源。它将资源使用情况报告给 ResourceManager。ResourceManager 管理集群中所有节点上的可使用资源。它将 NodeManager 报告的资源汇总到一起并将它们分配给不同的应用。它本质上就是一个 master，在应用之间调度集群的可用资源。

基于 YARN 的分布式计算框架由三部分组成：客户端应用、ApplicationMaster、容器。

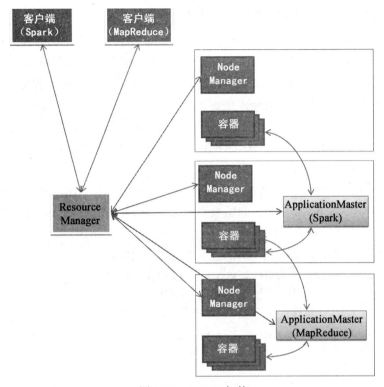

图 10-3 YARN 架构

客户端应用向 ResourceManager 提交作业。举例来说，spark-submit 脚本就是一个客户端应用。

ApplicationMaster 通常都由诸如 Spark 或 MapReduce 这样的库提供。这些库会为每一个应用创建一个 ApplicationMaster。ApplicationMaster 在 YARN 集群上拥有一个作业并会运行这个作业。ApplicationMaster 会与 ResourceManager 协商资源并且与 NodeManager 一起使用容器来执行作业。它会监控作业并追踪作业的进度。ApplicationMaster 在运行 Node-Manager 的诸多设备中的一台上运行。

容器从概念上看代表单个节点上可供一个应用使用的资源。ApplicationMaster 向 ResourceManager 协商执行作业所需要的容器。一旦容器成功分配，它将在集群节点上和 NodeManager 一起启动容器。NodeManager 管理在设备上运行的容器。

ResourceManager 由两个关键组件构成：ApplicationsManager 和 Scheduler。Applications-Manager 从客户端应用获取作业并分配第一个容器来运行 ApplicationMaster。Scheduler 向 ApplicationMaster 分配用于执行作业的集群资源。它只提供调度功能，并不监控应用或追踪应用的状态。

使用 YARN 的一个好处就在于 Spark 应用和 MapReduce 应用可以共享同一个集群。如果你已有一个 Hadoop 集群，可以很轻松地使用 YARN 来部署 Spark 应用。

10.3.2　在 YARN 集群上运行 Spark 应用

YARN 既支持以客户端模式部署 Spark 应用，也支持以集群模式部署。在客户端模式中，驱动程序运行在用来部署 Spark 应用的客户端进程中。在这种模式下，Application-Master 仅仅用来向 ResourceManager 申请资源。在集群模式中，驱动程序运行在 ApplicationMaster 进程中，ApplicationMaster 进程运行在其中一个集群节点上。

为了能够在 YARN 集群上运行 Spark 应用，需要在 Spark 的配置文件 /path/to/spark/conf/spark-env.sh 上设置环境变量 HADOOP_CONF_DIR 或 YARN_CONF_DIR 来指向包含 Hadoop 客户端配置文件的目录。

spark-submit 脚本也可以用来在 YARN 集群上部署 Spark 应用。然而，在 YARN 集群上启动 Spark 应用时，master URL 的值要么是 yarn-cluster 要么是 yarn-client。Spark 将从 Hadoop 的配置文件中获取 ResourceManager 的地址。

Spark 应用可以像下面这样在 YARN 上以集群模式启动。

```
$ /path/to/spark/bin/spark-submit --class path.to.main.Class \
    --master yarn-cluster </path/to/app-jar> [app-args]
```

Spark 应用可以像下面这样在 YARN 上以客户端模式启动。

```
$ /path/to/spark/bin/spark-submit --class path.to.main.Class \
    --master yarn-client </path/to/app-jar> [app-args]
```

10.4　总结

得益于模块化的架构，Spark 支持多种集群管理员。Spark 应用可以部署在 Mesos、YARN 以及独立集群上。

独立集群管理员是 Spark 支持的三个集群管理员中最简单的。使用它可以很轻松地搭建一个集群并启动它。然而，它只支持 Spark 应用并且它的功能有限。

YARN 允许 Spark 应用与 Hadoop MapReduce 应用共享集群资源。如果你已有一个正运行着 MapReduce 作业的 Hadoop 集群，你可以使用 YARN 在这个集群上运行 Spark 作业。

Mesos 是本章介绍的三个集群管理员中最通用的。它支持各种分布式计算应用。它既支持静态集群资源共享，也支持动态集群资源共享。

监　控

监控是应用管理非常重要的一部分，在分布式计算中，因它涉及众多变动部分而尤为关键。导致任务失败或者应用性能非最佳的可能性是很大的。

然而，在分布式环境中定位问题和优化应用性能是极其困难的任务。不像在单机上运行的应用，分布式系统无法用传统的调试工具来调试。因此，完善分布式系统的各个组件使其可以远程监控和分析很有必要。

除了分布式系统之外，用于收集和展示 metric 信息的监控应用也是必需的。监控应用的作用类似于汽车或飞机驾驶舱中的仪表盘，它能让你追踪重要的 metric 信息，并能实时观察不同组件的状态。

Spark 提供强大的监控功能。Spark 的不同组件进行了深度增强。另外，它还内置了一个基于 Web 的监控应用，该应用可以用来监控独立集群和 Spark 应用。它也支持第三方监控工具，比如：Ganglia、Graphite 以及基于 JMX 的监控工具。

本章讲述 Spark 内置的基于 Web 的监控应用。

11.1　监控独立集群

Spark 提供一个基于 Web 的图形界面来监控一个 Spark 独立集群的 master 和 worker。可以用浏览器连接 Spark master 或 worker 对应的监控端口来访问这个内置的监控界面。

11.1.1　监控 Spark master

监控 Spark master 的默认 TCP 端口是 8080。这个端口值是可配置的：如果 8080 端口不可用，可以配置 Spark master 以使用另一个端口。

一个监控 Spark master 的 Web UI 例子如图 11-1 所示。

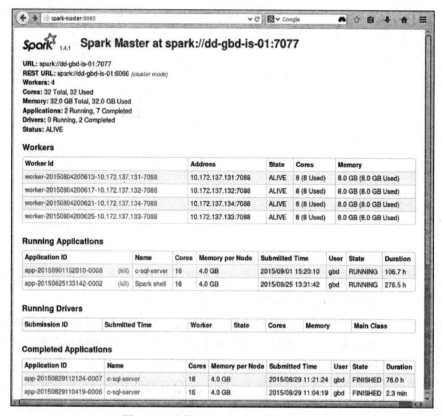

图 11-1　监控 Spark master 的 Web UI

监控页面包含多个部分。最顶部是 Spark 的版本信息和 Spark master 的 URL，也就是 worker 用来连接这个 master 的 URL。

下一部分展示了集群的概要信息，包括：集群中 worker 的数量，所有 worker 节点中可用和在用的内核数量及总内存，当前正运行中和已完成的应用数量，master 的当前状态。

紧接着概要信息的是 Workers 部分，它提供所有对 master 可见的 worker 节点的概要信息。对于每一个 worker，该部分展示了它的位置、当前状态、可用和在用内核数、可用和在用的内存。

接下来是 Running Application 部分，它提供关于当前正在运行的应用的概要信息。对每一个应用，该部分展示了它的名称、当前状态、已分配资源、开启时间、所有者和已运行时间。

注意，一个应用在不同的 worker 中可能被分配不同数量的内核。Cores（核数量）列展示了不同 worker 节点分配给应用的内核总数。

　　Completed Applications 部分展示了集群中不再运行的 Spark 应用，它具有和 Running Application 部分相同的列。State 列说明了应用是正常结束还是由于某些错误而停止。

　　Spark master 的这个 Web UI 对于定位集群相关的问题很有帮助。比如，如果一个 worker 节点崩溃了或没有正确启动，它的状态将显示为 DEAD。类似地，每个 worker 节点的内核数和内存相关的信息可以协助验证配置和资源的分配、使用相关的问题。

　　一个 worker 可用的内核数和内存应该与它的配置相匹配。如果不匹配，则说明要么配置变量未正确初始化，要么 Spark 使用了一个不同的配置文件。

　　worker 节点使用中的内核数与内存对于验证和定位潜在的性能问题很有帮助。理想情况下，所有 worker 节点使用中的内核数和内存应该是相同的。如果一个 worker 的内核数和内存占用已达 100%，而另一个只占用了 25%，则说明集群资源未平均分配。结果就是：应用可能未最佳化运行，需要停止所有应用并再次重新启动它们。

　　内核数和内存相关的信息也有助于确定集群的资源是否足够运行一个新的应用。如果内存或内核数的总数量和已用数量相等，这意味着 Spark 调度器无法给新的应用分配核或内存。举个例子，对于图 11-1 所示集群，所有可用的内核和内存已经分配给了集群上当前正运行的应用，内核和内存的已使用数量和可用数量相同。除非其中一个应用完成运行，否则新应用中的作业无法在这个集群上执行。

　　当在集群上运行一个 Spark 应用时，检查一下 Running Application 部分应用的状态。如果显示 WAITING，则说明 Spark 对于应用没有足够的内核或内存，它将会保持这个状态，直到有足够资源可用。可以等待，直到其中一个应用完成运行，或增加分配给 Spark worker 的资源，或者减少新应用所请求的资源。

　　Completed Application 部分对验证性能问题或定位未正常结束的应用很有帮助。State 列表示应用是正常结束还是失败的。对于运行失败的应该，可以检查日志来获取更多细节。Duration（持续时间）列展示了应用完成作业所花时间。根据所处理数据量不同，每个应用的持续时间也会不同。可以从持续时间确定是否有性能问题。

　　master 的监控页面同时作为 worker 和应用监控 UI 的入口。Workers 部分提供了到每个 worker 节点对应监控 UI 的链接。同样地，Application 部分提供了部署在集群中的 Spark 应用的监控 UI 的链接。

　　当点击应用的 ID 时，会看到如图 11-2 所示的页面，其中展现了关于应用及其执行者的概要信息。

　　最上面的部分展示了应用名称、所有者、请求和分配的内核数、分配给每个执行器的内存、运行时间和当前状态。

　　Executor Summary 部分提供了应用的每一个执行者的概要信息。执行者用来执行应用任务。对每一个执行者来说，这部分展示了它所赖以运行的 worker 节点、分配给它的资源、当前状态和到日志文件的链接。

　　通过本页面可以快速浏览每一个 worker 节点上分配给应用的资源。理想情况下，每个节点上分配的内核数和内存应该相同。资源分配不均可能导致潜在的性能问题。

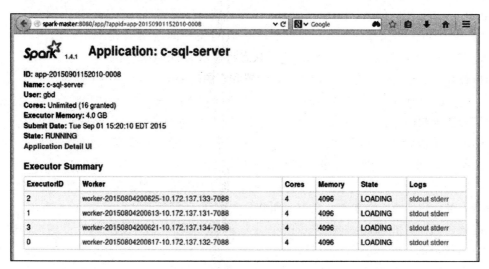

图 11-2　执行者监控界面

本页面也能让你远程查看执行者的日志。日志文件包含定位问题的有用信息。也可以通过浏览日志文件来更好地理解 Spark 如何工作。

Spark 执行者写所有级别的日志，包括 DEBUG、INFO 和 stderr 文件。stdout 文件为空。如果一个任务失败或抛出了异常，查看 stderr 文件来调试问题。也可以用日志文件来分析性能问题。

11.1.2　监控 Spark worker

与 Spark master 类似，Spark worker 也可以通过浏览器来监控，它的默认 TCP 端口是 8081。如果 8081 端口不可用，可以重新配置为其他端口。

一个监控 Spark worker 的 Web UI 例子如图 11-3 所示。

worker 监控 UI 展示了 Spark worker 和对应节点上运行的执行者的概要信息。

页面最顶端是 Spark 版本信息和 worker 的位置。接着是 worker 所连接的 master 信息，以及 worker 可用和已用的资源。

下一部分展示了当前运行在 worker 节点上的执行者。对于每一个执行者，这部分包含它的当前状态、所分配的资源、到日志文件的链接、所有者以及对应的应用。

最后一部分展示了和 Running Executors 部分相同的内容，唯一的区别在于：这里的 State 列表示的是执行者如何终结的。

worker 监控页面有助于检查 worker 节点上的资源如何分配给不同的应用。根据需求，可以对应用平均分配资源，或者给不同应用分配不同数量的资源。

也可以用 worker 监控页面来远程检查日志文件。和上一部分讨论过的日志文件相似，区别在于 worker 监控页面可以用来检查运行在一个 worker 上不同执行者所生成的日志文件，而执行者监控页面用来检查在不同 worker 上运行的执行者所生成的日志文件。

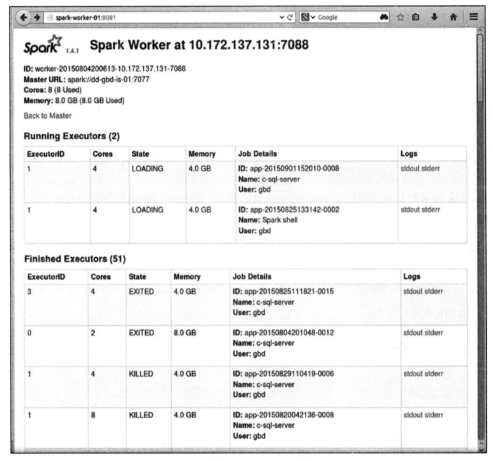

图 11-3　监控 Spark worker 的 Web UI

11.2　监控 Spark 应用

Spark 支持多种工具来监控 Spark 应用。

首先，Spark 自带一个基于 Web 的监控应用。从浏览器访问内置监控应用的默认 TCP 端口是 4040。如果在同一主机上运行了多个 Spark 应用，则将它们绑定在自 4040 起的连续端口上。

第二，Spark 提供 REST API 以便用编程方式访问监控信息。REST API 以 JSON 格式返回监控信息，使得应用开发者可以创建自定义监控应用，或把 Spark 应用监控与其他应用监控集成。

第三，Spark 可以配置为把应用信息发送给第三方监控工具，比如：Graphite、Ganglia 和基于 JMX 的控制台。Spark 使用 Metrics Java 库，因此 Metrics 库所支持的任何监控工具也被 Spark 所支持。

本节讲述内置的基于 Web 的监控应用 /UI。

11.2.1 监控一个应用所运行的作业

可以用浏览器通过驱动程序的监控 URL 来连接 Spark 的应用监控 UI。使用运行驱动程序的主机名或 IP 地址，默认端口是 4040。也可以在 Spark master 监控界面中点击应用名称来访问应用监控 UI。

应用监控 UI 由多个标签页组成，分别对应作业（Job）、阶段（Stage）、任务（Task）、执行者（Executor）和其他指标的监控信息。默认为 Jobs 标签页。

Jobs 标签页提供应用所执行的当前正在运行的、已完成的和失败的 Spark 作业。示例见图 11-4。

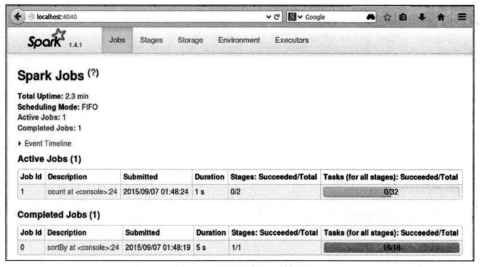

图 11-4　Spark 应用监控 UI

页面最顶端展示了应用的运行时间和调度模式，以及活跃、完成和失败作业的总数。

Active Jobs 部分展示了活跃作业的概要信息，包括每个作业总共和已完成的阶段与任务的数量、作业描述、运行时间和持续时间。

Completed Jobs 部分提供已完成作业的概要信息，展示内容与 Active Jobs 部分类似。

最后一部分提供了失败作业的概要信息，展示内容与之前两部分类似。

Jobs 标签页有助于检测性能问题。Duration 列显示了每个作业所花费的时间。根据所处理数据量的不同，可以判定一个作业是否异常地花费了太长时间。如果一个作业花费了异常长的时间，可以继续下钻来分析可能有问题的阶段或任务。

11.2.2 监控一个作业的不同阶段

Jobs 标签页中的作业描述列是超链接，点击时将转向包含作业更多详情的页面。一个查看作业详情的 Web UI 如图 11-5 所示。

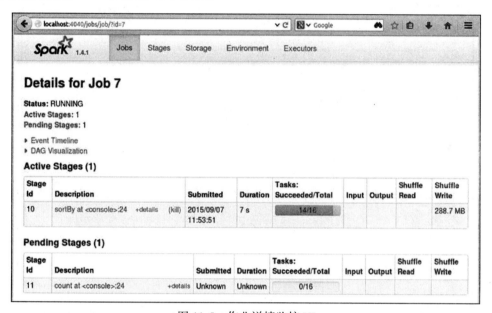

图 11-5 作业详情监控 UI

Details 页分为多个部分。第一部分展示了作业中活跃和延迟的阶段的总数以及作业的当前状态。

Active Stages 部分展示了当前正在运行中的阶段的概要信息，下一部分则为处于等待执行的阶段的概要信息。一个延迟状态的阶段依赖于一个或多个活跃的阶段。

不同列所提供的信息有助于定位性能问题。比如，可以检查 Duration 列来找出花费异常长时间的阶段。Tasks 列展示了一个阶段内的并行量。根据集群的大小，太少或太多任务可能导致性能问题。同样地，Shuffle Read 和 Write 两列用来优化应用性能。数据 Shuffle 会对应用性能造成负面影响，所以要最小化 Shuffle Read 和 Write 的数量。

也可以在这个页面终止一个作业。如果一个作业花费了太长时间并且阻塞了其他作业，或者想做代码变动然后重新运行耗时长的作业，就可以在这里终止它。Description 列提供终止作业的链接。

Details 页也包含两个链接用来展示作业的事件时间线和 Spark 为作业生成的 DAG 的可视化呈现。

一个示例的 DAG 可视化效果如图 11-6 所示。

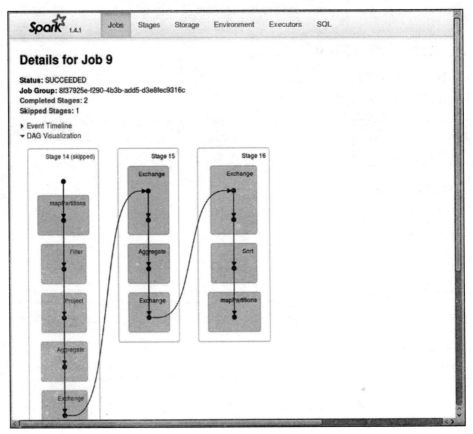

图 11-6　DAG 可视化呈现

11.2.3　监控一个阶段中的任务

点击 Jobs 页面中的阶段描述列，将转向阶段中任务的 Details 页。

这是定位性能问题最有用的页面之一，页面中有用信息极其丰富，提供了比其他监控页面更加细粒度的信息。

花一些时间来熟悉本页面提供的信息，有助于你更好地理解作业是如何在 Spark 集群上执行的。

一个展示阶段详情的 UI 如图 11-7 所示。

和其他监控页面类似，阶段详情页也分为多个部分。首先是阶段的概要信息，然后提供了查看阶段 DAG 的链接、阶段的额外信息和阶段中任务的时间线。

当点击任务时间线链接时，将展现阶段中任务的时间线。这里不仅显示了在每个 worker 节点上并行运行了多少个任务，还包含了增加任务完成所需总时间的活动的信息。

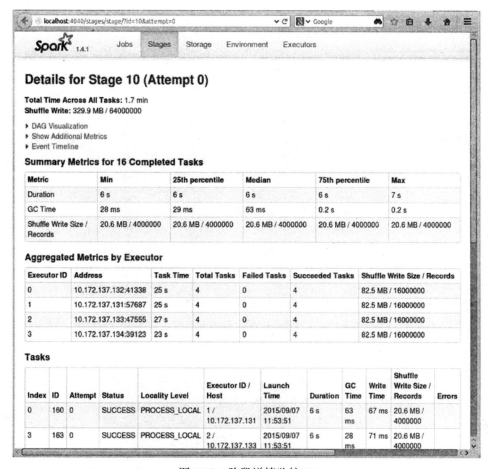

图 11-7　阶段详情监控 UI

一个示例时间线图如图 11-8 所示。在这个例子里，每一个执行者并行运行了 4 个任务。任务是计算密集型的，数据 Shuffle 极少。

图 11-9 是另一个例子，它展示了一个有不同特征的阶段的事件时间线图。

下一部分展示了阶段中已完成任务的概要信息。示例如图 11-10 所示。

这部分内容将告诉你阶段中是否有 Straggler 任务。如果任务持续时间在任一个四分位处的值过高，则说明有问题。一个可能是其中一些分块太大，另一个可能是数据 Shuffle 的负面效应。同样地，这部分也可以用来检查 GC 活动是否在影响性能。

下一部分展示了执行者的聚合信息。示例如图 11-11 所示。

这部分有助于验证可能有问题的任务。它展示了每个任务的持续时间及其所处理的数据量，可以使用这两列来找出缓慢或 Straggler 任务。另外，应该检查 GC 时间来确定是否因 GC 活动而导致任务运行缓慢。

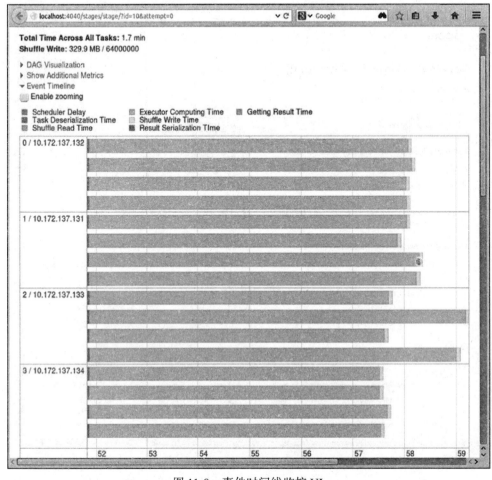

图 11-8 事件时间线监控 UI

另一个有用的信息是数据的区域级别。PROCESS_LOCAL 表示任务所处理的数据是缓存在内存中的，NODE_LOCAL 表示数据从本地存储中读取，ANY 表示数据可以来自于集群中的任意节点。以 PROCESS_LOCAL 级别来处理数据的任务是极快的。

也可以用这个表格来确定在每个执行者中或跨越不同执行者时有多少并行运行的任务。这样，可以掌握跨节点和执行者内的并行状况。

图 11-13 是另一个例子，它展示了另一个阶段的 Details 页。

11.2.4 监控 RDD 存储

Spark 应用缓存在内存或硬盘中的数据量可以通过 Storage（存储）标签页来查看。这个页面提供了每一个持久化 RDD 的信息。

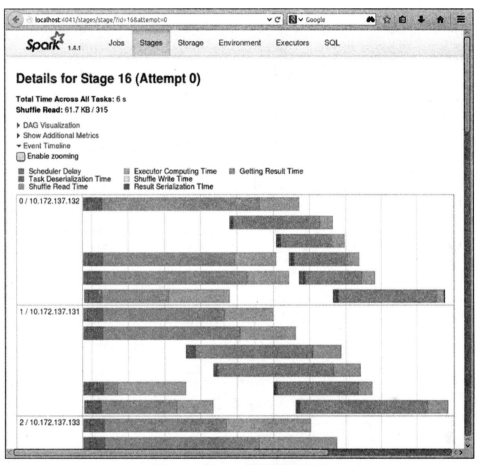

图 11-9　另一个事件时间线示例

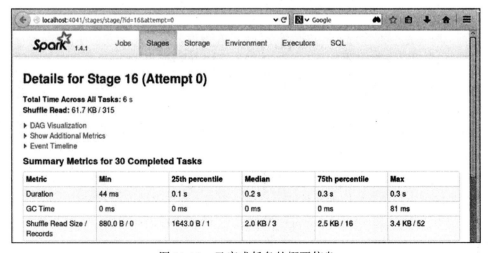

图 11-10　已完成任务的概要信息

Aggregated Metrics by Executor

Executor ID	Address	Task Time	Total Tasks	Failed Tasks	Succeeded Tasks	Shuffle Read Size / Records
0	10.172.137.132:44467	2 s	9	0	9	13.4 KB / 65
1	10.172.137.131:44615	2 s	8	0	8	16.3 KB / 100
2	10.172.137.133:37458	1 s	5	0	5	11.1 KB / 79
3	10.172.137.134:33189	2 s	8	0	8	20.9 KB / 71

图 11-11　执行者的聚合信息

最后一部分展示了阶段中每一个任务的信息。示例如图 11-12 所示。

localhost:4041/stages/stage/?id=16&attempt=0

Tasks

Index	ID	Attempt	Status	Locality Level	Executor ID / Host	Launch Time	Duration	GC Time	Shuffle Read Size / Records	Errors
0	851	0	SUCCESS	PROCESS_LOCAL	2 / 10.172.137.133	2015/09/07 12:04:33	0.2 s		2.1 KB / 16	
4	855	0	SUCCESS	PROCESS_LOCAL	2 / 10.172.137.133	2015/09/07 12:04:33	0.3 s		3.4 KB / 47	
6	857	0	SUCCESS	PROCESS_LOCAL	3 / 10.172.137.134	2015/09/07 12:04:33	0.3 s		2.9 KB / 14	
9	860	0	SUCCESS	PROCESS_LOCAL	1 / 10.172.137.131	2015/09/07 12:04:33	0.1 s		2.6 KB / 16	
3	854	0	SUCCESS	PROCESS_LOCAL	0 / 10.172.137.132	2015/09/07 12:04:33	0.3 s		1881.0 B / 31	
11	862	0	SUCCESS	PROCESS_LOCAL	0 / 10.172.137.132	2015/09/07 12:04:33	0.2 s		1846.0 B / 5	
2	853	0	SUCCESS	PROCESS_LOCAL	3 / 10.172.137.134	2015/09/07 12:04:33	0.3 s		3.4 KB / 30	
5	856	0	SUCCESS	PROCESS_LOCAL	1 / 10.172.137.131	2015/09/07 12:04:33	0.3 s		2.3 KB / 23	
8	859	0	SUCCESS	PROCESS_LOCAL	2 / 10.172.137.133	2015/09/07 12:04:33	0.3 s		2.4 KB / 14	
7	858	0	SUCCESS	PROCESS_LOCAL	0 / 10.172.137.132	2015/09/07 12:04:33	0.3 s		1050.0 B / 17	
10	861	0	SUCCESS	PROCESS_LOCAL	3 / 10.172.137.134	2015/09/07 12:04:33	0.3 s		3.0 KB / 18	
1	852	0	SUCCESS	PROCESS_LOCAL	1 / 10.172.137.131	2015/09/07 12:04:33	0.2 s		2.5 KB / 52	
13	864	0	SUCCESS	PROCESS_LOCAL	3 / 10.172.137.134	2015/09/07 12:04:33	0.3 s		2.6 KB / 4	
12	863	0	SUCCESS	PROCESS_LOCAL	1 / 10.172.137.131	2015/09/07 12:04:33	0.2 s		1306.0 B / 2	
14	865	0	SUCCESS	PROCESS_LOCAL	0 / 10.172.137.132	2015/09/07 12:04:33	0.2 s		1408.0 B / 8	

图 11-12　任务信息

Storage Level 列展示了数据集如何缓存，以及所缓存数据的副本数量。Size in Memory 列对于定位问题很有用。反序列化数据比序列化数据占据更多的内存空间。

图 11-14 展示了一个应用的 Storage 标签页。这个应用在内存中缓存了一个 Hive 表格。

图 11-15 展示的是在内存中缓存了一个 RDD 的应用的 Storage 标签页。

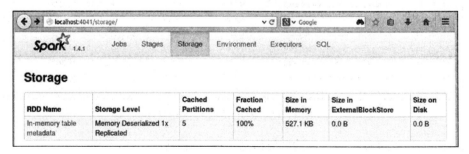

Details for Stage 234

Total task time across all tasks: 13 min
Input: 1168.1 MB

▸ Show additional metrics

Summary Metrics for 36 Completed Tasks

Metric	Min	25th percentile	Median	75th percentile	Max
Duration	5 s	16 s	22 s	27 s	30 s
GC Time	0 ms	0.4 s	0.5 s	0.6 s	0.6 s
Input	4.0 MB	28.8 MB	33.8 MB	37.7 MB	51.6 MB

Aggregated Metrics by Executor

Executor ID	Address	Task Time	Total Tasks	Failed Tasks	Succeeded Tasks	Input	Output	Shuffle Read	Shuffle Write	Shuffle Spill (Memory)	Shuffle Spill (Disk)
0	10.0.10.215:37733	4.2 min	13	0	13	426.0 MB	0.0 B	0.0 B	0.0 B	0.0 B	0.0 B
1	10.0.10.214:48268	6.1 min	15	0	15	467.7 MB	0.0 B	0.0 B	0.0 B	0.0 B	0.0 B
2	10.0.10.213:51753	2.3 min	8	0	8	274.5 MB	0.0 B	0.0 B	0.0 B	0.0 B	0.0 B

Tasks

Index	ID	Attempt	Status	Locality Level	Executor ID / Host	Launch Time	Duration	GC Time	Input	Errors
12	19710	0	SUCCESS	NODE_LOCAL	1 / 10.0.10.214	2015/12/04 06:56:59	27 s	0.5 s	44.4 MB (hadoop)	
3	19712	0	SUCCESS	NODE_LOCAL	2 / 10.0.10.213	2015/12/04 06:56:59	21 s	0.2 s	36.5 MB (hadoop)	
6	19711	0	SUCCESS	NODE_LOCAL	0 / 10.0.10.215	2015/12/04 06:56:59	27 s	0.6 s	51.6 MB (hadoop)	
18	19713	0	SUCCESS	NODE_LOCAL	1 / 10.0.10.214	2015/12/04 06:56:59	25 s	0.5 s	32.6 MB (hadoop)	
10	19715	0	SUCCESS	NODE_LOCAL	2 / 10.0.10.213	2015/12/04 06:56:59	14 s	0.2 s	39.6 MB (hadoop)	
14	19714	0	SUCCESS	NODE_LOCAL	0 /	2015/12/04	16 s	0.6 s	43.8 MB	

图 11-13　一个阶段的详情

Storage

RDD Name	Storage Level	Cached Partitions	Fraction Cached	Size in Memory	Size in ExternalBlockStore	Size on Disk
In-memory table metadata	Memory Deserialized 1x Replicated	5	100%	527.1 KB	0.0 B	0.0 B

图 11-14　缓存的 Hive 表格

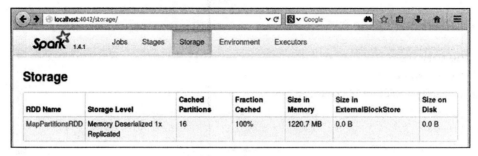

图 11-15　缓存的 RDD

RDD Name 列是超链接，点击后将转向相关持久化 RDD 的详情页。

一个 RDD 存储信息的详情页示例如图 11-16 所示。

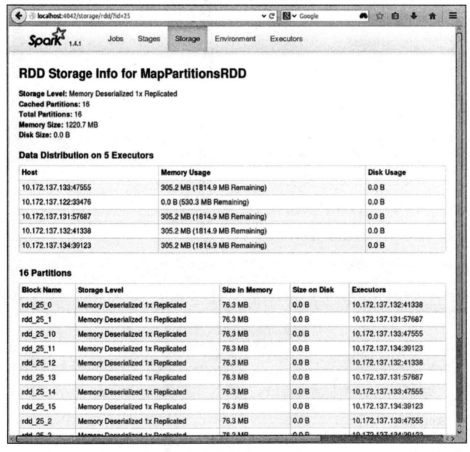

图 11-16　RDD 存储详细信息

第一部分展示了所缓存 RDD 的概要信息，和上幅图展示的信息相同。

第二部分展示了缓存 RDD 在不同执行者间的分布。它展示了对每个执行者来说缓存

RDD 所需要的内存。

第三部分展示了每一个缓存 RDD 分块的信息，包括：存储级别、位置和每个缓存 RDD 分块的大小。

11.2.5　监控环境

Environment 标签页展示了不同环境和配置变量的值。示例如图 11-17 所示。

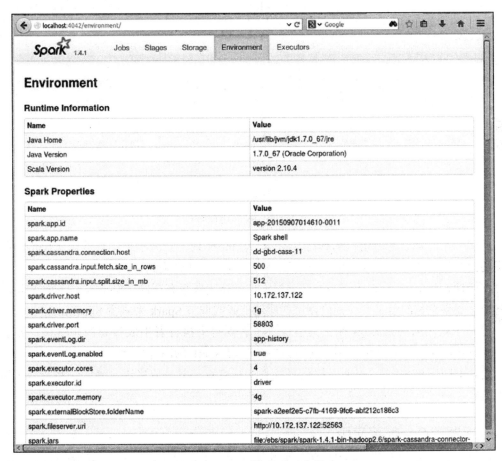

图 11-17　环境和配置变量

Environment 标签页有助于验证配置和环境变量是否正确设置，检查它们有助于验证潜在的问题。比如，一些变量可以通过多种方式来设置。可以通过程序来设置，作为命令行参数来传递，或通过配置文件来指定。在这种情况下，Spark 定义了优先级。但是，如果你忘了优先级，你可能以与自己预想不同的配置来运行 Spark 应用。

另外，检查未明确设置的变量的默认值。如果变量的默认值不适合于自己的应用，则需要显式设置那些变量。

11.2.6 监控执行者

Executors 标签页提供了 Spark 为应用所创建的执行者的概要信息，可以看到每个执行者的有用信息。

示例如图 11-18 所示。

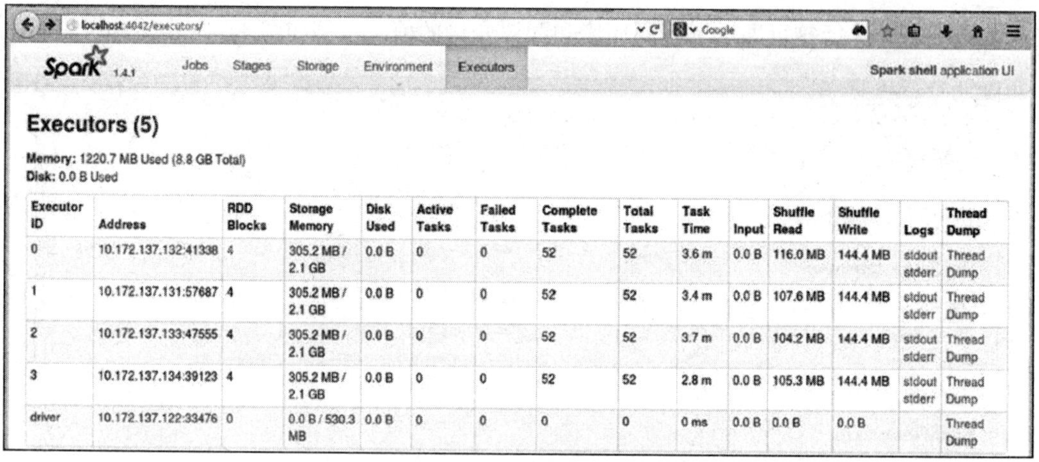

Executor ID	Address	RDD Blocks	Storage Memory	Disk Used	Active Tasks	Failed Tasks	Complete Tasks	Total Tasks	Task Time	Input	Shuffle Read	Shuffle Write	Logs	Thread Dump
0	10.172.137.132:41338	4	305.2 MB / 2.1 GB	0.0 B	0	0	52	52	3.6 m	0.0 B	116.0 MB	144.4 MB	stdout stderr	Thread Dump
1	10.172.137.131:57687	4	305.2 MB / 2.1 GB	0.0 B	0	0	52	52	3.4 m	0.0 B	107.6 MB	144.4 MB	stdout stderr	Thread Dump
2	10.172.137.133:47555	4	305.2 MB / 2.1 GB	0.0 B	0	0	52	52	3.7 m	0.0 B	104.2 MB	144.4 MB	stdout stderr	Thread Dump
3	10.172.137.134:39123	4	305.2 MB / 2.1 GB	0.0 B	0	0	52	52	2.8 m	0.0 B	105.3 MB	144.4 MB	stdout stderr	Thread Dump
driver	10.172.137.122:33476	0	0.0 B / 530.3 MB	0.0 B	0	0	0	0	0 ms	0.0 B	0.0 B	0.0 B		Thread Dump

图 11-18 监控执行者

其中一个有助于问题定位的列是 Storage Memory 列，它展示了缓存数据所预留的和所使用的内存量。如果可用内存小于正尝试缓存的数据，就会碰到性能问题。

同样地，Shuffle Read 和 Write 两列对定位性能问题很有帮助。Shuffle 读和写都是昂贵的操作，如果它们的值过大，则应该重构应用代码或调节 Spark 来减少 Shuffling。

另一个有用的列是 Logs 列，其中包含了转到每个执行者生成日志的超链接。如前所述，不仅可以用它们来调试应用，还可以用来学习 Spark 的内部机制。

监控 UI 还针对一些 Spark 库提供了额外的标签页。下一节将快速浏览一些特定库相关的标签页。

11.2.7 监控 Spark 流应用

如果你运行着一个 Spark 流应用，界面上会有一个可视化整个执行过程的 Streaming 标签页，其中展示了对于定位 Spark 流应用有帮助的信息。

示例如图 11-19 所示。

Streaming 标签页展示了一个带有很多有用信息的内容丰富的页面，它展示了用于检测 Spark 流应用性能问题的关键指标。

特别需要注意的信息是关于数据流中微批（micro-batch）的平均调度延迟和平均处理时间。调度延迟是一个微批等待前一个微批完成所需要的时间，平均调度延迟的值应该几乎是 0。这意味着一个微批的平均处理时间应该小于批间隔。如果平均处理时间小于批间隔，

Spark 流会在下一个微批创建之前处理结束当前的微批。另一方面，如果平均处理时间大于批间隔，将会导致微批的积压。这个积压将随着时间而不断增长，最终使得应用不稳定。

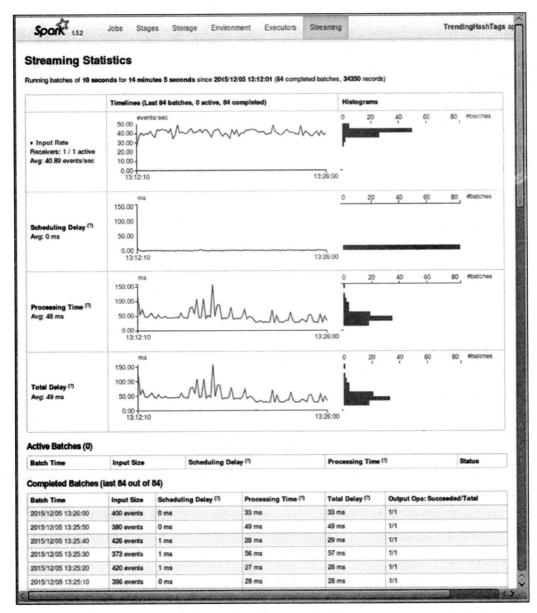

图 11-19 监控 Spark 流

Streaming 标签页使分析 straggler 批变得容易。时间线图中的顶峰表示处理时间有一个"大跳"。如果点击顶峰，将转到 Completed batches 部分中的对应批，在那里可以点击 Batch Time 列来查看关于高处理时间批的详细信息。

11.2.8 监控 Spark SQL 查询

如果执行 Spark SQL 查询，界面上会有 SQL 标签页。图 11-20 所示展示了一个示例 SQL 标签页，它显示了关于从 Spark shell 提交的 SQL 查询的信息。

ID	Description		Submitted	Duration	Jobs	Detail	
9	first at <console>:34	+details	2015/12/05 15:40:49	72 ms	118	== Parsed Logical Plan ==	+details
8	take at <console>:34	+details	2015/12/05 15:40:39	69 ms	117	== Parsed Logical Plan ==	+details
7	show at <console>:34	+details	2015/12/05 15:40:15	0.1 s	116	== Parsed Logical Plan ==	+details
6	first at <console>:34	+details	2015/12/05 15:36:35	48 ms	114 115	== Parsed Logical Plan ==	+details
5	first at <console>:34	+details	2015/12/05 15:36:07	22 ms	112 113	== Parsed Logical Plan ==	+details
4	take at <console>:34	+details	2015/12/05 15:31:43	22 ms	110 111	== Parsed Logical Plan ==	+details
3	collect at <console>:34	+details	2015/12/05 15:31:24	27 ms	109	== Parsed Logical Plan ==	+details
2	collect at <console>:34	+details	2015/12/05 15:30:46	31 ms	108	== Parsed Logical Plan ==	+details
1	count at <console>:34	+details	2015/12/05 15:29:41	0.3 s	107	== Parsed Logical Plan ==	+details
0	show at <console>:34	+details	2015/12/05 15:28:34	0.3 s	105 106	== Parsed Logical Plan ==	+details

图 11-20 监控 Spark SQL 查询

SQL 标签页使定位 Spark SQL 查询问题变得容易。Detail 列提供了转到 Spark SQL 针对一个查询所生成的逻辑执行计划和物理执行计划。如果点击链接，它将展示一个查询的相关信息，包括：已解析的、已分析的、优化的逻辑执行计划和物理执行计划。

Jobs 列对于分析慢查询很有帮助。它展示了在执行查询时 Spark SQL 创建的作业。如果一个查询花费了长时间来完成，就可以点击 Jobs 列中的作业 ID 来分析。这将转到展示作业中阶段信息的页面，可以在这里进一步下钻到各个任务。

11.2.9 监控 Spark SQL JDBC/ODBC 服务器

如果 Spark SQL JDBC/ODBC 服务器正在运行，页面上会有一个 JDBC/ODBC Server 标签页，可用来监控提交到 Spark SQL JDBC/ODBC 服务器的 SQL 查询。

示例如图 11-21 所示。

图 11-21 监控 Spark SQL JDBC/ODBC 服务器

和 SQL 标签页类似，JDBC/ODBC 服务器标签页使定位 Spark SQL 查询相关问题变得容易。它展示了 SQL 语句及其完成所需的执行时间。通过检查逻辑执行计划和物理执行计划可以分析慢查询。也可以下钻到执行查询所出创建的 Spark 作业。

11.3 总结

Spark 有丰富的信息，并且内置了一个基于 Web 的应用来监控 Spark 独立集群和 Spark 应用。另外，它也支持第三方监控工具，比如：Graphite、Ganglia 和基于 JMX 的控制台。

Spark 提供的监控能力对于定位问题和优化应用性能都很有帮助。监控 UI 帮助查找配置相关问题和性能瓶颈。如果一个作业花了太长时间，就可以用监控 UI 来分析和定位。同样地，如果应用崩溃了，监控 UI 也可以用来远程查看日志文件和诊断问题。

参 考 文 献

Armbrust, Michael, Reynold S. Xin, Cheng Lian, Yin Huai, Davies Liu, Joseph K. Bradley, Xiangrui Meng, Tomer Kaftan, Michael J. Franklin, Ali Ghodsi, Matei Zaharia. *Spark SQL: Relational Data Processing in Spark*. https://amplab.cs.berkeley.edu/publication/spark-sql-relational-data-processing-in-spark.

Avro. http://avro.apache.org/docs/current.

Ben-Hur, Asa and Jason Weston. *A User's Guide to Support Vector Machines*. http://pyml.sourceforge.net/doc/howto.pdf.

Breiman, Leo. Random Forests. https://www.stat.berkeley.edu/~breiman/randomforest2001.pdf.

Cassandra. http://cassandra.apache.org.

Chang, Fay, Jeffrey Dean, Sanjay Ghemawat, Wilson C. Hsieh, Deborah A. Wallach, Mike Burrows, Tushar Chandra, Andrew Fikes, and Robert E. Gruber. Bigtable: A Distributed Storage System for Structured Data. http://research.google.com/archive/bigtable.html.

Dean, Jeffrey and Sanjay Ghemawat. *MapReduce Tutorial*. http://hadoop.apache.org/docs/current/hadoop-mapreduce-client/hadoop-mapreduce-client-core/MapReduceTutorial.html.

Drill. https://drill.apache.org/docs.

Hadoop. http://hadoop.apache.org/docs/current.

Hastie, Trevor, Robert Tibshirani, Jerome Friedman. *The Elements of Statistical Learning*. http://statweb.stanford.edu/~tibs/ElemStatLearn.

HBase. http://hbase.apache.org.

HDFS Users Guide. http://hadoop.apache.org/docs/current/hadoop-project-dist/hadoop-hdfs/HdfsUserGuide.html.

He, Yongqiang, Rubao Lee, Yin Huai, Zheng Shao, Namit Jain, Xiaodong Zhang, Zhiwei Xu. *RCFile: A Fast and Space-efficient Data Placement Structure in MapReduce-based Warehouse Systems*. http://web.cse.ohio-state.edu/hpcs/WWW/HTML/publications/papers/TR-11-4.pdf.

Hinton, Geoffrey. *Neural Networks for Machine Learning*. https://www.coursera.org/course/neuralnets

Hive. http://hive.apache.org.

Impala. http://impala.io.

James, Gareth, Daniela Witten, Trevor Hastie, and Robert Tibshirani. *An Introduction to Statistical Learning*. http://www-bcf.usc.edu/~gareth/ISL/index.html.

Kafka. http://kafka.apache.org/documentation.html.

Koller, Daphne. *Probabilistic Graphical Models*. https://www.coursera.org/course/pgm.

Malewicz, Grzegorz, Matthew H. Austern, Aart J. C. Bik, James C. Dehnert, Ilan Horn, Naty Leiser, and Grzegorz Czajkowski. *Pregel: A System for Large-Scale Graph Processing*. http://dl.acm.org/citation.cfm?doid=1807167.1807184.

MapReduce: Simplified Data Processing on Large Clusters. http://research.google.com/archive/mapreduce.html.

Meng, Xiangrui, Joseph Bradley, Burak Yavuz, Evan Sparks, Shivaram Venkataraman, Davies Liu, Jeremy Freeman, DB Tsai, Manish Amde, Sean Owen, Doris Xin, Reynold Xin, Michael J. Franklin, Reza Zadeh, Matei Zaharia, Ameet Talwalkar. *MLlib: Machine Learning in Apache Spark*. http://arxiv.org/abs/1505.06807.

Mesos. http://mesos.apache.org/documentation/latest.

Ng, Andrew. *Machine Learning*. https://www.coursera.org/learn/machine-learning.

Odersky, Martin, Lex Spoon, and Bill Venners. *Programming in Scala*. http://www.artima.com/shop/programming_in_scala_2ed.

ORC. https://orc.apache.org/docs.

Parquet. https://parquet.apache.org/documentation/latest.

Presto. https://prestodb.io.

Protocol Buffers. https://developers.google.com/protocol-buffers.

Sanjay Ghemawat, Howard Gobioff, and Shun-Tak Leung. *The Google File System*. http://research.google.com/archive/gfs.html.

Scala. http://www.scala-lang.org/documentation/.

Sequence File. https://wiki.apache.org/hadoop/SequenceFile.

Sergey Melnik, Andrey Gubarev, Jing Jing Long, Geoffrey Romer, Shiva Shivakumar, Matt Tolton, Theo Vassilakis. *Dremel: Interactive Analysis of WebScale Datasets*. http://research.google.com/pubs/archive/36632.pdf.

Spark API. http://spark.apache.org/docs/latest/api/scala/index.html.

Thrift. https://thrift.apache.org.

Thrun, Sebastian and Katie Malone. *Intro to Machine Learning*. https://www.udacity.com/course/intro-to-machine-learning--ud120.

Xin, Reynold S., Daniel Crankshaw, Ankur Dave, Joseph E. Gonzalez, Michael J. Franklin, Ion Stoica. *GraphX: Unifying Data-Parallel and Graph-Parallel Analytics*. https://amplab.cs.berkeley.edu/wp-content/uploads/2014/02/graphx.pdf.

YARN. http://hadoop.apache.org/docs/current/hadoop-yarn/hadoop-yarn-site/index.html.

Zaharia, Matei, Mosharaf Chowdhury, Tathagata Das, Ankur Dave, Justin Ma, Murphy McCauley, Michael J. Franklin, Scott Shenker, and Ion Stoica. *Resilient Distributed Datasets: A Fault-Tolerant Abstraction for In-Memory Cluster Computing*. https://www.usenix.org/conference/nsdi12/technical-sessions/presentation/zaharia.

Zaharia, Matei, Tathagata Das, Haoyuan Li, Timothy Hunter, Scott Shenker, Ion Stoica. *Discretized Streams: Fault-Tolerant Streaming Computation at Scale*. https://people.csail.mit.edu/matei/papers/2013/sosp_spark_streaming.pdf.

Zaharia, Matei. *An Architecture for Fast and General Data Processing on Large Clusters*. http://www.eecs.berkeley.edu/Pubs/TechRpts/2014/EECS-2014-12.pdf.

ZeroMQ. http://zguide.zeromq.org/page:all.References

推荐阅读

大数据学习路线图：数据分析与挖掘

 Hadoop大数据分析与挖掘实战

 Spark大数据分析实战

 Splunk大数据分析

 R与Hadoop大数据分析实战

 Python数据分析与挖掘实战

 大数据挖掘 系统方法与实例分析

 MATLAB数据分析与挖掘实战

 R语言数据分析与挖掘实战

 R数据分析秘笈

推荐阅读

深入理解大数据：大数据处理与编程实践

作者：黄宜华 等　ISBN：978-7-111-47325-1　定价：79.00元

　　本书在总结多年来MapReduce并行处理技术课程教学经验和成果的基础上，与业界著名企业Intel公司的大数据技术和产品开发团队和资深工程师联合，以学术界的教学成果与业界高水平系统研发经验完美结合，在理论联系实际的基础上，在基础理论原理、实际算法设计方法以及业界深度技术三个层面上，精心组织材料编写而成。

　　作为国内第一本经过多年课堂教学实践总结而成的大数据并行处理和编程技术书籍，本书全面地介绍了大数据处理相关的基本概念和原理，着重讲述了Hadoop MapReduce大数据处理系统的组成结构、工作原理和编程模型，分析了基于MapReduce的各种大数据并行处理算法和程序设计的思想方法。适合高等院校作为MapReduce大数据并行处理技术课程的教材，同时也很适合作为大数据处理应用开发和编程专业技术人员的参考手册。

—— 中国工程院院士、中国计算机学会大数据专家委员会主任　李国杰

软件定义数据中心——技术与实践

作者：陈熹 孙宇熙　ISBN：978-7-111-48317-5　定价：69.00元

国内首部系统介绍软件定义数据中心的专业书籍。

众多业界专家倾力奉献，揭秘如何实现软件定义数据中心。

理论与企业案例完美融合，呈现云计算时代的数据中心最佳解决方案。

　　有了以软件定义数据中心为基础的混合云，企业就可以进退有度，游刃有余，加上成功管理新的移动终端技术，可轻松进入"云移动"时代！这也是为什么软件定义数据中心最近获得大家注意的根本原因。EMC中国研究院编著的这本《软件定义数据中心：技术与实践》恰逢其时，它会给读者详细解说怎么实现软件定义数据中心。

—— VMware高级副总裁，EMC中国卓越研发集团创始人 Charles Fan